高等职业教育应用型人才培养系列教材

电子产品生产工艺

李怀甫 主 编

吴志毅 王 萍 弥 锐 副主编

车亚进 邓 莉 参 编

何金华 主 审

電子工業出版社

Publishing House of Electronics Industry

北京 • BEIJING

内容简介

本书着重介绍电子产品生产过程中的基本术语、操作方法、操作规程、技术标准与国家标准等相关知识。主要内容有安全生产与文明生产知识，工艺文件与设计文件知识，电子元器件识别与检测，元件、导线成型与加工工艺，电子部件装联工艺，总装与调试工艺，检验与包装工艺等。

本书以典型电子产品为载体，结合电子产品生产要素（人、机、料、法、环）和电子产品中的新知识、新技术、新工艺、新方法与新器件等，将现代电子产品生产工艺与传统电子产品生产工艺融为一体，既适用于自动化生产技术，也适用于个性化生产技术。本书按照工学结合、任务驱动形式编排内容，案例与图例丰富，力求深入浅出、图文并茂、通俗易懂，注重学生实际应用与操作能力的培养。

本书既可作为高职高专电子信息类等专业学生的教学用书、自学用书，也可作为电子工艺操作培训教材，还可作为相关专业学生和工程技术人员的参考书。

图书在版编目（CIP）数据

电子产品生产工艺 / 李怀甫主编. —北京：电子工业出版社，2015.6（2022.7 月重印）
全国高等职业教育应用型人才培养规划教材
ISBN 978-7-121-25966-1

Ⅰ. ①电… Ⅱ. ①李… Ⅲ. ①电子产品－生产工艺－高等职业教育－教材 Ⅳ. ①TN05

中国版本图书馆 CIP 数据核字（2015）第 089298 号

策划编辑：王昭松
责任编辑：靳　平
印　　刷：北京天宇星印刷厂
装　　订：北京天宇星印刷厂
出版发行：电子工业出版社
　　　　　北京市海淀区万寿路 173 信箱　邮编 100036
开　　本：787×1 092　1/16　印张：16.25　字数：426.4 千字
版　　次：2015 年 6 月第 1 版
印　　次：2022 年 7 月第 10 次印刷
印　　数：1 000 册　　定价：48.00 元

凡所购买电子工业出版社图书有缺损问题，请向购买书店调换。若书店售缺，请与本社发行部联系，联系及邮购电话：（010）88254888，88258888。

质量投诉请发邮件至 zlts@phei.com.cn，盗版侵权举报请发邮件至 dbqq@phei.com.cn。

本书咨询联系方式：（010）88254015　wangzs@phei.com.cn　QQ：83169290。

前　　言

随着电子信息技术的高速发展，电子产品向智能化、轻薄化、多模化、微型、便携、绿色环保、网络化的方向发展，导致各种相关知识、新技术、新方法、新器件、新工艺不断涌现，使得电子产品的设计方法、生产工艺不断变化，这些变化对从事电子产品设计、生产与管理的人员提出了更高的要求。

教材作为人才培养的蓝本，必须突出其时代性、基础性、科学性、发展性和权威性，必须坚持理论联系实际、工学结合、学以致用的原则，使之既与科学技术和经济社会的发展相适应，又符合教育教学和人类认知的规律，为培养学生分析问题和解决问题的能力、创新意识与创新能力，实现人才培养的目标提供良好的素材。

根据国家对教材编写的原则和要求，在编写过程中，以工学结合、任务驱动为主线，基本操作注重基础性、实用性和可操作性；综合性较强的项目突出系统性、程序化和相关性，强调做事的方法、步骤、逻辑性、操作规程和技术规范等；在内容的编排方面，注重以人为本的教学理念，以易学、易懂和易会为出发点，操作上从简单到复杂、从元件到整机，技术上从传统技术到新技术与新工艺。在内容上充分考虑了满足教学需要、自学需要、专题培训需要和从事实际工作的需要，采用任务导向，辅助"学习指南、想一想、练一练"等助学助练方式，延展思考、启迪学生的遐想空间，做到了理论联系实际，用理论指导实践的教学原则。在问题的阐述方面，力求简明扼要，直观形象，通俗易懂，突出实际应用。

本书共分八个单元，主要内容包括安全生产与文明生产知识、电子产品技术文件知识、常用电子元器件的识别与检测、常用电子材料、手工焊接工艺、自动焊接技术、电子产品总装与调试工艺（电子整机手工装调实习）、电子产品整机检验与包装工艺。另外，附录中还提供了常用半导体管的主要参数等。

本书由四川信息职业技术学院李怀甫教授主编，高级工程师吴志毅、副教授王萍、高级工程师弥锐任副主编，高级工程师车亚进、副教授邓莉参编。其中单元一、二主要由王萍编写，单元三由李怀甫编写，单元四由车亚进编写，单元五由邓莉编写，单元六由弥锐编写，单元七、八由吴志毅编写，附录等由李怀甫编写。

本书由四川长虹电器股份有限公司高级技师何金华主审，他对全书进行了认真、仔细的审阅，提出了许多具体、宝贵的意见，谨在此表示诚挚的感谢。同时，对四川电子军工集团高级工程师李斗荣、邓广淑、蒲自美等给予的支持和帮助表示感谢。

由于我们水平有限，书中难免有错误和不当之处，恳请广大读者批评指正。

编　者

2015 年 1 月

CONTENTS 目录

单元一

安全文明生产知识

进入21世纪，随着改革开放的深入和经济的迅猛发展，许多企业越来越重视并强调安全生产，安全思想和安全理念不断更新，企业安全文化已成为安全生产中弘扬和倡导的主流。

坚持安全、文明生产是保障生产工人和设备的安全，防止工伤和设备事故的根本保证，同时也是工厂科学管理的一项十分重要的手段。它直接影响到人身安全、产品质量和生产效率的提高。安全、文明生产的一些具体要求是在长期生产活动中对实践经验和教训的总结，要求操作者必须严格执行。

本节将对安全文明生产相关内容展开讨论，读者可从中领悟到安全文明生产的重要性，从而掌握安全隐患防范方法。

任务1.1 安全文明生产常识

任务引入

某大学毕业生在SMT（表面组装技术）部做检验工，工作中要接触环保清洁剂等多种化学品。一个月后被诊断为职业病三氯乙烯中毒。究其原因是其工作的车间密封性和排气通风设施较差，且公司未配发呼吸防护器和皮肤防护用品等安全用品。由此可见，从事电子产品生产及管理的人员必须树立安全文明意识，时刻遵守安全制度和操作规程，方能杜绝各类安全隐患。此外，优美的环境给人以精神舒畅的感觉，而脏乱的环境会让人产生厌烦的情绪。

1.1.1 安全生产

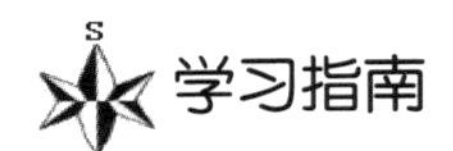

注意安全用电包括哪些方面？对于从事电工、电子产品装配和调试的人员，为了做到安全用电，应注意哪几点？

安全生产是指在生产过程中确保生产的产品、使用的用具、仪器设备和人身的安全。要在生产过程中努力改善劳动条件，克服不安全因素，防止伤亡事故的发生。

安全是为了生产，生产必须安全。

想一想

在日常生活中，会有哪些安全隐患？

随着电子技术的发展，人类接触电的机会增多，发生触电的事故也日趋增多，作为电子产品装配工人，更要懂得和掌握安全用电知识，以便在工作中采取各种安全保护措施，防止可能发生的用电事故，以确保安全生产。

安全用电包括供电系统安全、用电设备安全及人身安全三方面，它们是密切相关的。供电系统的故障可能导致设备的破坏和人身伤亡等重大事故，而用电事故也可能导致电力系统局部或大范围停电，甚至造成严重的社会灾难。

为了保障广大职工在劳动生产过程中的安全健康，防止和减少事故，劳动法把遵守安全操作规程作为职业安全卫生方面的重要措施，专门做出规定，例如，劳动法第五十六条规定：“劳动者在劳动过程中必须严格遵守安全操作规程。” 安全操作规程是发展生产，保障经济建设顺利进行的基本条件，是维护生产顺利进行，保护职工身体健康的基本条件，因此劳动者必须严格遵守。

在严格遵守操作规程的前提下，对于从事电工、电子产品装配和调试的人员来说，为了做到安全用电，还应注意以下几点。

（1）在车间使用的局部照明灯、手提电动工具、高度低于2.5m的普通照明灯等，应尽量采用国家规定的36V安全电压或更低的电压。

（2）各种电气设备、电气装置、电动工具等，应接好安全保护地线。

（3）操作带电设备时，不得用手触摸带电部位，不得用手接触导电部位来判断是否有电。

（4）电气设备线路应由专业人员安装。发现电气设备有打火、冒烟或异味时，应迅速切断电源，请专业人员进行检修。

（5）在非安全电压下作业时，应尽可能用单手操作，并应站在绝缘胶垫上。在调试高压设备时，地面应铺绝缘垫，操作人员应穿绝缘胶靴，戴绝缘胶手套，使用有绝缘柄的工具。

（6）检修电气设备和电器用具时，必须切断电源。如果设备内有电容器，则所有电容器都必须充分放电，然后才能进行检修。

（7）各种电气设备插头应经常保持完好无损，不用时应从插座上拔下。从插座上取下电线插头时，应握住插头，而不要拉电线。工作台上的插座应安装在不易碰撞的位置，若有损坏应及时修理或更换。

（8）开关上的熔断器应符合规定的容量，不得用铜、铝导线代替熔断器。

（9）高温电气设备的电源线严禁采用塑料绝缘导线。

（10）酒精、汽油、香蕉水等易燃品，不能放在靠近电器处。

安全用电是文明生产的重要内容。文明生产是实现安全用电的可靠保证。

做一做

判别下列操作是否正确，并说明理由。

（1）在任何环境下，国家规定的安全电压均为36V。

（2）在非安全电压下作业时，应尽可能双手操作。

（3）检修电气设备和电器用具时，只要切断电源即可。

（4）在没有熔断器的情况下，可以暂时用金属导线代替。

1.1.2 文明生产

1. 文明生产的概念

文明生产就是创造一个布局合理、整洁优美的生产和工作环境，人人养成遵守纪律和严格执行工艺操作规程的习惯。

文明生产是企业“两个文明”建设的重要内容之一，是对每个企业乃至各行各业组织生产的基本要求，电气工作、电子产品生产企业更是如此。从企业管理到工作人员素质，从工作态度到工作作风，从工作水平到工作效率，都应该符合文明建设的需要。

文明生产要求每一个企业员工，都要从思想和工作两个角度不断提高文明意识，工作中既要注意安全可靠，又要讲究整洁卫生；既要符合技术要求，又要励行勤俭节约；工作结束，要认真检查、整理和清扫现场，始终坚持文明生产。

2. 文明生产的内容

文明生产的内容包括以下几个方面。

（1）厂区内各车间布局合理，有利于生产安排，且环境整洁优美。

（2）车间工艺布置合理，光线充足，通风排气良好，温度适宜。

（3）严格执行各项规章制度，认真贯彻工艺操作规程。

（4）工作场地和工作台面应保持整洁，使用的工具材料应各放其位，仪器仪表和安全用具要保管有方。

（5）进入车间应按规定穿戴工作服、鞋、帽，必要时应戴手套（如焊接镀银件）。

（6）讲究个人卫生，不得在车间内吸烟。

（7）生产用的工具及各种准备件应堆放整齐，方便操作。

（8）做到操作标准化、规范化。

（9）厂内传递工件时应有专用的传递箱。对机箱外壳、面板装饰件、刻度盘等易划伤的工件应有适当的防护措施。

树立把方便让给别人、困难留给自己的精神，为下一班、下一工序服务好。

想一想

在实验、实习或工作过程中，应如何做到文明生产？

1.1.3 安全隐患防范

当电力系统及电气设备或电器产品在设计、制造、安装、维修等环节存在质量问题时，当防护措施不具备、不完善或不得当时，特别是当工人和其他直接操作人员违章作业，没有进行安全文明生产时，都可能酿成事故。在管理混乱及安全用电技术水平低下的地区、单位和部门，更是经常会发生各类生产安全（电气）事故。

电气事故习惯上按被危害的对象分为人身事故和设备事故（包括线路事故）两大类。人身事故一般指电流或电场等电气原因对人体的直接或间接伤害。直接伤害就是通常所说的触电或被电弧烧伤。间接伤害是由于电气原因引发的人身伤亡，如电气火灾或爆炸所引起的人身伤亡。电气设备事故是指由于设备过载、短路、绝缘击穿、雷电等原因所引起的电气设备损坏事故。

由于电能在形态上不具有直观性（即人们常形容的“看不见、摸不着”），电能转换为其他能量（光、热、声、机械及化学能等）的速度又非常之快，因此，电气事故的发生及后果具有自身的特殊性，常常事发突然，令人猝不及防。但是，任何事物都是有规律可循的，只要人们在思想上充分重视安全用电问题，掌握安全用电的知识和技术，在用电实践中采取正确的防范措施，坚持文明生产，就可以避免或减少电气事故的发生。事故发生以后，也可以把损失降到最小。

当今世界，用电的规模越来越大，普及范围越来越广，安全用电在生产和生活中愈显其重要性。就安全用电的内涵而言，它既是科学知识，又是专业技术，还是一种制度。安全用电作为一般知识，应该向一切用电人员宣传。作为一门专业技术，应该为全体电气工作人员和产品装配工人所掌握。作为一项管理制度，应该引起有关部门、单位和个人的重视并遵照执行。

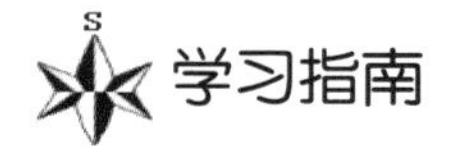

注意在产品生产和维修过程中的用电安全并在日常生活中养成良好的用电习惯。

下面就一些在产品生产、装配过程中和日常生活中所接触的易燃、易爆、易腐蚀物品对人体造成的伤害及安全防护措施做简要介绍。

1．产品生产装配过程中的安全隐患及防范

1）易燃物品的使用

在生产过程中，经常会用到酒精、汽油、香蕉水等易燃物品，在使用中应避免接触明火，以防造成火灾事故。另外部分溶剂具有易挥发性，生产场地应注意通风、换气，以免对人体造成伤害。

2）易爆物品的使用

显像管等物品在生产和搬运过程中，易造成损坏或爆炸，因此应注意轻拿轻放。

3）腐蚀性物品的使用

在生产过程中使用的三氯化铁具有较强的腐蚀性，且不易清洗，因此在使用时不要将三氯化铁溶液溅到衣物上。

4）其他安全隐患

在电子产品的生产装配过程中，经常会用到电烙铁。电烙铁是手工焊接的基本工具，其作用是加热焊料和被焊金属。工作时，电烙铁头的温度高达近200℃。因此，在使用时应注意安全，不要烫伤自己和他人，用后应立即将插头从电源插座上拔下，并等待温度降低后方可收拾保存，以免造成火灾事故。

在产品调试、维修等过程中，应注意不要触碰裸露的导线或大容量的电容，即使断电后，电容器极板上也会存储有大量的电荷，若不慎接触电容引脚，会因电容放电而被电击，造成人身伤害。

2．日常生活中的安全用电

用电安全涉及千家万户，只有做到注意安全用电，才能避免发生漏电和触电事故。日常生活中避免常见的不安全用电隐患如下。

（1）不用湿抹布擦拭电气装置或家用电器。

（2）不用铜丝替代熔断器。

（3）不可将活动用电器的软线勾挂在电源线上。

（4）螺口灯头的相线应装在中心舌片上，并应装上安全罩。

（5）电气装置的外壳破损时应及时更换、修复。

（6）大功率家用电器（如电热器、空调等）应敷设专用电源线，在停用时，除关掉开关外，还应及时拔掉电源插头。

（7）不要在照明电路上使用大功率用电器，不能把电炉的插头插在普通插座上。同一个插座上不允许接插多个大功率用电器。

（8）在大扫除或遇到室内火灾时，应及时关掉总闸，未拉总闸前，不要用水或一般灭火器灭火。

任务 1.2　静电防护知识

任务引入

在干燥的冬天，当我们乘车抓住扶手时，经常会被“电击”，当我们梳头、脱毛线衣时，会产生火花，这些都是静电放电现象。静电是一种常见的带电现象，如雷电、电容器残留电荷、摩擦带电等。日常生活中的静电放电现象，令人不爽，如果静电现象发生在生产部门，问题就严重了，若处理不好，会破坏设备，搞乱生产，甚至造成大灾难。因此，我们必须了解静电的危害和静电产生的原因，然后加以防护，才能有效避免各种损失和灾难。

近几十年来，人们对静电现象、静电的利用及静电的危害有了较深入的研究，静电防护也越来越受到人们的重视。静电现象曾给人们带来了有益的一面。例如，人们利用静电的吸引或排斥的作用，制成静电复印机，或使油漆带上静电进行静电喷涂。但是，在电子行业中，静电通常会带来很多危害。尤其是随着电子元器件和电子产品向集成化、小型化、高密度、多功能和高速度方向的发展，半导体元器件得到广泛的应用，静电的危害越来越受到关注。

静电放电（ESD）的能量对于传统元器件的影响，不易被人们察觉。但对于因线路间距短、线路面积小而导致耐压降低、耐流容量减小的高密度元器件来讲，ESD 往往会成为其致命的杀手。因此在生产与生活中，防护静电都特别重要。

1.2.1　静电的产生

注意生产和生活过程中产生静电的原因并加以防范。

1. 静电的产生与现象

静电就是静止的电荷，任何物质都是由原子组合而成，而原子的基本结构为质子、中子及电子。在正常情况下，一个原子的质子数量与电子数量相同，正负平衡，所以对外表现出不带电的现象。当物体表面的分子带有电荷或被极化时，造成电子分布的不平衡，带电现象就产生了。

在日常生活中，任何两个不同材质的物体接触后再分离，即可产生静电，而产生静电的最普通方式就是感应和摩擦起电。

物质摩擦起电是人们早已知道的，摩擦是产生静电的主要途径，任何一种材料——固体、气体或液体，不管它是导体还是绝缘体，都可能摩擦带电，带电量的大小和极性，取决于这两种材料本身的特性和其他因素的影响，按照材料受摩擦后产生正电或负电的可能性，可将其排序，见表 1-1。

表 1-1 中左端的材料将带正电，右端的材料将带负电。材料的绝缘性越好，越容易使其摩擦生电，有机玻璃（Plexiglas）和特氟石（Teflon）这样的非导电体很容易带电，它们能产生大量的静电荷，有时甚至高达 25 000V。

但摩擦只是产生静电的一种方式，而不是唯一的方式。固体的接触、液体的流动、粉体的传输都可以产生静电。在某些产品的生产中常常有静电产生，如纤维纺织物与棍轴的摩擦，塑料和橡胶的碾制，橡胶与金属摩擦，剥离及撕裂胶布，印刷车间里纸张跟机器和油墨的摩擦，火药和炸药的制造、调合、移动及贮藏，某些物质的挤出、粉碎、过滤、研磨过程中，都会产生静电。高电阻液体在管道中流动，容器的晃动，液体管口的喷射，液体注入容器中与容器壁或挡板发生的冲击、冲刷、飞溅，以及液体的搅拌、沉降、过滤等过程也易产生静电。

表 1-1　材料受摩擦后产生正负电的排序情况

正极性 →																							负极性
空气	人手	玻璃	云母	人类头发	尼龙	羊毛	铅	铝	纸张	棉花	钢	木材	硬橡胶	镍和铜	黄金和银	金和铂	纤维和人造丝	聚酯	聚氨酯	聚乙烯	聚丙烯	聚氯乙烯	特氟龙

由此可见，生产和生活中的静电，一有时机就会兴风作浪，若不采取防范措施，就会给人们造成很大的危害。

想一想

日常生活中，什么时候或什么地方更容易产生静电？

2．产生静电的几种形式

1）接触起电

接触起电可发生在固体－固体、液体－液体或固体－液体的分界面上。气体不能由这种方式带电，但如果气体中悬浮有固体颗粒或液滴，则固体颗粒或液滴均可以由接触方式带电，以致这种气体能够携带静电电荷。

2）破断起电

不论材料破断前其内部电荷分布是否均匀，破断后均可能在宏观范围内导致正负电荷分离，产生静电，这种起电称为破断起电。固体粉碎、液体分裂过程的起电都属于破断起电。

3）感应起电

导体能由其周围的一个或一些带电体感应而带电。任何带电体周围都有电场，电场中的导体能改变周围电场的分布，同时在电场作用下，导体上分离出极性相反的两种电荷。如果该导体与周围绝缘则将带有电位，称为感应带电。导体带有电位，加上它带有分离开来的电荷，因此，该导体能够发生静电放电。

4）电荷迁移

当一个带电体与一个非带电体相接触时，电荷将按各自电导率所允许的程度在它们之间分配，这就是电荷迁移。当带电雾滴或粉尘撞击在固体上（如静电除尘）时，会产生有力的电荷迁移。当气体离子流射在初始不带电的物体上时，也会出现类似的电荷迁移。

做一做

判别下列说法是否正确，并说明理由。

（1）摩擦是产生静电的主要途径和唯一方式。

（2）固体粉碎、液体分裂过程的起电都属于感应起电。

（3）材料的绝缘性越差，越容易使其摩擦生电。

1.2.2　静电的危害

注意生产和生活过程中产生静电的原因并加以防范。

静电的危害是由于静电放电和静电场力而引起的。因此，静电的基本物理特性：异种电荷相互吸引；与大地间有电位差；会产生放电电流。这三种特性就可能对电子元器件造成危害。

想一想

电子元器件“一生”中都会遭受静电的危害吗？

1．静电危害的具体表现

静电的危害通常表现为以下几个方面。

（1）元器件吸附灰尘，改变线路间的电阻，影响元器件的功率和寿命。

（2）由于电场或电流的作用，可能会破坏元器件的绝缘性或导电性而使元器件不能工作（全部破坏）。

（3）由于瞬间电场或电流产生的热量造成元器件损伤，尽管仍能工作，但寿命受到损伤。如果元器件完全被破坏，必然能够在生产及检验过程中被检查出来，所以影响相对较小。如果元器件轻微受损，在正常测试条件下不易发现，在这种情况下，常会因经过多次的使用，才被完全破坏。这种情况在生产过程中不易被检查出来，但对以后的损失将是难以预测的。

（4）研究表明：静电放电还能造成更严重的问题。任何部件测试时，可能并没有发现由于静电放电所造成的残次元器件，如果在后续装配工序发现元器件失效，将导致返工或更换元器件，从而造成成本增加。一旦元器件在工作现场失效，其修理或更换的费用会比制造阶段发现并解决问题所需的费用多花 100 倍以上。

如图 1-1 所示，列出了因静电引起的元器件损伤情况，左图箭头所示是半导体中的静电放电损坏点，右图显示了两金属连线间静电放电所造成的金属搭线的细节。

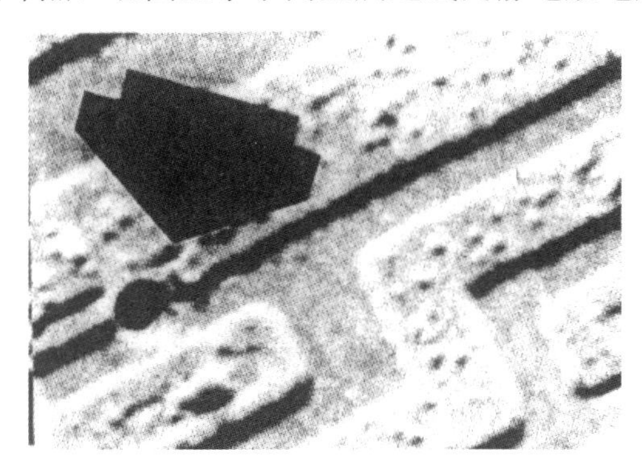
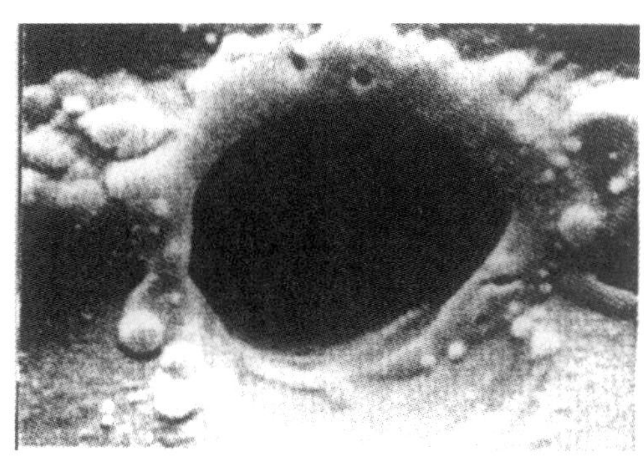

图 1-1　元器件损伤放大示意图

2．静电危害半导体的途径

静电危害半导体的途径通常有以下几种。

（1）人体带电使半导体损坏。

表 1-2 列出了日常工作所产生的静电强度（据 MR.OWEN J.MCATEER1970 年 7 月发表的报告）。

表 1-2　静电强度

活 动 情 形	产生静电强度（V）	
	10%～20%相对湿度	65%～95%相对湿度
走过地毯	35000	1500
走过塑胶地板	12000	250
在椅子上工作	6000	100
拿起塑胶文件夹、袋	7000	600
拿起塑胶袋	20000	1000
工作椅垫上摩檫	18000	1500

显然，在人们工作过程中，若不注意静电的防护，静电敏感元器件往往就会不知不觉地受到静电的损害。通常情况下，人体可带 2000V 的静电电压。当一个带电的人体，在交换机等电子产品装配、检焊过程中，手一旦触摸到元器件，就会把储存的一些能量传递到元器件或通过元器件传递到大地。在许多情况下，放电脉冲就有足够的电能来改变元器件的参数，甚至熔毁结点。

（2）电磁感应使元器件损坏。带电体周围的电场和大地之间存在着电位梯度，当元器件，如 MOS 元器件，接了引脚之后，引脚和电极便连接成回路，相当于天线，由于引脚电场梯度远大于介质电压，于是很容易使二氧化硅被击穿，元器件永久失效。

（3）元器件本身带电使元器件损坏。元器件带电主要是元器件与元器件之间摩擦产生的。由于元器件本身可起到电容器的作用，在有效接触之前，储存有电容，于是便可产生放电脉

冲而损害元器件。

做一做

（1）静电的危害通常表现在哪些方面？

（2）静电危害半导体的途径通常有哪几种？

（3）预防静电的基本原则是什么？

3. 电子元器件遭受静电破坏的情况

一个元器件从生产出来以后，一直到它损坏之前，所有的过程都受到静电的威胁。

（1）元器件制造：这个过程包含制造、切割、接线、检验到交货。

（2）印制电路板（PCB）到单元电路板：收货、验收、储存、插件、焊接、品管、包装到出货。

（3）产品生产与装配：电路板验收、储存、装配、品管、出货。

（4）产品使用：收货、安装、试验、使用及保养。

在整个过程中，每一阶段中的每一个小步骤，元器件都有可能遭受静电的影响。实际上，最主要而又最容易被忽略的一点却是元器件的传送与运输的过程。在这个过程中，不但包装因移动而容易产生静电，而且整个包装因容易暴露在外界电场（如经过高压设备附近、工人移动频繁、车辆迅速移动等）中而受到破坏，所以在传送与运输过程中须要特别注意静电防护，以减少损失和避免无谓的纠纷。

4. 静电放电对通信设备造成的损伤

1）对设备内集成电路的损伤

静电对集成电路的损伤主要表现于静电的放电造成芯片内热二次击穿、金属喷镀熔融、介质击穿、表面击穿、体积击穿等，使集成电路彻底损坏和由于静电引起的潜在损害。

当静电放电能量达到一定值时，足以引起塑封集成电路的爆炸，使其芯片完全烧毁裸露，造成人身伤害及通信设备故障。

静电放电可以引起通信设备内部集成电路突然失效，同时，静电造成电路潜在损伤会使其参数变化、品质劣化、寿命降低，使通信设备运行一段时间后，随温度、时间、电压的变化出现各种故障。这潜在的危害也是静电防护要解决的重点之一。

2）静电敏感元器件（ESDS）的分类及处理方法

根据 GJB1649，按静电放电引起电子元器件损伤的电压值不同，可将其分为 1、2、3 类静电敏感元器件。

1 类：0～1999V。

2 类：2000～3999V。

3 类：4000～15999V。

现代的通信设备选用敏感元器件，其敏感性范围大多是 1 类、2 类、3 类共存并混装于印制电路板上，即在一块印制电路板上，既装有 1 类元器件也装有 2、3 类元器件，所以对现代通信设备的静电防护必须按照 1 类静电敏感元器件进行。

3）静电放电的电磁场影响

静电放电将形成频谱很宽的干扰电磁场，很容易感应接收进入通信设备内，扰乱系统的正常运行，如使误码率增大、设备误动作等，极大地影响设备工作的可靠性。

1.2.3 静电的防护与措施

防止静电首先要设法控制生产工艺过程，限制静电产生，对已产生的静电应加强静电的泄漏或中和，以消除电荷的大量积聚使其达不到危险的程度。

学习指南

注意静电的防护措施及防静电方法，有效减少或消除静电危害。

1. 预防静电的基本原则

（1）抑制或减少厂房内静电荷的产生，严格控制静电源。

（2）及时安全、可靠地消除厂房内产生的静电荷，避免静电荷积累。静电导电材料和静电耗散材料用泄漏法，使静电荷在一定时间内通过一定的路径泄放到地。绝缘材料用离子静电消除器为代表的中和法，使物体上积累的静电荷吸引空气中带来的异种电荷，被中和而消除。用静电屏蔽容器运送静电敏感元器件或组件。在静电安全区域使用或生产静电敏感元器件。

（3）定期（如一周）对防静电设施进行维护和检验。

想一想

在日常生活和生产中，应如何预防人体带电？

2. 静电的防护措施

根据静电危害半导体集成电路的三个途径，可以制定相应预防静电的措施。

1）预防人体带电对敏感元器件的影响

（1）由于人体是一个静电带电体，因此对实际操作人员必须进行上岗前防静电知识培训，以提高其静电防护意识。

（2）在人体从车间外进入车间内时，设法将人体多余电荷中和或泄放掉。例如，在厂房入口处安装金属门帘和离子风机。定功率的离子风机可消除整个环境的静电。

（3）生产人员或每一位入厂人员（包括库房、待检库、物料、IC 成型、在线测试、单板清洗、单板功能联机测试、维修、整机测试等）要穿防静电工作服和防静电鞋，以免在身上积累电荷。

（4）在工作过程中，要佩戴防静电手环或防静电手套。

（5）凡装配、维修线路板的工作台面上应铺有防静电台垫并可靠接地。

（6）生产厂房、实验室应布有符合标准的接地系统（静电保护接地电阻应不大于 10MΩ），各工序均应有与整体地线相连的局部地线。另外，波峰焊机、焊料与传递系统、焊接工具、测试设备、调试中整机也应接地。

2）预防电磁感应的影响

为了预防电磁感应的影响，要将元器件或其组件放置到远离电场的地方。

3）预防元器件本身带电的影响

各工序的 IC 元器件应使用专门的静电屏蔽容器（导电性塑料盒、导电性塑料袋、导电性海绵、导电屏蔽袋）盛放。

4）控制工作环境的湿度

由于湿度与静电强度有很大的关系，因此严格控制工作环境的湿度，可以防止环境中的

静电影响。

总之，一个完整的静电防护工作应具备：完整的静电安全工作区域；适当的静电屏蔽容器；工作人员具备有完全的防护观念；警示客户（包含元器件装配、设备使用和维护人员），使客户不致因不知道而造成破坏。

3．静电防护材料和防静电设施

1）防静电的基本方法

在防静电工作中，防静电的三大基本方法：接地、静电屏蔽、离子中和。

（1）接地。

接地就是直接将静电通过一条线的连接放入大地，这是防静电措施中最直接、最有效的，对于导体通常用接地的方法，如人工带防静电手腕带（如图 1-2 所示）及工作台面接地等。

（2）静电屏蔽。

静电敏感元器件在储存或运输过程中会暴露于有静电的区域中，用静电屏蔽的方法可削弱外界静电对电子元器件的影响，最通常的方法是用静电屏蔽袋（如图 1-3 所示）和静电周转箱作为保护。

图 1-2　防静电手腕带

图 1-3　静电屏蔽袋

（3）离子中和。

绝缘体往往是易产生静电，对绝缘体静电的消除，用接地方法是无效的，通常采用的方法是离子中和，即在工作环境中用离子风机等，如图 1-4 所示。

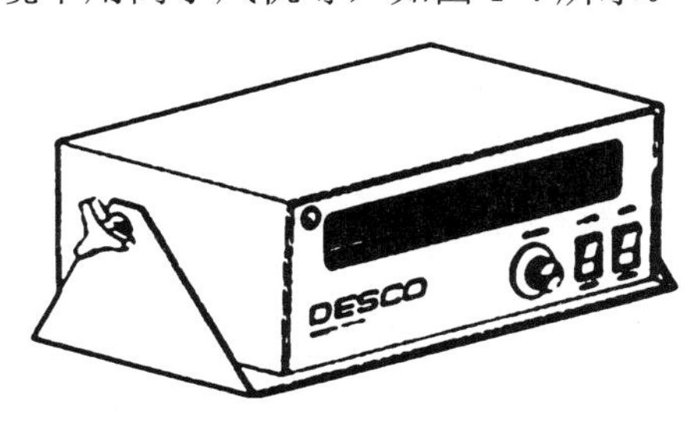

图 1-4　台式离子风机

2）防静电设施和材料 Bench top ionizer

（1）防静电仪表。

① 防静电手腕带检测仪。

用于检测手腕带是否符合防静电要求。

② 除静电离子风机检测仪。

用于定期对离子风机的离子平衡度和衰减时间进行检测及分析，以确保离子风机工作在安全的指标范围内。

③ 静电场探测仪。

用途：测量静电场以反映静电的存在，以电压形式读数，用来测试环境的静电强度。

④ 表面电阻测量仪。

用于测量防静电表面电阻。

⑤ 防静电离子风机、离子气枪、离子消除棒等。

用于在静电敏感区域进行静电消除，如电子装配工作台，测试工作台、仓库等。

（2）接地系统设备。

① 防静电手腕带。

防静电手腕带广泛用于各种操作工位。防静电手腕带种类很多，建议一般采用配有 1MΩ 电阻的手腕带， 线长应留有一定余量。

② 防静电脚跟带/防静电鞋。

厂房使用防静电地面后，应配戴防静电脚跟带或穿防静电鞋，建议车间以穿防静电鞋为主，可降低灰尘的引入。操作工位员工再结合佩戴防静电手腕带，这样防静电效果将会更佳。

③ 防静电台垫。

防静电台垫用于各工作台表面的敷设，各防静电台垫串上 1MΩ电阻后与防静电地可靠连接，一般电子加工车间使用的防静电台垫性能指标应达到要求。

④ 防静电地板。

防静电地板分为 PVC 地板、聚胺酯地板、水磨石地板、活动地板。

⑤ 防静电蜡和防静电油漆。

防静电蜡可用于各种地板表面增加防静电功能并使地板更加明亮干净。

防静电漆可用于各种地板表面，也可涂于各种货架、周转箱等容器上。

（3）防静电包装运输及储存材料。

① 防静电周转箱、防静电元器件盒：用于车间单板和部件的周转、运输及储存。

② 防静电屏蔽袋：用于单板和部件的包装、运输和储存，具有一定的防潮效果。材料包括防静电金属屏蔽袋、静电防潮袋、防静电气泡袋/气泡片。

③ 防静电胶带：用于各种包装箱等。

④ 防静电 IC 料条及 IC 托盘：用于生产车间 IC 元器件的储存、搬运。禁止在使用前露天存放 IC 或拆开包装运输。

⑤ 防静电货架、手推车及工作台：广泛用于电子装配车间的单板、部件的周转、搬运等。一般在公司品种规格较多时，可以选择间距可调整的货架或周转车。防静电货架及工作台要与防静电地连接，手推车上的防静电垫应有金属链与防静电地接触。

⑥ 防静电工作服、工作鞋：在具有静电敏感元器件且具有一定洁净度要求的加工车间里，一般应严格要求员工穿戴防静电工作服和工作鞋。

⑦ 防静电手指套：操作工位员工须经常手拿工件或静电敏感元器件时，就有必要戴防静电手指套。

做一做

（1）预防静电的基本原则是什么？

（2）静电的防护措施有哪些？

（3）一个完整的静电防护工作应具备哪些要素？根据所给色环标志和数码写出电阻器标称参数。

各种防静电器材基本配置见表 1-3。

表 1-3 各种防静电器材基本配置

器材名称	配置部位						
	待检库	库房	插件	在线测试 单板调试 整机调试	维修	包装	运输
静电识别标签	●	●	●	●			●
防静电盒（袋）		●	●	●	●	●	●
防静电桌垫	●	●	●	●	●		
防静电周转箱	●	●	●		●		●
防静电运输车			●	●			●
防静电工作服	●	●	●	●	●	●	
防静电腕带	●		●	●	●		
腕带测试器	●		●	●	●		
防静电工作鞋	●	●	●	●	●	●	
防静电工作手套	●	●	●	●	●	●	
防静电电烙铁				●	●		
防静电吸锡器				●	●		
防静电印制电路板架			●	●	●		
静电电位计		●	●				

注：黑点表示必须配置项目。

单元小结

（1）本单元首先介绍了安全生产与文明生产的相关概念，讲解了要做到安全生产必须注意的事项及文明生产包括的内容，重点介绍了产品生产装配过程中的安全隐患及防范，同时对日常生活中的安全用电常识做了简要说明。

（2）本单元介绍了静电现象及产生静电的几种形式，详细讲解了静电的危害，重点讲授了静电的防护与措施，并对静电防护材料及防静电设施做了简要说明。

习题

1．填空题

（1）安全生产是指在生产过程中确保____________、使用的用具、______________的安全。

（2）对于电子产品装配工来说，经常遇到的是_________安全问题。

（3）文明生产就是创造一个布局合理、________________的生产和工作环境，人人养成_________和严格执行工艺操作规程的习惯。

（4）__________是保证产品质量和安全生产的重要条件。

（5）安全用电包括____________安全、___________安全及__________安全 3 个方面，它们是密切相关的。

（6）电气事故习惯上按被危害的对象分为__________和__________（包括线路事故）两大类。

（7）在日常生活中，任何两个不同材质的物体接触后再分离，即可产生静电，而产生静电的最普通方式，就是________和_________起电。

（8）静电的危害是由于静电放电和静电场力而引起的。因此静电的基本物理特性为__________的相互吸引、与大地间有___________、会产生__________。

（9）在防静电工作中，防静电的三大基本方法是_____、_____、_____。

2．选择题

（1）人身事故一般是指（　　）。

A．电流或电场等电气原因对人体的直接或间接伤害

B．仅由于电气原因引发的人身伤亡

C．通常所说的触电或被电弧烧伤

（2）接触起电可发生在（　　）。

A．固体－固体、液体－液体的分界面上

B．固体－液体的分界面上

C．以上全部

（3）防静电措施中最直接、最有效的方法是（　　）。

A．接地　　B．静电屏蔽　　C．离子中和

3．判断题

（　　）（1）在任何环境下，国家规定的安全电压均为 36V。

（　　）（2）安全用电的研究对象是人身触电事故发生的规律及防护对策。

（　　）（3）就安全用电的内涵而言，它既是科学知识，又是专业技术，还是一种制度。

（　　）（4）摩擦是产生静电的主要途径，材料的绝缘性越差，越容易使其摩擦生电。

（　　）（5）摩擦是产生静电的主要途径和唯一方式。

（　　）（6）固体粉碎、液体分裂过程的起电都属于感应起电。

（　　）（7）一个元器件生产出来以后，一直到它损坏之前，所有的过程都受到静电的威胁。

4．简答题

（1）在严格遵守操作规程的前提下，对从事电工、电子产品装配和调试的人员，为做到安全用电，还应注意哪几点？

（2）什么是文明生产？文明生产的内容包括哪些方面？

（3）静电的危害通常表现在哪些方面？

（4）静电危害半导体的途径通常有哪几种？

（5）预防静电的基本原则是什么？

（6）静电的防护措施有哪些？

（7）一个完整的静电防护工作应具备哪些要素？

单元二

电子产品技术文件辨析

技术文件是产品研究、设计、试制与生产实践经验积累所形成的一种技术资料，也是产品生产、使用、维修的基本依据。它包括设计文件和工艺文件。

技术文件的种类、数量随电子产品的不同而不同，总体上分为设计文件和工艺文件。无论是设计文件还是工艺文件都必须标准化。标准化是法规，只有政府或指定的部门才有权制定、发布、修改或废止标准。目前，我国的标准分为三级：国家标准（GB）、专业（部）标准（ZB）和企业标准。

任务 2.1　设计文件

任务引入

产品是社会发展的重要部分，也是社会进步的体现。任何一个产品都是设计的结果、设计的产物。只有设计出满足人们需求和适销对路的产品，才有它的市场地位和竞争力。因此，产品设计在整个产品实现过程中是一个非常重要的组成部分。

电子产品的生产是指产品从研制、开发直到商品售出的全过程。该过程包括设计、试制和批量生产 3 个主要阶段。

设计文件是产品在研究、设计、试制和生产过程中积累而形成的图样及技术资料，它规定了产品的组成型式、结构尺寸、原理、程序，以及在制造、验收、流通、使用、维护和修理时所必须的技术数据和说明，是制定工艺文件、组织生产和产品使用维护的基本依据。

2.1.1　电子产品分类编号

学习指南

根据产品的结构特征，电子产品分为哪几种？多少级？注意电子产品各级的名称和代号如何划分。

电子产品种类繁多，一般按产品结构复杂程度可分为简单产品和复杂产品。按产品的使用和制造情况可分为专用件、通用件、标准件、外购件。

电子产品及其组成部分根据产品的结构特征可分为成套设备、整件（组件）、部件、零件 4 种，共有 8 级，产品各级的名称及代号见表 2-1。

表 2-1 产品各级的名称及代号

级的名称	成套设备	整件	部件	零件
级的代号	1	2、3、4	5、6	7、8

（1）零件是一种不采用装配工序而制成的产品。

（2）部件是由两个或两个以上零件或材料等以可拆卸或不可拆卸的连接形式组成的产品。

（3）整（组）件是由材料、零件、部件等经过装配连接所组成的具有独立结构或独立用途的产品。

（4）成套设备是若干个单独整件相互连接（如机械的、电气的等）而共同构成的成套产品（这些单独整件在一般制造厂中无须经过装配或安装），以及其他较简单的成套设备，如雷达、计算机等设备属于这一级，这级代码号（或图样编号）为 1 级。

想一想

电子产品生产要经过哪些过程？如何保证生产质量？

电子产品的生产装配过程包括从元器件、零件的产生到整件、部件的形成，再到整机装配、调试、检验、包装、入库、出厂等多个环节。由于电子产品的复杂程度、设备场地条件、生产数量（规模）、技术力量及操作工人技术水平等情况的不同，生产的组织形式和工序也会根据实际情况有所变换，但产品生产的基本过程并没有变化，组织生产的方式也基本相同。

要生产出优质、高产、低耗的产品，生产过程必须执行统一的严格标准，实行严明的规范管理，而产品技术文件就是用于指导生产、组织生产的 “工程语言”文件，它具有生产法规的效力，是组织生产时技术交流的依据，是根据相关国家标准制定出来的文件。作为工程技术人员，必须能够读懂并会编制这种“工程语言”文件。

2.1.2 设计文件的种类

设计文件的种类较多，通常有以下几种分类方法。

1. 按表达的内容分类

（1）图样：以投影关系绘制。它用于说明产品加工和装配要求的设计文件，如装配图、零件图、外形图等。

（2）略图：以图形符号为主绘制。它用于说明产品电气装配连接、原理及其他示意性内容的设计文件。

（3）文字和表格：以文字和表格的方式，说明产品的技术要求和组成情况的设计文件，如说明书、明细表、汇总表等。

2. 按形成的过程分类

（1）试制文件：是指设计性试制过程中所编制的各种文件。

（2）生产文件：是指设计性试制完成后，经整理修改，为组织、指导生产（包括生产性试制）所用的设计文件。

3. 按绘制过程和使用特征分类

（1）草图：是设计产品时所绘制的原始图样，是供生产和设计部门使用的一种临时性的设计文件。草图可徒手绘制。

（2）原图：供描绘底图用的设计文件。

（3）底图：确定产品及其组成部分的基本凭证图样，是用于复制复印图的设计文件。底图分为基本底图和副底图。

（4）复印图：用底图以晒制、照相或能保证与底图完全相同的其他方法所复制的图样，分为晒制复印图（蓝图）、照相复印图、印制复印图。

（5）载有程序的媒体：是载有完整独立的功能程序的媒体，如计算机用的磁盘、光盘等。

2.1.3　电子整机设计文件简介

每个产品都有配套的设计文件，一套设计文件的组成内容随产品的复杂程度、继承程度、生产特点和研制阶段的不同而有所区别。一般在满足组织生产和提供使用的前提下，由设计部门和生产部门参照表 2-2 确定。

表 2-2　设计文件的组成内容

序号	设计文件组成	文件简号	试样设计文件				定型设计文件			
			1 级成套设备	2、3、4 级整件	5、6 级部件	7、8 级零件	1 级成套设备	2、3、4 级整件	5、6 级部件	7、8 级零件
1	零件图	—	—	—	—	△	—	—	—	△
2	装配图	—	—	△	△	—	—	△	△	—
3	外形图	WX	—	○	—	—	—	○	—	—
4	安装图	AZ	○	○	—	—	○	○	—	—
5	总布置图	BL	○		—	—	○	—	—	—
6	电路图	DL	○	△	—	—	○	—	—	—
7	接线图	JL		△	—	—	—	—	○	—
8	逻辑图	LJ	○	○	—	—	○	○	—	—
9	方框图	FL	○	○	—	—	○	○	—	—
10	线缆连接图	LL	○	○	—	—	○	○	—	—
11	机械原理图	YL	○	○	—	—	○	○	—	—
12	机械传动图	CL	○	○	—	—	○	○	—	—
13	气液压原理图	QL	○	○	—	—	○	○	—	—
14	其他图样	TT	○	○	○	○	○	○	○	○
15	技术条件	JT	△	△	—	—	△	△	○	—
16	技术说明书	JS	△	○	—	—	△	○	—	—
17	细则	XZ	○	○	—	—	○	○	—	—
18	说明	SM	○	○	—	—	○	○	—	—
19	计算文件	JW	○	○	—	—	○	○	—	—

续表

序号	设计文件组成	文件简号	试样设计文件				定型设计文件			
			1级成套设备	2、3、4级整件	5、6级部件	7、8级零件	1级成套设备	2、3、4级整件	5、6级部件	7、8级零件
20	其他文件	TW	○	○	—	—	○	○	○	—
21	明细表	MX	△	△	—	—	△	△	—	—
22	备附件及工具配套表	BH	○	○	—	—	△	○	—	—
23	使用文件汇总表	YH	△	○	—	—	△	○	—	—
24	标准件汇总表	BZ	○	○	—	—	△	○	—	—
25	外购件汇总表	WG	○	○	—	—	△	○	—	—
26	其他表格	TB	○	○	—	—	△	○	—	—

注：△表示必须编制的设计文件；○表示根据实际需要而定。

表 2-2 中各设计文件都规定了相应的格式，不同的文件采用不同的格式。设计文件格式有多种，但每种设计文件上都有主标题栏和登记栏，装配图、接线图等设计文件还有明细栏。各栏目的填写都有一定的规范要求，这里不再详述。

想一想

在学过的课程或日常生活中，曾经见过画有电路的图样吗？

1．电路图（电原理图）

电路图是详细说明产品各元器件、各单元之间的工作原理及其相互间连接关系的略图，是设计、编制接线图和研究产品时的原始资料。在装接、检查、试验、调整和使用产品时，电路图与接线图一起使用。电路图应按如下规定绘制。

（1）在电路图上，组成产品的所有元器件均以图形符号表示。但为了清晰方便起见，有时对某些单元也可用方框符号表示。各符号在图上的配置可根据产品的基本工作原理，自左至右或自上而下排成一列或数列，应以图面紧凑清晰、便于看阅、顺序合理、电连接线短和交叉最少为原则。在电路图上采用方框符号表示的单元，应单独绘制出其电路图。

（2）在电路图中各元器件的图形符号的左方或上方应标出该元器件的项目代号。各元器件的项目代号一般由元器件的文字符号及序号组成。对于由几个单元组成的产品，必要时元器件顺序号也可按单元编制，此时在文字符号的前面加一该单元的项目代号，并与文字符号写在同一行上。

（3）电路图上的元器件目录表，标出了各元器件的项目代号、名称、型号及数量。在进行整机装配时，应严格按目录表的规定安装。

电路图示例：实用分立元器件串联稳压电路原理如图 2-1 所示。

2．印制电路板装配图

印制电路板装配图（以下简称装配图）是用来表示元器件及零部件、整件与印制电路板连接关系的图样。对装配图的要求如下。

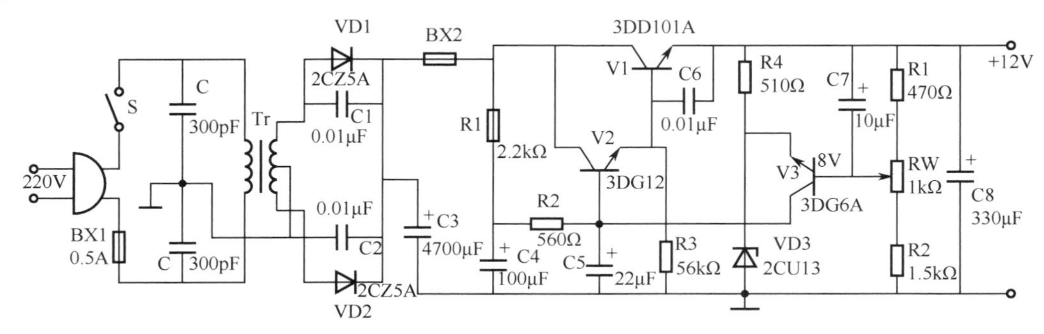

图 2-1　实用分立元器件串联稳压电路原理

（1）装配图上的元器件一般以图形符号表示，有时也可用简化的外形轮廓表示。采用外形轮廓表示时，应标明与装配方向有关的符号、代号和文字等。

（2）仅在一面装有元器件的装配图只要画一个视图。如果两面均装有元器件，一般应画两个视图，并以较多元器件的一面为主视图，另一面为后视图。如果两面中有一面的元器件很少，也可只画一个视图。此时，反面上的元器件用符号表示时，元器件符号用实线画，引线用虚线画，如图 2-2 所示；用外形轮廓表示时，应用虚线画轮廓。两面装有元器件的印制电路板用一个视图表示时，两面上的元器件在视图上不应重叠，以正面上的元器件排列为主，可将反面上的元器件引线迂回画出。

（3）装配图中一般可不画印制导线，如果要求表示出元器件的位置与印制导线的连接关系时，应画出印制导线。反面上的印制导线应按实际形状用虚线画出，如图 2-3 所示。

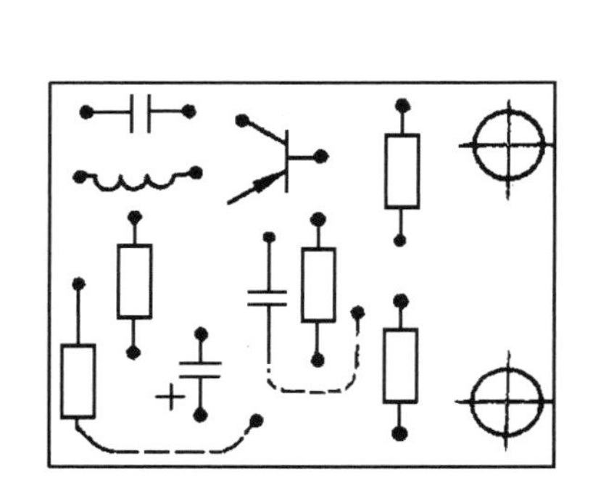

图 2-2　印制导线表示法

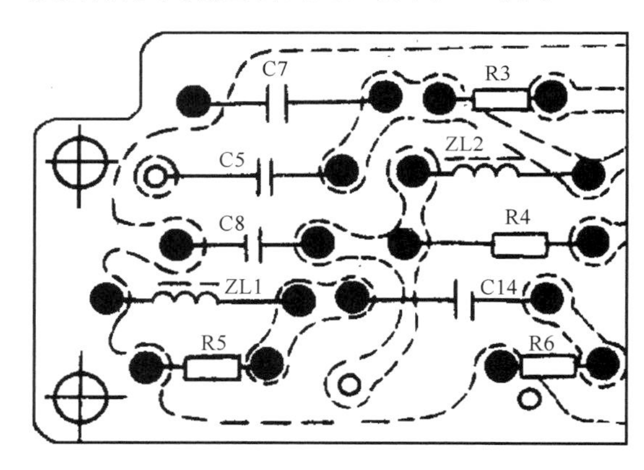

图 2-3　装配图

（4）对于变压器等元器件，除在装配图上表示位置外，还应标明引线的编号或引线套管的颜色。

要焊接的穿孔用实心圆点画出，无须焊接的孔用空心圆画出。空心圆的大小应按比例绘制，不用标注尺寸。

3．安装图

安装图是指导产品及其组成部分在使用地点进行安装的完整图样。安装图包括产品及安装用件（包括材料的轮廓图形）、安装尺寸及其他产品连接的位置与尺寸、安装说明（对安装所需的元器件、材料和安装要求等加以说明）等。安装图示例如图 2-4 所示。

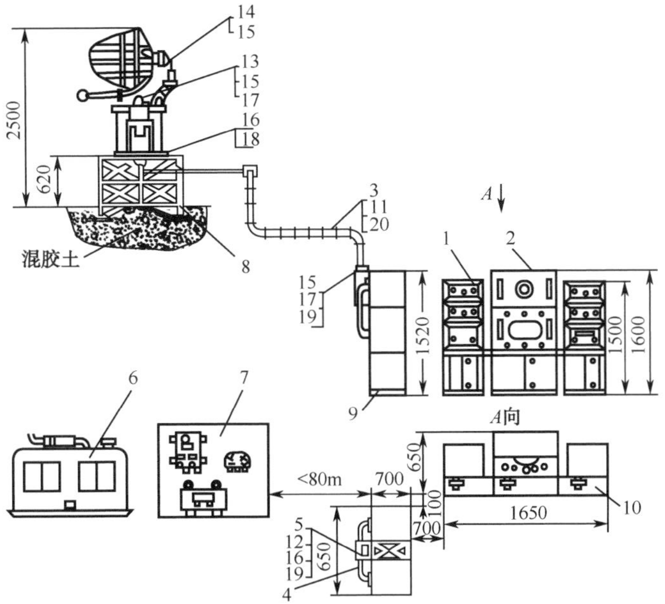

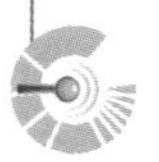

序号	代　号	名　称	数量	备注
20	GB 97—66	垫圈 4（10）	300	
19	GB 97—66	垫圈 6（10）	0	
18	GB 93—66	垫圈 20（65）	10	
17	GB 93—66	垫圈 4（65）	8	
16	GB 52—66	螺母 AM20（10）	16	
15	GB 52—66	螺母 AM12（10）	20	
14	GB 30—66	螺栓 M20×10（10）	17	
13	GB 30—66	螺栓 M10×50（10）	4	
12	GB 66—66	螺钉 M6×16（10）	4	
11	GB 66—66	螺钉 M4×12（10）	300	
10	XX4. 135. 015MX	工作台	3	
9	XX4. 123. 005MX	座架	4	
8	XX4. 110. 002MX	座架	1	
7	XX3. 119. 002WX	中频机组	1	
6	XX3. 108. 002WX	电站	1	
5	XX2. 068. 005MX	10号分机	1	
4	XX2. 060. 100MX	波导	5	
3	XX2. 044. 021MX	波导	2	
2	XX2. 000. 015MX	2号机柜	1	
1	XX2. 000. 014MX	1号机柜		

注：1．馈线系统中间连接波导其总长不超过10m。
2．电站和中频机组安装详见图第2张。

更改标记	数量	文件号	日期	签名	××设备安装	重　量	比　例
拟制							1∶2
复核						共1张	共2张
工艺							
标准化							
批准							

旧底图总号

底图总号

制图：　　插图：　　幅面：

图 2-4　安装图示例

4．方框图

方框图用来反映成套设备、整件和各个组成部分及它们在电气性能方面的基本作用原理和顺序，具体规定如下。

（1）每一个能完成独立作用的分机、整件或元器件组合及在结构上独立的整件，在图上应以矩形、正方形或图形符号表示。

（2）分机、整机或构件按其所起作用和相互联系的先后次序，在图上一般应自左至右、自上而下排成一列或数列。在矩形、正方形内或图形符号上应按其主要作用标出它们的名称、代号、主要特性参数或主要元器件的型号等。

（3）各分机、整件或构件间的连接用实线表示，机械连接以虚线表示，并在连接线上用箭头表示其作用过程和作用方向。

（4）必要时可在连接线上方标注该处的基本特性参数，如信号电平、阻抗、频率、传送脉冲的形状和数值、各种波形等。当作用波形须详细表示时，可对能上能下波形所在位置标上位置号，而将波形按位置顺序集中画在图上空白处，以清楚地表明各点波形相互间的时间关系。视频和音频信号的中频处理方式方框图如图 2-5 所示。

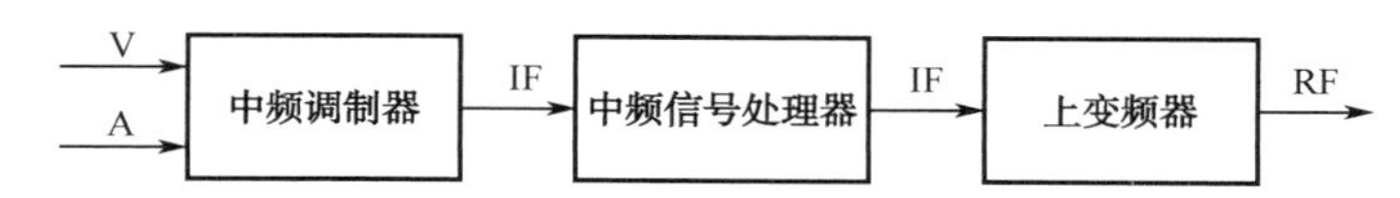

图 2-5　视频和音频信号的中频处理方式方框图

做一做

判别下列说法是否正确，并说明理由。

（1）在接线板背面的元器件或导线，绘制接线图时应虚线表示。

（2）方框图是指示产品部件、整件内部接线情况的略图。是按照产品中元器件的相对位置关系和接线点的实际位置绘制的。

5．接线图

接线图是指示产品部件、整件内部接线情况的略图。是按照产品中元器件的相对位置关系和接线点的实际位置绘制的，主要用于产品的接线、线路检查和线路维修等。在实际应用中，接线图通常与电路图和装配图一起使用。接线图还应包括进行装接时的必要资料，如接线表、明细表等。具体规定如下。

（1）接线图按结构图例方式绘制，即装接元器件和接线装置按实际位置以简化轮廓绘制（接点位置应重点表示），焊接元器件以图形符号表示，导线和电缆用单线绘制。与接线无关的元器件或固定件在接线图中不予画出。

（2）按接线的顺序对每根导线进行编号，必要时可按单元编号，此时在编号前应加该单元序号。例如，第四单元的第 2 根导线，线号为 4-2。接线的编号示例如图 2-6 所示。

（3）对于复杂产品的接线图，导线或多芯电缆的走线位置和连接关系不一定要全部在图中绘出，可采用接线表或芯线表的方式来说明导线的来处和去向。

（4）对于复杂产品，若一个接线面不能清楚地表达全部接线关系时，可以将几个接线面分别绘出。绘制时，应以主接线面为基础，其他接线面按一定方向展开，在展开面旁边要标出展开方向。

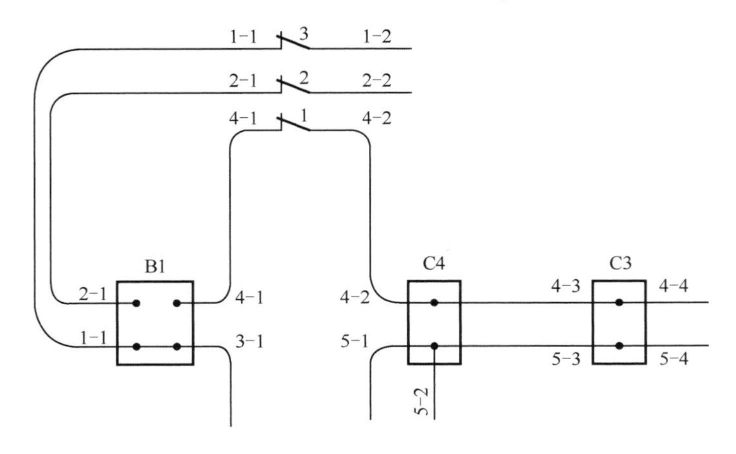

图 2-6　接线的编号示例

（5）在一个接线面上，如有个别元器件的接线关系不能表达清楚时，可采用辅助视图（如剖视图、局部视图、向视图等）来说明，并在视图旁边注明是何种辅助视图。

（6）在接线面上，当某些导线、元器件或元器件的连接处彼此遮盖时，可移动或适当地延长被遮盖导线，元器件或元器件接线处，使其在图中能明显表示，但与实际情况不应出入太大。

（7）在接线面背面的元器件或导线，绘制时应虚线表示，接线图示例如图 2-7 所示。

做一做

（1）判别下列说法是否正确，并说明理由。

方框图是指示产品部件、整件内部接线情况的略图，是按照产品中元器件的相对位置关系和接线点的实际位置绘制的。

（2）回答问题。

① 电子产品的生产装配过程包括哪些环节？

② 电子产品的生产过程包括哪 3 个主要阶段？

③ 参观实际生产线，并以实际生产线为例，说明整机总装的工艺流程。

任务 2.2　工艺文件

任务引入

产品经过设计、试制两个阶段后，即可进入批量生产阶段。开发产品的最终目的是达到批量生产，生产批量越大，生产成本越低，经济效益也越高。在批量生产过程中，主要应根据全套工艺技术资料来组织生产。

电子产品的生产过程，无论是社会的、部门的还是企业的，都是一个复杂的、具有内部和外部联系的系统。只有进行科学地组织才能达到相互的协调统一，实现预期的目的，并带来良好的经济效益。

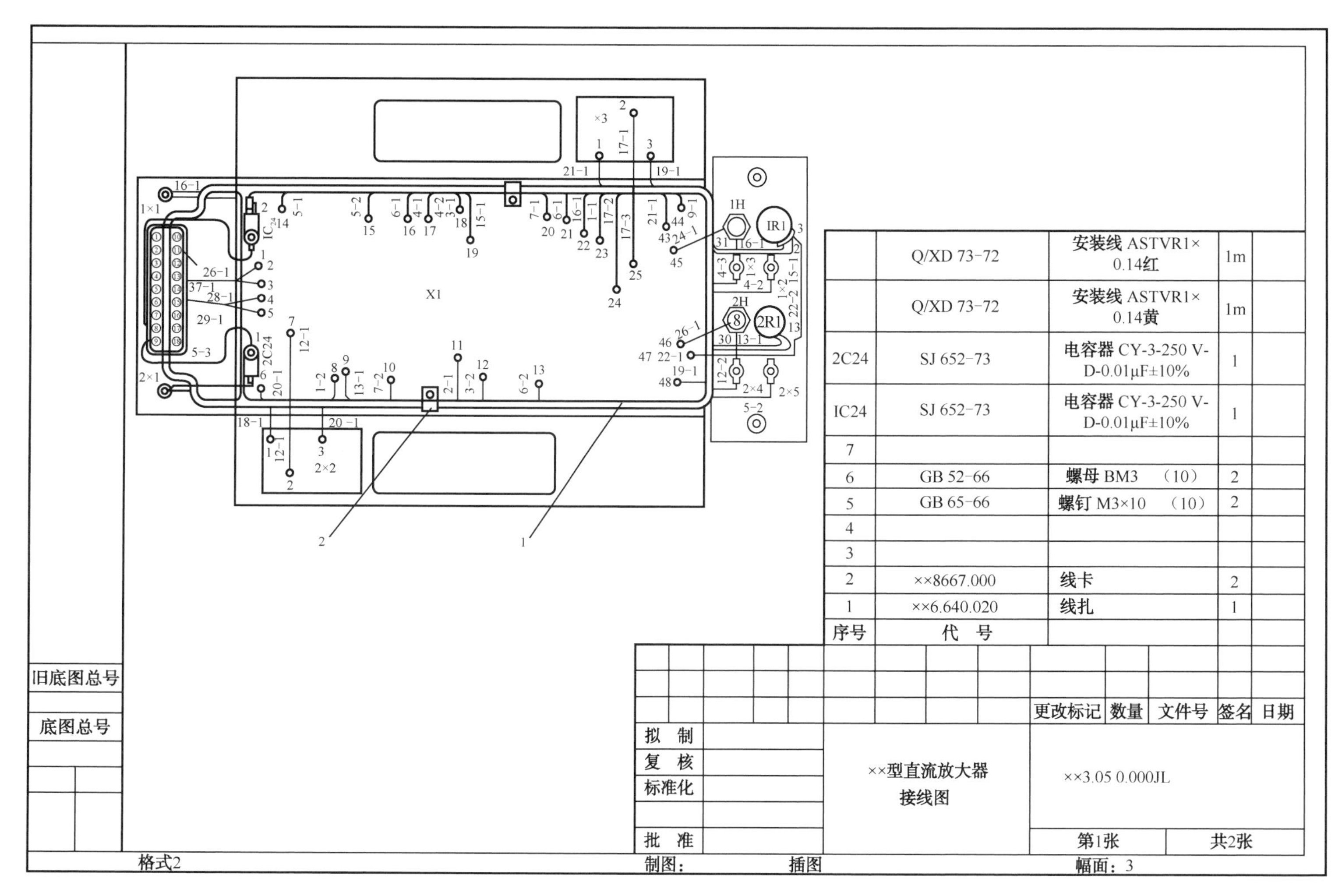
Q/XD 73-72
安装线 ASTVR1×0.14红
1m
Q/XD 73-72
安装线 ASTVR1×0.14黄
1m
2C24
SJ 652-73
电容器 CY-3-250 V-D-0.01μF±10%
1
IC24
SJ 652-73
电容器 CY-3-250 V-D-0.01μF±10%
1
7
6
GB 52-66
螺母 BM3 （10）
2
5
GB 65-66
螺钉 M3×10 （10）
2
4
3
2
××8667.000
线卡
2
1
××6.640.020
线扎
1
序号
代 号
更改标记
数量
文件号
签名
日期
××型直流放大器
接线图
××3.05 0.000JL
第1张
共2张
幅面：3
拟 制
复 核
标准化
批 准
制图：
插图
格式2
旧底图总号
底图总号
X1
1H
2H
IR1
2R1
1×1
2×1
2×2
2×3
2×4
2×5
×3
1
2

图 2-7 接线图示例

电子产品生产的基本要求包括生产企业的设备情况、技术和工艺水平、生产能力和生产周期，以及生产管理水平等方面。产品要顺利投产，必须满足生产条件对它的要求，否则就不可能生产出优质的产品，甚至根本无法投产。

想一想

工艺文件与技术文件有什么关系？工艺文件与设计文件有何不同？生产任何电子产品都要编制工艺文件吗？

2.2.1 工艺文件的作用与种类

注意工艺文件的概念及分类。工艺文件的主要部分指什么？

工艺文件与设计文件同是指导生产的文件，两者是从不同角度提出要求的。设计文件是原始文件，是生产的依据。而工艺文件是根据设计文件提出的加工方法，是工厂组织、指导生产的主要依据和基本法规，是确保优质、高产、多品种、低消耗和安全生产的重要手段。

工艺文件是根据设计文件、图样及生产定型的样机，结合企业的生产大纲、生产设备、生产布局、工人技术水平和产品的复杂程度而制定的最合理的产品加工过程和加工方法。工艺文件用工艺规程和加工、装配等图样来指导生产，以实现设计文件中要求的产品技术性能指标。

工艺文件分为两类，一种是通用工艺规程文件，它是应知应会的基础。另一种是工艺管理文件，如工艺图样、图表等，它是针对产品的具体要求制定的，用以安排和指导生产。

1. 工艺规程

工艺规程是规定产品和零件的制造工艺过程和操作方法等的工艺文件，是工艺文件的主要部分。它可分为以下几类。

1）按使用性质分类

（1）专用工艺规程：专门为某产品或某组装件的某一工艺阶段编制的一种工艺文件。

（2）通用工艺规程：几种结构和工艺特性相似的产品或组件所共用的工艺文件。

（3）标准工艺规程（典型工艺细则）：某些工序的工艺方法经过长期生产考验已定型，并纳入标准的工艺文件。

2）按加工专业分类

（1）机械加工工艺卡。

（2）电气装配工艺卡。

（3）扎线工艺卡。

（4）油漆涂敷工艺卡。

做一做

判别下列说法是否正确，并说明理由。

（1）开发产品的最终目的是达到批量生产，生产批量越大，生产成本越高，经济效益也越高。

（2）工艺文件与设计文件同是指导生产的文件，两者是从不同角度提出要求的。

2．工艺管理文件

工艺管理文件是企业科学地组织生产和控制工艺工作的技术文件。不同企业的工艺管理文件的种类不完全一样，但基本文件都应当具备，主要有工艺文件目录、工艺路线表、材料消耗定额明细表、外协件明细表、专用及标准工艺装配明细表等。

想一想

工艺文件是否越多越好？编制工艺文件必须按国家标准吗？

2.2.2 工艺文件的编制原则、方法和要求

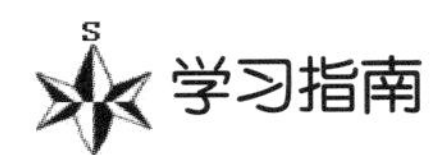

学习指南

注意编制工艺文件应遵循的原则，以及具体编制方法和要求。

1．编制工艺文件的原则

编制工艺文件应根据产品的组成、内容、生产批量和生产形式来确定，在保证产品质量和有利于稳定生产的条件下，以易懂、易操作为条件，以最经济、最合理的工艺手段进行加工为原则，以规范和清晰为要求。

工艺文件的编制应以优质、低耗、高产为宗旨，结合企业的实际情况，应做到以下几点。

（1）编制工艺文件应标准化，技术文件要求全面、准确，严格执行国家标准。在没有国家标准条件下也可执行企业标准，但企业标准只是国家标准的补充和延伸，不能与国家标准相左，或低于国家标准要求。

（2）编制工艺文件应具有完整性、正确性、一致性。完整性是指成套完整和签署完整，即产品技术文件以明细表为单位齐全且符合有关标准化规定，并签署齐全。正确性是指编制方法正确、符合有关标准。一致性是指填写一致性、引证一致性、实物一致性，即同一个项目在所有技术文件中的填写方法、引证方法均一致，产品所有技术文件与产品实物和产品生产实际是一致的。

（3）编制工艺文件，要根据产品的批量、技术指标和复杂程度区别对待。对于简单产品可编写某些关键工序的工艺文件。对于一次性生产的产品，可根据具体情况编写临时工艺文件或参照借用同类产品的工艺文件。

（4）编制工艺文件要考虑车间的组织形式、工艺装备及工人的技术水平等情况，确保工艺文件的可操作性。

（5）对于未定型的产品，可编写临时工艺文件或编写部分必要的工艺文件。

（6）工艺文件应以图为主，表格为辅，力求做到通俗易懂，便于操作，必要时加注简要说明。

（7）凡属装调工应知应会的基本工艺规程内容，可不再编入工艺文件。

2．编制工艺文件的方法

（1）仔细分析设计文件的技术条件、技术说明、原理图、安装图、接线图、线扎图及有关零部件图。参照样机，将这些图中的焊接要求与装配关系逐一分析清楚。

（2）根据实际情况，确定生产方案，明确工艺流程、工艺路线。

（3）编制准备工序的工艺文件。凡不适合在流水线上安装的元器件、零部件，都应安排到准备工序完成。

（4）编制总装流水线工序的工艺文件。先根据日产量确定每道工序的工时，然后由产品的复杂程度确定所需的工序数。应充分考虑各工序工作量的均衡性、操作的顺序性，避免上下翻动产品、前后焊接安装等操作。还应尽量将安装与焊接工序分开，以简化工人的操作。

做一做

判别下列说法是否正确，并说明理由。

（1）编制准备工序的工艺文件时，无论元器件、零部件是否适合在流水线上安装，都可安排到准备工序完成。

（2）凡属装调工应知应会的基本工艺规程内容，应全部编入工艺文件。

（3）对于未定型的产品，也必须编写全部工艺文件。

3．编制工艺文件的要求

（1）工艺文件要有统一的格式、统一的幅面，图幅大小应符合有关标准，并应装订成册，配齐成套。

（2）工艺文件的字体要规范，书写要清楚，图形要正确。工艺图上尽量少用文字说明。

（3）工艺文件中所用的产品名称、编号、图号、符号、材料和元器件代号等，应与设计文件保持一致，并遵循国际标准。

（4）编制工艺文件时应尽量采用部颁通用技术条件、工艺细则或企业标准工艺规程，并有效地使用工装具或专用工具、测试仪器和仪表。

（5）工艺文件中应列出工序所需的仪器、设备和辅助材料等。对于调试检验工序，应标出技术指标、功能要求、测试方法及仪器的量程和挡位。

（6）工艺附图应按比例准确绘制。线扎图尽量采用 1∶1 的图样，以便于直接按图样制作排线板。

（7）工序安装图可不必完全按实样绘制，但基本轮廓应相似，安装层次应表示清楚。

（8）装配接线图中的接线部位要清楚，接点应明确。内部接线可假想移出展开。

（9）工艺文件应执行审核、会签、批准等手续。

4．工艺图样管理及工艺纪律

（1）经生产定型或大批量生产产品的工艺文件底图必须归档，由企业技术档案部门统一管理。

（2）对归档的工艺文件的更改应填写更改通知单，执行更改会签、审核和批准手续后交技术档案部门，由专人负责更改。技术档案部门应将更改通知单和已更改的工艺文件蓝图及时通知有关部门，并更换已下发的蓝图。更改通知单应包括涉及更改的内容。

（3）临时性的更改也应办理临时更改通知单，并注明更改所适用的批次或期限。

（4）有关工序或工位的工艺文件应发到生产工人手中，操作人员在熟悉操作要点和要求后才能进行操作。

（5）应经常保持工艺文件的清洁，不要在图样上乱写乱画，以防出错。

（6）遵守各项规章制度，注意安全文明生产，确保工艺文件的正确实施。

（7）发现图样和工艺文件中存在问题，应及时反映，不要自作主张随意改动。

（8）努力钻研业务，提高操作技术。积极提出合理化建议，不断改进工艺，提高产品质量。

2.2.3 工艺文件的格式

想一想

工艺文件是否都有封面？工艺文件目录中包括哪些内容？

电子工艺文件的编制是根据生产产品的具体情况，按照一定的规范和格式完成的。为保证产品生产的顺利进行，应该保证工艺文件的完整齐全（成套性）。

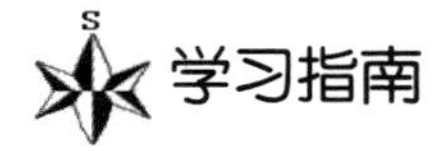

注意各类工艺文件的格式、填写方法及包含的主要内容。

1. 工艺文件封面

工艺文件封面在工艺文件装订成册时使用，它装在成册的工艺文件的最上面。封面内容应包含产品类型、产品名称、产品图号、本册内容及工艺文件的总册数、本册工艺文件的总页数、在全套工艺文件中的序号、批准日期等。

科宏 2045 收音机的工艺文件封面如图 2-8 所示。

工 艺 文 件

共 1 册

第 1 册

共　页

型　　号　科宏 2045

名　　称　AM/FM 袖珍收音机

图　　号　×××

本册内容　收音机的装配调试

批准　×××

2006 年 5 月 6 日

图 2-8　科宏 2045 收音机的工艺文件封面

2. 工艺文件明细表（目录）

工艺文件明细表是工艺文件的目录。成册时，应装在工艺文件的封面之后，反映产品工艺文件的齐套性。明细表中包含零部件、整件图号，零部件、整件名称，文件代号，文件名称，页码等内容。填写时，“产品名称或型号”，“产品图号”应与封面的型号、名称、图号保持一致；“拟制”、“审核”栏内由有关职能人员签署姓名和日期；“更改标记”栏内填写更改事项；“底图总号”栏内，填写被本底图所代替的旧底图总号；“文件代号”栏填写文件的简号，不必填写文件的名称；其余各栏按标题填写，填写零部件、整件的图号、名称及其页数。

工艺文件目录格式见表2-3。一般小型整机产品无须编制工艺文件目录。

表2-3　工艺文件目录格式

	工艺文件目录			产品名称或型号		产品图号
	序号	文件代号	零部件、整件图号	零部件、整件名称	页数	备注
	1	2	3	4	5	6
使用性						
旧底图总号						

底图总号		更改标记	数量	文件号	签名	日期	签　名		日期	第　页	
							拟制				
							审核			共　页	
日期	签名										
										第　册	第　页

3. 材料配套明细表

材料配套明细表给出了产品生产中所需要的材料名称、型号规格及数量等。供有关部门在配套及领、发料时使用。它反映零部件、整件装配时所需用的各种材料及，数量。填写时，“图号”、“名称”、“数量”栏填写相应设计文件明细表的内容或外购件的标准号、名称和数量。“来自何处”栏填写材料来源处。辅助材料填写在顺序的末尾。

表 2-4、2-5、2-6 是科宏 2045 收音机的配套明细表。

表 2-4 配套明细表（一）

	配套明细表			装配件名称		装配件图号
				2045 收音机		KD5.×××.×××
	序号	图号	名称	数量	来自何处	备注
	1	2	3	4	5	6
	1		印制电路板	1	齐套库	
	2		耳塞插座	1	齐套库	
	3		拉杆天线	1	齐套库	
			电阻器			
	4		RT-0.25W-4.7KΩ-±5% R_2	1	电讯库	
	5		RT-0.25W-2.2 KΩ-±5% R_3	1	电讯库	
	6		RT-0.25W-330Ω -±5% R_4	1	电讯库	
	7		RT-0.25W-100KΩ -±5% R_5	1	电讯库	
	8		电位器 WH15-K3-50KΩ	1	电讯库	
			电容器			
	9		CD-25V-4.7μ±10% C9 C14	2	电讯库	
	10		CD-35V-10μ±10% C15 C17 C23	3	电讯库	
	11		CD-6.3V-220μ±10% C18 C22	2	电讯库	
	12		CC1-6.3V-30P±10% C1 C2 C3	3	电讯库	
	13		CC1-6.3V-10nF±10% C4 C11 C12	3	电讯库	
使用性	14		CC1-6.3V-20P±10% C5	1	电讯库	
	15		CC1-6.3V-22P±10% C6	1	电讯库	
	16		CC1-6.3V-150P±10% C7	1	电讯库	
旧底图总号	17		CC1-6.3V-1P±10% C8	1	电讯库	
	18		CC1-6.3V-15P±10% C10	1	电讯库	
	19		CC1-6.3V-100P±10% C13	1	电讯库	

底图总号		更改标记	数量	文件号	签名	日期	签名		日期	第 1 页	
							拟制	×××			
							审核	×××		共 3 页	
日期	签名										
										第 1 册	第 1 页

表 2-5　配套明细表（二）

	配套明细表			装配件名称		装配件图号
	序号	图　号	名　称	数　量	来自何处	备　注
	1	2	3		5	6
	20		CC1-6.3V-23nF±10%　C16	1	电讯库	
	21		CC1-6.3V-100nF±10% C19 C20	2	电讯库	
	22		CC1-6.3V-47nF±10%　C21	1	电讯库	
	23		沉头十字槽螺钉 M2.5×4	3	小五金库	
	24		十字槽自攻螺钉 M2.5×6	1	小五金库	
	25		球面十字槽螺钉 M1.6×4	1	小五金库	
	26		沉头十字槽螺钉 M2.5×6	1	小五金库	
	27		六角螺母 M2.5	1	小五金库	
	28		滤波器 455KHZ　CF1	1	电讯库	
	29		滤波器 10.7MHZ　CF2	1	电讯库	
	30		集成块 CXA1191M（CD1191）	1	电讯库	
			中周	1	电讯库	
	31		1083（黄色）　T1	1	电讯库	
	32		315（粉红色）　T2	1	电讯库	
使用性	33		7841（红色）　L4	1	电讯库	
	34		磁棒	1	电讯库	
	35		磁棒支架	1	电讯库	
旧底图总号	36		天线线圈　L1	1	电讯库	
	37		空芯线圈　L2　L3　L5	3	电讯库	
	38		波段开关　K1	1	电讯库	

底图总号		更改标记	数量	文件号	签名	日期	签　名		日期	第 2 页	
							拟制	×××			
							审核	×××		共 3 页	
日期	签名										
										第 1 册	第 2 页

表 2-6　配套明细表（三）

	配套明细表			装配件名称		装配件图号
	序号	图　号	名　称	数　量	来自何处	备　注
	1	2	3	4	5	6
	39		机壳	1		

续表

	配套明细表			装配件名称		装配件图号
	序号	图号	名称	数量	来自何处	备注
	40		电位器拨盘	1		
	41		扬声器	1		
	42		电池夹	1		
	43		焊料 HISnPb39	4g	金属库	
	44		201 助焊剂	2g	化工库	
	45		医用药棉	2g	杂品库	
	46		酒精	20g	化工库	
使用性						
旧底图总号						

底图总号		更改标记	数量	文件号	签名	日期	签名		日期	第 3 页	
							拟制	××			
							审核	××		共 3 页	
日期	签名										
										第 1 册	第 3 页

4．工艺路线表

工艺路线表用于产品生产的安排和调度，反映产品由毛坯准备到成品包装的整个工艺过程。工艺路线表供企业有关部门作为组织生产的依据。填写时，“装入关系”栏用方向指示线显示产品零部件、整件的装配关系；“零部件用量”、“整件用量”栏填写与产品明细表相对应的数量；“工艺路线表内容”栏，填写整件、零部件加工过程中各部门（车间）及其工序的名称和代号。

工艺路线表的格式见表 2-7，由于科宏 2045 收音机所用元器件及材料较少，生产工艺简单，故无须编写工艺路线表。

表 2-7 工艺路线表

	工艺路线表				产品名称或型号		产品图号
	序号	图 号	名 称	装入关系	零部件用量	整件用量	工艺路线表内容
	1	2		3	4	5	6
使用性							
旧底图总号							

底图总号		更改标记	数量	文件号	签名	日期	签 名		日期	第 页	
							拟制	××			
							审核	××		共 页	
日期	签名										
										第 册	第 页

5. 导线及线扎加工表

导线及线扎加工表用于导线和线扎的加工准备及排线等。填写时，“编号（线号）”栏填写导线的编号或线扎图中导线的编号；“名称规格”、“颜色”、“数量”栏填写材料的名称规格、颜色、数量；“长度”栏中的“L 全长”、“A 端”，“B 端”、“A 剥头”、“B 剥头”，分别填写导线的开线尺寸和扎线 A、B 端的甩端长度，以及导线端头的修剥长度；“去向、焊接处”栏填写导线焊接去向。

表 2-8 是科宏 2045 收音机的导线及线扎加工表。

表 2-8 导线及线扎加工表

<table>
<tr><td rowspan="19"></td><td colspan="9" rowspan="2">导线及线扎加工表</td><td colspan="2">产品名称或型号</td><td colspan="3">产品图号</td></tr>
<tr><td colspan="2"></td><td colspan="3"></td></tr>
<tr><td rowspan="2">编号</td><td rowspan="2">名称
规格</td><td rowspan="2">颜色</td><td rowspan="2">数量</td><td colspan="5">长度（mm）</td><td colspan="2">去向、焊接处</td><td rowspan="2">来自
何处</td><td rowspan="2">工时
定额</td><td rowspan="2">备注</td></tr>
<tr><td>L 全长</td><td>A 端</td><td>B 端</td><td>A 剥头</td><td>B 剥头</td><td>A 端</td><td>B 端</td></tr>
<tr><td>1</td><td>2</td><td>3</td><td>4</td><td>5</td><td>6</td><td>7</td><td>8</td><td>9</td><td>10</td><td>11</td><td>12</td><td>13</td><td>14</td></tr>
<tr><td>1</td><td>ASTVR</td><td>黄</td><td></td><td>80</td><td></td><td></td><td></td><td></td><td>扬声器 1
（+）</td><td>印制电路板
+</td><td></td><td></td><td></td></tr>
<tr><td>2</td><td></td><td>黑</td><td></td><td>80</td><td></td><td></td><td></td><td></td><td>扬声器 2
（−）</td><td>印制电路板
−</td><td></td><td></td><td></td></tr>
<tr><td>3</td><td></td><td>黑</td><td></td><td>40</td><td></td><td></td><td></td><td></td><td>扬声器−</td><td>电池−</td><td></td><td></td><td></td></tr>
<tr><td>4</td><td></td><td>白</td><td></td><td>90</td><td></td><td></td><td></td><td></td><td>电池+</td><td>印制电路板
B+</td><td></td><td></td><td></td></tr>
<tr><td>5</td><td></td><td>红</td><td></td><td>60</td><td></td><td></td><td></td><td></td><td>电池+</td><td>电池−</td><td></td><td></td><td></td></tr>
<tr><td>6</td><td></td><td>黄</td><td></td><td>80</td><td></td><td></td><td></td><td></td><td>天线</td><td>印制电路板</td><td></td><td></td><td></td></tr>
<tr><td>7</td><td></td><td></td><td></td><td></td><td></td><td></td><td></td><td></td><td></td><td></td><td></td><td></td><td></td></tr>
<tr><td>8</td><td></td><td></td><td></td><td></td><td></td><td></td><td></td><td></td><td></td><td></td><td></td><td></td><td></td></tr>
<tr><td></td><td></td><td></td><td></td><td></td><td></td><td></td><td></td><td></td><td></td><td></td><td></td><td></td><td></td></tr>
<tr><td></td><td></td><td></td><td></td><td></td><td></td><td></td><td></td><td></td><td></td><td></td><td></td><td></td><td></td></tr>
<tr><td></td><td></td><td></td><td></td><td></td><td></td><td></td><td></td><td></td><td></td><td></td><td></td><td></td><td></td></tr>
<tr><td></td><td></td><td></td><td></td><td></td><td></td><td></td><td></td><td></td><td></td><td></td><td></td><td></td><td></td></tr>
<tr><td></td><td></td><td></td><td></td><td></td><td></td><td></td><td></td><td></td><td></td><td></td><td></td><td></td><td></td></tr>
<tr><td></td><td></td><td></td><td></td><td></td><td></td><td></td><td></td><td></td><td></td><td></td><td></td><td></td><td></td></tr>
<tr><td>使用性</td><td></td><td></td><td></td><td></td><td></td><td></td><td></td><td></td><td></td><td></td><td></td><td></td><td></td><td></td></tr>
<tr><td rowspan="2"></td><td></td><td></td><td></td><td></td><td></td><td></td><td></td><td></td><td></td><td></td><td></td><td></td><td></td><td></td></tr>
<tr><td></td><td></td><td></td><td></td><td></td><td></td><td></td><td></td><td></td><td></td><td></td><td></td><td></td><td></td></tr>
<tr><td>旧底图总号</td><td></td><td></td><td></td><td></td><td></td><td></td><td></td><td></td><td></td><td></td><td></td><td></td><td></td><td></td></tr>
<tr><td rowspan="2"></td><td></td><td></td><td></td><td></td><td></td><td></td><td></td><td></td><td></td><td></td><td></td><td></td><td></td><td></td></tr>
<tr><td></td><td></td><td></td><td></td><td></td><td></td><td></td><td></td><td></td><td></td><td></td><td></td><td></td><td></td></tr>
</table>

<table>
<tr><td colspan="2">底图总号</td><td>更改
标记</td><td>数量</td><td>文件号</td><td>签名</td><td>日期</td><td colspan="2">签　　名</td><td>日期</td><td colspan="2">第　页</td></tr>
<tr><td colspan="2" rowspan="2"></td><td></td><td></td><td></td><td></td><td></td><td>拟制</td><td></td><td></td><td colspan="2"></td></tr>
<tr><td></td><td></td><td></td><td></td><td></td><td>审核</td><td></td><td></td><td colspan="2">共　页</td></tr>
<tr><td>日期</td><td>签名</td><td></td><td></td><td></td><td></td><td></td><td></td><td></td><td></td><td colspan="2"></td></tr>
<tr><td rowspan="2"></td><td rowspan="2"></td><td></td><td></td><td></td><td></td><td></td><td></td><td></td><td></td><td>第　册</td><td>第　页</td></tr>
<tr><td></td><td></td><td></td><td></td><td></td><td></td><td></td><td></td><td></td><td></td></tr>
</table>

6. 装配工艺过程卡

装配工艺过程卡又称为工艺作业指导卡，是整机装配中的重要文件，用于整机装配的准

备、装联、调试、检验、包装入库等装配全过程，是完成产品的零部件、整机的机械装配和电气连接装配的指导性工艺文件。填写时，“装入件及辅助材料”栏填写本工序所使用的图号名称和数量；“工序（工步）内容及要求”栏填写本工序加工的内容和要求；辅助材料填在各道工序之后；空白栏供绘制加工装配工序图用。

表 2-9 是科宏 2045 收音机的装配工艺过程卡。

表 2-9 装配工艺过程卡

装配工艺过程卡						装配件名称		装配件图号
序号	装入件及辅助材料：名称、牌号、技术要求	装入件及辅助材料：数量	车间	序号	工种	工序（工步）内容及要求	设备及工装	工时定额
1	2	3	4	5	6	7	8	9
1			3		电	准备	按配套明细表方案，并自检	
2			3		电	元器件加工、导线加工	按元器件加工工艺细则 Q/KE 进行	
3			3		电	印制电路板装配	按简图所示，将元器件对应插入印制电路板	清洗印制电路板
4			3		电	整机装配	按简图 2 所示	

使用性										
旧底图总号										
底图总号		更改标记	数量	文件号	签名	日期	签 名		日期	第 页
							拟制			
							审核			共 页
日期	签名									
										第 册 第 页

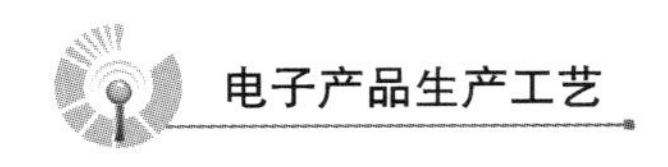

7. 工艺说明及简图

工艺说明及简图用于编制重要的、复杂的或在其他格式上难以表述清楚的工艺，它用简图、流程图、表格及文字形式进行说明，也可用于编写调试说明、检验要求及各种典型工艺文件等。工艺说明及简图如图 2-9 所示。

<table>
<tr><td colspan="2" rowspan="5"></td><td colspan="5" rowspan="4">工艺说明及简图</td><td colspan="3">名称</td><td colspan="2">编号或图号</td></tr>
<tr><td colspan="3"></td><td colspan="2"></td></tr>
<tr><td colspan="3">工序名称</td><td colspan="2">工序编号</td></tr>
<tr><td colspan="3"></td><td colspan="2"></td></tr>
<tr><td colspan="10" rowspan="5"></td></tr>
<tr><td colspan="2">使用性</td></tr>
<tr><td colspan="2"></td></tr>
<tr><td colspan="2">旧底图总号</td></tr>
<tr><td colspan="2"></td></tr>
<tr><td colspan="2">底图总号</td><td>更改标记</td><td>数量</td><td>文件号</td><td>签名</td><td>日期</td><td colspan="2">签　　名</td><td>日期</td><td colspan="2" rowspan="2">第　页</td></tr>
<tr><td colspan="2" rowspan="2"></td><td></td><td></td><td></td><td></td><td></td><td>拟制</td><td></td><td></td></tr>
<tr><td></td><td></td><td></td><td></td><td></td><td>审核</td><td></td><td></td><td colspan="2" rowspan="2">共　页</td></tr>
<tr><td>日期</td><td>签名</td><td></td><td></td><td></td><td></td><td></td><td></td><td></td><td></td></tr>
<tr><td rowspan="2"></td><td rowspan="2"></td><td></td><td></td><td></td><td></td><td></td><td></td><td></td><td></td><td rowspan="2">第 册</td><td rowspan="2">第 页</td></tr>
<tr><td></td><td></td><td></td><td></td><td></td><td></td><td></td><td></td></tr>
</table>

图 2-9　工艺说明及简图

8. 工艺文件更改通知单

工艺文件更改通知单供永久性修改工艺文件用。应填写更改原因、生效日期及处理意见。“更改标记”栏应按图样管理制度中规定的字母填写。工艺文件更改通知单如图 2-10 所示。

总之，工艺文件是根据设计文件、图样及生产定型样机，结合工厂实际情况，如工艺流程、工艺装备、工人技术水平和产品的复杂程度而制定出来的文件。它以工艺规程（即通用工艺文件）和整机工艺文件的形式，规定了实现设计图样要求的具体加工方法。工艺文件是工厂组织、指导生产的主要依据和基本法规，是确保优质、高产、多品种、低消耗和安全生产的重要手段。

更改单号	工艺文件更改通知单	产品名称或型号	零部件、整件名称	图　号	第　页
					共　页
生效日期	更改原因			处理意见	

更改标记	更　改　前	更改标记	更　改　后

拟制		日期		审核		日期				日期		批准		日期	

图 2-10　工艺文件更改通知单

做一做

（1）编制工艺文件的原则是什么？

（2）以工艺实习中万用表的装配为例，编写相应的工艺文件。

（3）常用的设计文件有哪些？

（4）设计文件和工艺文件是怎样定义的？它们的关系如何？

单元小结

（1）电子产品从研制开发到产品售出的全过程，一般包括设计、试制和批量生产等 3 个主要阶段。

（2）技术文件是产品研究、设计、试制与生产实践经验积累所形成的一种技术资料，也是产品生产和使用、维修的基本依据。在从事电子产品规模生产的制造业中，产品技术文件具有生产法规的效力。

（3）技术文件分为设计文件和工艺文件。

（4）设计文件是由设计部门制定的，是产品在研究、设计、试制和生产实践过程中积累而形成的图样及技术资料，是制定工艺文件、组织产品生产和产品使用维护的基本依据。

（5）设计文件包括零件图、装配图、电原理图、接线图、技术说明书、使用说明书和明细表等。

（6）工艺文件是组织、指导生产，开展工艺管理的各种技术文件的总称。它是产品加工、装配、检验的技术依据，也是企业组织生产、产品经济核算、质量控制和工人加工产品的主要依据和基本规章。

（7）工艺文件的编制应根据产品的批量、性能指标、复杂程度、生产组织形式、工艺装备和工人的技能水平等实际条件编制相应的工艺文件，确保工艺文件的可操作性，通过学习，应了解工艺文件的格式及填写要求，并能认读常用工艺文件。

习　题

1．填空题

（1）电子产品的生产是指产品从________、________直到商品售出的全过程。该过程包括________、________和________3 个主要阶段。

（2）电子产品生产的基本要求包括生产企业的设备情况、________、________，以及生产管理水平等方面。

（3）电子产品种类繁多，一般按产品结构复杂程度可分为________产品和________产品。

（4）电子产品按产品的使用和制造情况可分为________、________、________和外购件。

（5）电子产品及其组成部分根据产品的结构特征可分为________、________、________和零件 4 种。

（6）工艺文件分为两类，一种是________文件，它是应知应会的基础；另一种是________文

件，如工艺图样、图表等，它是针对产品的具体要求制定的，用以安排和指导生产。

（7）工艺规程是规定产品和零件的________和________等的工艺文件，是工艺文件的主要部分。

（8）工艺路线表用于产品生产的安排和调度，反映产品由________到________的整个工艺过程。

（9）设计文件按表达的内容，可分为________、________、________等几种。

（10）设计文件格式有多种，但每种设计文件上都有________和________，装配图、接线图等设计文件还有________。

（11）________是指导产品及其组成部分在使用地点进行安装的完整图样。

2．选择题

（1）技术文件的种类、数量随电子产品的不同而不同，总体上分为设计文件和工艺文件。其中，（　　）。

A．设计文件必须标准化　　　　B．工艺文件必须标准化

C．无论是设计文件还是工艺文件都必须标准化

（2）编制工艺文件应标准化，技术文件要求全面、准确，严格执行国家标准。在没有国家标准条件下也可执行企业标准，但（　　）。

A．企业标准不能与国家标准相左，或高于国家标准要求

B．企业标准不能与国家标准相左，或低于国家标准要求

C．企业标准不能与国家标准相左，可高于或低于国家标准要求

（3）工艺文件明细表是工艺文件的目录。成册时，应装在（　　）。

A．工艺文件的最表面

B．工艺文件的封面之后

C．无论什么地方均可，但应尽量靠前

（4）（　　）是详细说明产品各元器件、各单元之间的工作原理及其相互间连接关系的略图，是设计、编制接线图和研究产品时的原始资料。

A．电路图　　B．装配图　　C．安装图

（5）在电路图中各元器件的图形符号的左方或上方应标出该元器件的（　　）。

A．图形符号　　B．项目代号　　C．名称

（6）仅在一面装有元器件的装配图，只要画一个视图。例如，两面均装有元器件，一般应画（　　）。

A．两个视图　　B．3 个视图　　C．两个或 3 个视图

3．判断题

（　　）（1）开发产品的最终目的是要达到批量生产。生产批量越大，生产成本越高，经济效益也越高。

（　　）（2）工艺文件与设计文件同是指导生产的文件，两者是从不同角度提出要求的。

（　　）（3）编制准备工序的工艺文件时，无论元器件、零部件是否适合在流水线上安装，都可安排到准备工序完成。

（　　）（4）凡属装调工应知应会的基本工艺规程内容，应全部编入工艺文件。

（　　）（5）工艺文件的字体要规范，书写要清楚，图形要正确。工艺图上可尽量多用文字说明。

(　　)(6)在接线面背面的元器件或导线，绘制接线图时应虚线表示。

(　　)(7)装配图上的元器件一般以图形符号表示，有时也可用简化的外形轮廓表示。

(　　)(8)方框图是指示产品部件、整件内部接线情况的略图。它是按照产品中元器件的相对位置关系和接线点的实际位置绘制的。

4．简答题

(1)电子产品的生产装配过程包括哪些环节？

(2)电子产品的生产过程包括哪3个主要阶段？

(3)参观实际生产线，并以实际生产线为例，说明整机总装的工艺流程。

(4)编制工艺文件的原则是什么？

(5)以工艺实习中万用表的装配为例，编写相应的工艺文件。

(6)常用的设计文件有哪些？

(7)设计文件和工艺文件是怎样定义的？它们的关系如何？

单元三

常用电子元器件的识别与检测

电子元器件是组成电子整机的基本元素，在电路中对它们进行不同的组合，就可以实现不同的电路功能。电子元器件类别、品种繁多，性能差异大，不同的电子产品对电子元器件的要求不相同，因此对于从事电子产品的设计、管理和生产的人员，必须熟练掌握各类电子元器件的性能、特点、选用、检测方法、加工与安装方法。

任务 3.1　电阻器的识别与检测

任务引入

电阻器是电子整机中最基本的元器件之一，它的种类繁多，性能差异大。要用好电阻，既要熟悉电阻的种类、结构、性能、特点、适用场合等，又要能根据标识判别知晓电阻的类别、阻值与精度，并掌握识别与检测的方法。

3.1.1　电阻器概述

学习指南

注意理解电阻产生的实质、作用、种类、表示字母、常用电路符号，常用电阻器的结构、特点和应用场合等。

电阻是电流通过物体时受到阻碍而产生，利用这种阻碍作用做成的元器件称为电阻器，简称电阻，在电路中用英文字符 R 表示。不同材料的物体因其性质不同，对电流的阻碍作用也不相同。电阻在电路中起分压、分流和限流的作用。

想一想

日常生活中，电阻有哪些具体应用实例？

电阻器的种类很多，按组成材料可分为碳膜、金属膜、合成膜和线绕等电阻器；按用途可分为通用、精密型等电阻器；按工作性能及电路功能分为固定电阻器、可变电阻器、敏感电阻器三大类；还可按引脚引出线的方式、结构形状、功率大小等分类。电阻器的常用图形符号如图 3-1 所示。

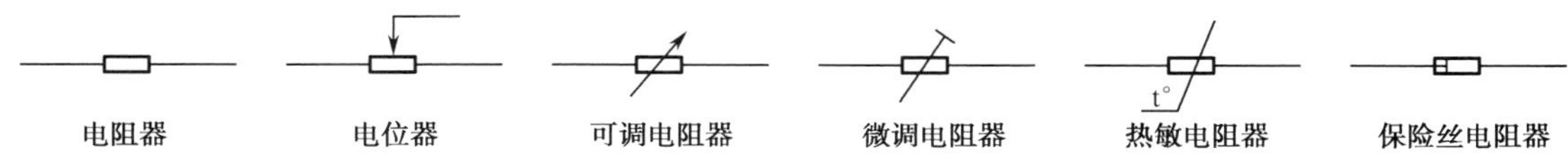

图 3-1　电阻器的常用图形符号

常用电阻器的结构、特点和应用见表 3-1。

表 3-1　常用电阻器的结构、特点和应用

名　称	材　料	特　点	应　用
碳膜电阻器 符号：RT	用结晶碳沉积在磁棒上或瓷管上制成，改变碳膜的厚度和用刻擦的办法变更碳膜长度可以得到不同的阻值	是应用最多的一种电阻器，高频特性好、价格低，但精度差	广泛用于收音机、电视机及其他电子设备中，也是最早使用的电阻
金属膜电阻器 符号：RJ	在真空条件下，在瓷介质基体上沉积一层合金粉制成，通过金属膜的厚度或长度获得不同的电阻值	耐热性能好、工作频率较宽、高频特性好、精度高，但成本稍高、温度系数小	在精密仪表和要求较高的电子系统中使用
合成膜电阻器，包括合成漆膜电阻器、合成碳质实芯电阻器、金属玻璃釉电阻器等	合成漆膜电阻器是由炭黑、石墨和填充料用树脂漆作为黏结剂经加热聚合而成的浸涂在陶瓷基体表面的漆膜		主要用于高阻电阻器和高压电阻器
	合成碳质实芯电阻器是由炭黑、石墨、填充料和黏结剂混合压制并经加热聚合而成的实芯电阻体		作为普通电阻器用在电路中
	金属玻璃釉电阻器是在陶瓷或玻璃基体上，主要用金属、金属氧化物，以玻璃釉作黏结剂加上有机黏结剂混合成经烘干、高温烧结而成电阻膜，又称厚膜电阻器		
线绕电阻器 符号：RX	用康铜或锰铜丝绕在绝缘骨架上制成，其外面涂有绝缘的釉层	具有功率大、耐高温、噪声小、精度高等优点，但分布电感大，高频特性差	在低频、高温、大功率等场合使用
保险电阻器，又称熔断电阻器	电阻体为低熔点硼铅硅酸盐，含有少量的钾、钠离子，形成较为松弛的结构 保险电阻器分为不可恢复式和可恢复式两种 不可恢复式保险电阻器有线绕型、碳膜型、金属膜型、氧化膜型和化学淀积膜型等	具有双重功能，正常情况下具有普通电阻的电气特性，一旦电路中电压升高、电流增大或某个电路元器件损坏，保险电阻就会在规定的时间内熔断，从而达到保护其他元器件的目的	在电路图中起着熔断器和电阻的双重作用，主要应用在电源电路输出和二次电源的输出电路中
NTC、PTC 热敏电阻器 符号：Rt	NTC 热敏电阻是一种具有负温度系数的热敏元器件	其阻值随温度的升高而减小	用于稳定电路的工作点
	PTC 热敏电阻是一种具有正温度系数的热敏元器件	在达到某一特定温度前，电阻值随温度升高而缓慢下降，当超过这个温度时，其阻值急剧增大，这个特定温度称为居里点，而居里点可通过改变组成材料中各成分的比例而实现	PTC 热敏电阻在家电产品中应用较广泛，如彩电中的消磁电阻、电饭煲中的温控器等

做一做

判别下列电阻的使用场合是否正确，并说明理由。

（1）精密仪表和要求高的电子电路中常用碳膜电阻器。

（2）在收音机、电视机及其他电子设备中常选用金属膜电阻器。

（3）高频、低频小信号处理电路中常选用线绕电阻器。

（4）精密仪表和要求高的电子电路中常用合成膜电阻器。

3.1.2　电阻器的命名与主要技术参数

1. 电阻器型号的命名方法

根据国家标准 GB 2470—1981，电阻器的型号由 4 个部分组成。第一部分为主称，用字母表示；第二部分为电阻的材料，用字母表示；第三部分为分类特征，用数字或字母表示；第四部分为序号，含额定功能、阻值、精度等级等。

电阻器型号中各部分的意义及表示符号见表 3-2。

表 3-2　电阻器型号中各部分的意义及表示符号

<table>
<tr><th colspan="2">第一部分：主称</th><th colspan="2">第二部分：材料</th><th colspan="3">第三部分：分类特征</th><th rowspan="3">第四部分：序号</th></tr>
<tr><th rowspan="2">符号</th><th rowspan="2">意义</th><th rowspan="2">符号</th><th rowspan="2">意义</th><th rowspan="2">符号</th><th colspan="2">意义</th></tr>
<tr><th>电阻器</th><th>电位器</th></tr>
<tr><td>R</td><td>电阻器</td><td>T</td><td>碳膜</td><td>1</td><td>普通</td><td>普通</td><td rowspan="18">额定功率、阻值、允许误差、精度等级分为
Ⅰ：±5%；
Ⅱ：±10%；
Ⅲ：±20%。
对主称、材料相同，仅性能指标、尺寸大小有差别，但基本不影响互换使用的产品，给予同一序号；若性能指标、尺寸大小明显影响互换，则在序号后面用大写字母作为区别代号</td></tr>
<tr><td rowspan="17">W</td><td rowspan="17">电位器</td><td>H</td><td>合成膜</td><td>2</td><td>普通</td><td>普通</td></tr>
<tr><td>S</td><td>有机实芯</td><td>3</td><td>超高频</td><td>—</td></tr>
<tr><td>N</td><td>无机实芯</td><td>4</td><td>高阻</td><td>—</td></tr>
<tr><td>J</td><td>金属膜</td><td>5</td><td>高温</td><td>—</td></tr>
<tr><td>Y</td><td>氧化膜</td><td>6</td><td>—</td><td>—</td></tr>
<tr><td>C</td><td>沉积膜</td><td>7</td><td>精密</td><td>精密</td></tr>
<tr><td>I</td><td>玻璃釉膜</td><td>8</td><td>高压</td><td>特殊函数</td></tr>
<tr><td>P</td><td>硼碳膜</td><td>9</td><td>特殊</td><td>特殊</td></tr>
<tr><td>U</td><td>硅碳膜</td><td>G</td><td>高功率</td><td>—</td></tr>
<tr><td>X</td><td>线绕</td><td>T</td><td>—</td><td>可调</td></tr>
<tr><td>M</td><td>压敏</td><td>W</td><td>—</td><td>微调</td></tr>
<tr><td>G</td><td>光敏</td><td>D</td><td>—</td><td>多圈</td></tr>
<tr><td>R</td><td>热敏</td><td>B</td><td>温度补偿用</td><td>—</td></tr>
<tr><td rowspan="4">—</td><td rowspan="4">—</td><td>C</td><td>温度测量用</td><td>—</td></tr>
<tr><td>Z</td><td>正温度系数</td><td>—</td></tr>
<tr><td>J</td><td>精密</td><td>—</td></tr>
<tr><td>X</td><td>小型</td><td>—</td></tr>
</table>

以国产电阻器 RJ71-0.125－5.1kI 为例，说明各部分的意义。

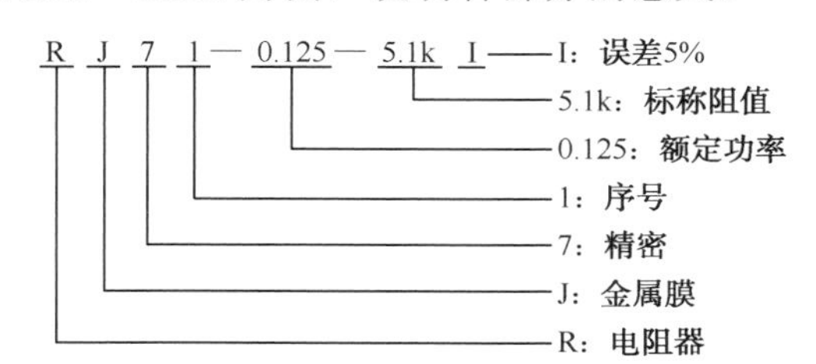

做一做

根据所给电阻器型号，写出各部分所表达的含义。

RT41—0.25—1MⅡ；RH12—0.125—47kⅡ；RPT1—0.5—4.7Ⅱ。

2. 电阻器主要技术参数

（1）标称阻值。它是指在电阻器表面所标示的阻值。一般阻值范围应符合国标中规定的阻值系列，目前电阻器标称阻值系列有三大系列，即 E6、E12、E24 系列，其中 E24 系列最全。三大标称值系列取值见表 3-3。在应用电路时要尽量选择标称值系列，无标称系列数时应选相近值。

表 3-3　三大标称值系列取值

标称值系列	允许偏差	电阻器、电位器、电容器标称值							
E24	I 级（±5%）	1.0	1.1	1.2	1.3	1.5	1.6	1.8	2.0
		2.2	2.4	2.7	3.0	3.3	3.6	3.9	4.3
		4.7	5.1	5.6	6.2	6.8	7.5	8.2	9.1
E12	II 级（±10%）	1.0	1.2	1.5	1.8	2.2	2.7	3.3	3.9
		4.7	5.6	6.8	8.2	—	—	—	—
E6	III 级（±20%）	1.0	1.5	2.2	3.3	4.7	6.8	—	—

注：表 3.3 中数值乘以 10^n（其中 n 为整数）即为系列阻值。

（2）允许偏差。对某个具体的电阻器，它的实际阻值与标称阻值之间存在一定的偏差，这个偏差与标称阻值的百分比称为电阻器的误差。误差越小，电阻器的精度越高。电阻器的精度等级及表示符号见表 3-4。

表 3-4　电阻器的精度等级与表示符号

允许误差（%）	±0.001	±0.002	±0.005	±0.01	±0.02	±0.05	±0.1
等级符号	E	X	Y	H	U	W	B
允许误差（%）	±0.2	±0.5	±1	±2	±5	±10	±20
等级符号	C	D	F	G	J（I）	K（II）	M（III）

（3）额定功率。额定功率是指电阻器在正常大气压力及额定温度条件下，长期安全使用所能允许消耗的最大功率值。它是选择电阻器的主要参数之一。额定功率越大，电阻器的体积越大。电阻器的功率等级见表 3-5。

表 3-5　电阻器的功率等级

名　称	额定功率（W）					
实芯电阻器	0.25	0.5	1	2	5	—
线绕电阻器	0.5	1	2	6	10	15
	25	35	50	75	100	150
薄膜电阻器	0.025	0.05	0.125	0.25	0.5	1
	2	5	10	25	50	100

各种功率的电阻器在电路图中采用不同的符号表示，如图 3-2 所示。

1/4W　1/2W　1W　2W　5W　10W

图 3-2　电阻器额定功率在电路图中的表示方法

（4）温度系数。温度系数是指温度每升高（或降低）1℃所引起电阻值的相对变化。温度系数越小，电阻器的稳定性越好。

此外，电阻器的参数还有绝缘电阻、绝缘电压、稳定性、可靠性、非线性度等。

想一想

电阻器选用、代换时应考虑哪些因素？

3.1.3　电阻器的标志

1. 电阻的单位

电阻的单位是欧姆，用Ω表示，规定电阻两端加 1V 的电压，通过它的电流为 1A ，则定义该电阻的值为 1Ω。除欧姆外，实际应用中常用的还有千欧（kΩ）和兆欧（MΩ）。其换算关系为

$$1000\Omega=1k\Omega \qquad 1000k\Omega=10^6\Omega=1M\Omega$$

用 R 表示电阻的阻值时，应遵循以下原则：

若 $R<1000\Omega$，用Ω表示；

若 $1000\Omega\leqslant R\leqslant 1000k\Omega$，用 kΩ表示；

若 $R\geqslant 1000k\Omega$，用 MΩ表示。

2. 电阻值的标识方法

学习指南

注意区分电阻常用标志特征，熟练掌握根据标志快速获取电阻器参数的正确方法。

大部分电阻器只标注标称阻值和允许偏差，电阻器的标识方法主要有直标法、文字符号法、色标法和数码表示法。

（1）直标法：直标法是用阿拉伯数字和单位符号在电阻器的表面直接标出标称阻值和允许偏差的方法。其优点是直观，易于判读。

（2）文字符号法：文字符号法是将阿拉伯数字和字母符号按一定规律的组合来表示标称阻值及允许偏差的方法。其优点是认读方便、直观，可提高数值标记的可靠性，多用在大功率电阻器上。

文字符号法规定：用于表示阻值时，字母符号Ω（R）、k、M、G、T之前的数字表示阻值的整数值，之后的数字表示阻值的小数值，字母符号表示小数点的位置和阻值单位。

例

Ω33→0.33Ω　3k3→3.3kΩ　3M3→3.3MΩ　3G3→3.3GΩ

（3）色标法：色标法是用色环或色点在电阻器表面标出标称阻值和允许误差的方法。颜色规定见表3-6，特点是标志清晰，易于看清。色标法又分为四色环色标法（如图3-3所示）和五色环色标法（如图3-4所示）。普通电阻器大多用四色环色标法来标注，四色环的前两色环表示阻值的有效数字，第3条色环表示阻值倍率，第4条色环表示阻值允许的误差范围。精密电阻器大多用五色环法来标注，五色环的前3条色环表示阻值的有效数字，第4条色环表示阻值倍率，第5色环表示允许误差范围。

表3-6　颜色规定

颜色	有效数字	倍率	允许误差（%）	颜色	有效数字	倍率	允许误差（%）
棕色	1	10^1	±1%	灰色	8	10^8	—
红色	2	10^2	±2%	白色	9	10^9	±50%～±20%
橙色	3	10^3	—	黑色	0	10^0	—
黄色	4	10^4	—	金色	—	10^{-1}	±5%
绿色	5	10^5	±0.5%	银色	—	10^{-2}	±10%
蓝色	6	10^6	±0.2%	无色	—	—	±20%
紫色	7	10^7	±0.1%	—	—	—	—

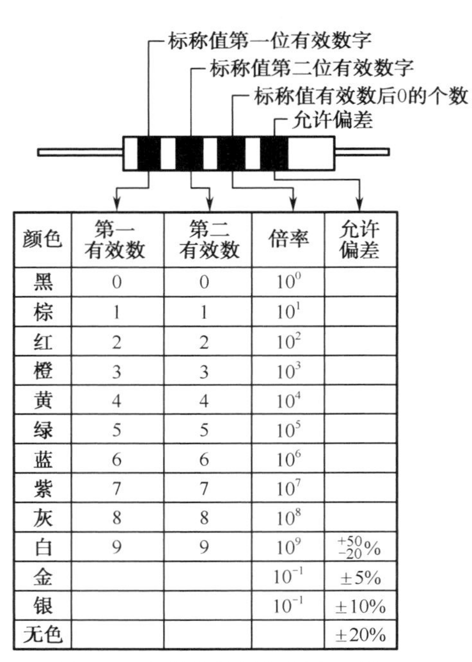

颜色	第一有效数	第二有效数	倍率	允许偏差
黑	0	0	10^0	
棕	1	1	10^1	
红	2	2	10^2	
橙	3	3	10^3	
黄	4	4	10^4	
绿	5	5	10^5	
蓝	6	6	10^6	
紫	7	7	10^7	
灰	8	8	10^8	
白	9	9	10^9	$^{+50}_{-20}$%
金			10^{-1}	±5%
银			10^{-1}	±10%
无色				±20%

图3-3　电阻四色环色标法图解

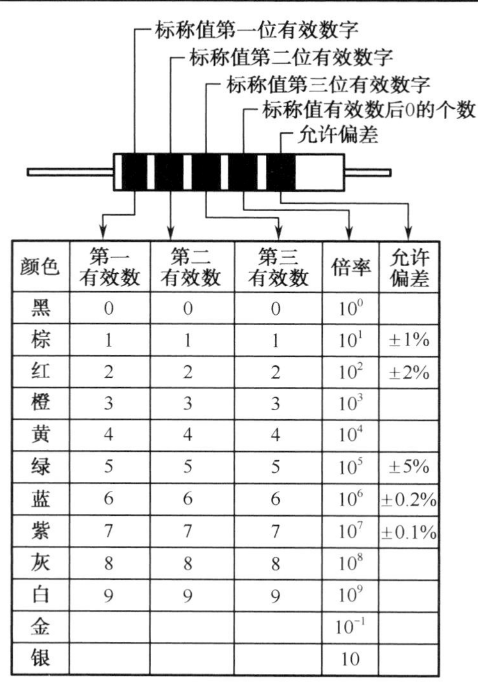

颜色	第一有效数	第二有效数	第三有效数	倍率	允许偏差
黑	0	0	0	10^0	
棕	1	1	1	10^1	±1%
红	2	2	2	10^2	±2%
橙	3	3	3	10^3	
黄	4	4	4	10^4	
绿	5	5	5	10^5	±5%
蓝	6	6	6	10^6	±0.2%
紫	7	7	7	10^7	±0.1%
灰	8	8	8	10^8	
白	9	9	9	10^9	
金				10^{-1}	
银				10	

图3-4　电阻五色环色标法图解

例

色标为“黄紫橙金”，电阻值为（$47\times10^3\pm5\%$）Ω=（$47\pm5\%$）kΩ。

（4）数码表示法：用 3 位数码表示电阻器标称阻值的方法称为数码表示法。数码表示法规定：从左向右第 1、2 位数为阻值的有效数值，第 3 位数表示阻值倍率，单位为欧姆（Ω）。

例

$103\rightarrow10\times10^3=10000\Omega=10k\Omega$

数码表示法一般用于片状电阻的标注，因为片状电阻体积都很小，故一般只将阻值标注在电阻表面，其余参数予以省略，如图 3-5 所示。

R62	3R3	100	221	512	473	564	225
0.62Ω	3.3Ω	10Ω	220Ω	5.1kΩ	47kΩ	560kΩ	22MΩ

图 3-5 片状电阻器标称阻值数字表示法

做一做

根据所给色环标志和数码写出电阻器标称参数。

棕红黑橙金：________________；棕绿橙金：________________；

红棕黑红金：________________；104：________________；

黄紫黑黄银：________________；4R7：________________；

蓝灰黑橙银：________________；橙白橙银：________________。

3.1.4 可变电阻器

学习指南

可变电阻的选用与代换除注意性能指标外，还要注意外部形状，熟练掌握可变电阻器好坏、质量优劣的简易检测方法。

可变电阻器是指电阻在规定范围内可连续调节的电阻器，又称电位器。

1．结构和种类

电位器由外壳、滑动轴、电阻体和 3 个引出端组成，如图 3-6 所示。电位器的种类很多，按调节方式可分为旋转式（或转柄式）和直滑式电位器；按联数可分为单联式和双联式电位器；按有无开关可分为无开关和有开关两种；按阻值输出的函数特性可分为直线式电位器（A 型）、指数式电位器（B 型）和对数式电位器（C 型）3 种。常见可变电阻器的外形如图 3-7 所示。

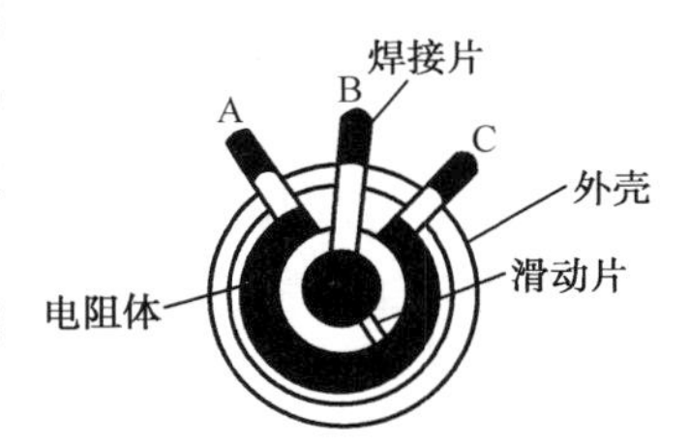

图 3-6 电位器的结构

2．性能参数

电位器的主要技术参数除了标称值、允许偏差、额定功率与固定电阻器相同外，还有以下几个主要参数。

（1）零位电阻。零位电阻是指电位器的最小阻值，即动片端与任一定片端之间的最小阻值。

（a）单联电位器

（b）双联电位器

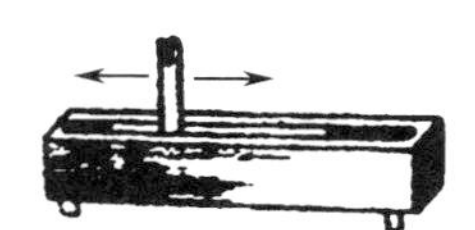
（c）直滑式电位器

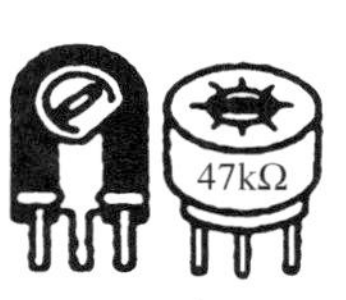

（d）微调位器

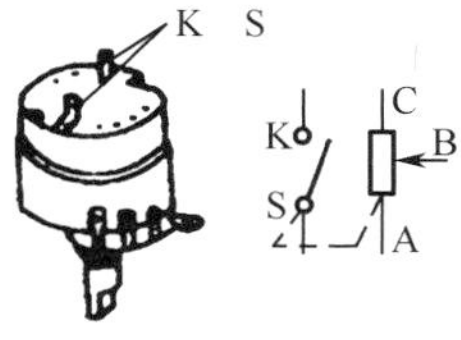

（e）带开关电位器

图 3-7　常见可变电阻器的外形

（2）阻值变化特性。阻值变化特性是指电位器的阻值随活动触点移动的长度或转轴转动的角度变化的关系，即阻值输出函数特性。常用的阻值变化特性有 3 种，如图 3-8 所示。

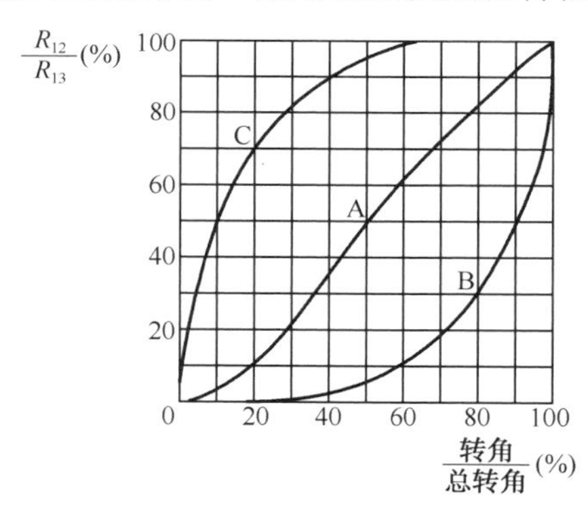

图 3-8　阻值变化特性曲线

① 直线式（A 型）：电位器阻值的变化与动触点位置的变化接近直线关系。

② 指数式（B 型）：电位器阻值的变化与动触点位置的变化成指数关系。

③ 对数式（C 型）：电位器阻值的变化与触点位置的变化成对数关系。

电位器的其他参数还有负荷耐磨寿命、分辨力、符合性、绝缘电阻、噪声、旋转角度范围等。

想一想

给定一个可变电阻器，如何快速检测它的好坏与质量优劣？

3.1.5　电阻器的检测与选用

1．电阻器好坏的判断与检测

（1）观察法。无论是单个电阻器还是在路电阻器，先要进行外观检查，看外形是否有破损、引线是否折断 、标志是否清晰、保护漆层是否完好、表面是否有漆层发棕黄或变黑的征兆，或因过热甚至烧毁等现象。若有，则要通过测量进一步加以确定。

（2）测量法。用万用表的电阻挡测量其阻值与标称值是否一致，相差之值是否在电阻器的标称范围之内。

对在路电阻器检查时通常要注意：须先切断电源，再进行检测；测量高阻值的电阻器时，不要用两只手同时接触表笔两端，应避免人体电阻引起测量误差。要精确测量某些仪表使用的电阻时，一般选用精密电阻测量仪器。

2．电位器的检测

操作方法：选取指针式万用表合适的电阻挡，用表笔分别连接电位器的两固定端，测出的阻值即为电位器的标称阻值，然后将两表笔分别接电位器的固定端和活动端，缓慢转动电位器的轴柄，电阻值应平稳地变化，如发现有断续或跳跃现象，说明该电位器接触不良。测量电位器各端子与外壳及旋转轴之间的绝缘，看其绝缘电阻是否足够大（一般情况下应接近于∞）。

3．电阻器的选用

（1）按不同的用途选择电阻器的种类：在一般的收音机、电视机等电路中，选择普通的碳膜电阻器就可以了，它廉价而且容易买到。对要求较高的电路或电路中的某些部分，要看有关说明选用适当种类的电阻器。

（2）正确选取阻值和允许误差：电阻器应选择接近计算值的一个标称值。一般电路对精度没有要求，选 1、2 级的允许误差就可以了。

（3）额定功率的选择：所选用电阻的额定功率应高于电阻在电路工作中实际功率值的 0.5～1 倍。在某些场合也可将小功率电阻器串联或并联使用。

（4）考虑温度对电阻的影响，应根据电路功能选择正、负温度系数电阻。

（5）电阻的允许偏差、非线性及噪声应符合电路要求。

（6）考虑工作环境与可靠性、经济性。

4．使用中注意的问题

（1）电阻器安装时，它的两条引出线不要从根部打弯，必须留出一定的距离，否则容易折断。

（2）焊接时不要使电阻器常时间受热以免引起阻值的变化，大于 10W 的电阻器应保证有散热空间。

（3）电阻器代用时应注意：如果不考虑价格和体积，则大功率的电阻器可以取代同阻值的小功率电阻器；金属膜电阻器可以取代同阻值、同功率的碳膜电阻器；如果电路中需要调节的机会极少，那么固定电阻器也可以取代调定阻值的等值的半可调电阻器。

（4）电阻器在安装前要核实一下阻值，安装时标识应处于醒目的位置。

做一做

（1）电阻的特性与哪些因素有关？

（2）在电路中如何确保电阻器正常工作？

（3）怎样判别一个电阻的好坏与质量的优劣？

（4）如何正确检测在路电阻的好坏？

（5）填写所给电阻器型号中各项的意义。

RPX－1－510Ω－I　　　　RT－0.5－10k－I

任务 3.2 电容器

任务引入

电容器也是电子整机中最基本的元器件之一，它的种类繁多，性能差异很大。要用好电容器，既要熟悉电容器的种类、结构、性能、特点、适用场合等，又要能根据标志判别知晓电容器的类别、容量与精度，并掌握识别与检测的方法。

3.2.1 电容器概述

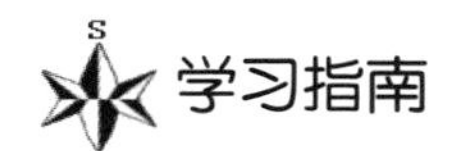

学习指南

注意理解电容器的作用、种类与常用电路符号，理解不同绝缘介质材料的电容器，其性能、用途不相同。掌握电容器的参数识别、质量优劣、代换与选用的方法等。

电容器是由两个金属电极中间夹一层绝缘介质（又称电介质）构成的。它能储存电荷，是一种储能元器件，它也是组成电子电路的基本元器件之一。在电子电路中起到隔直耦合、滤波和调谐等作用。

1. 电容器的种类

电容器按结构可分为固定电容器、可变电容器和微调电容器；按绝缘介质可为空气介质电容器、云母电容器、瓷介电容器、涤沦电容器、聚苯烯电容器、金属化纸电容器、电解电容器、玻璃釉电容器、独石电容器等。固定电容器的外形如图 3-9 所示。

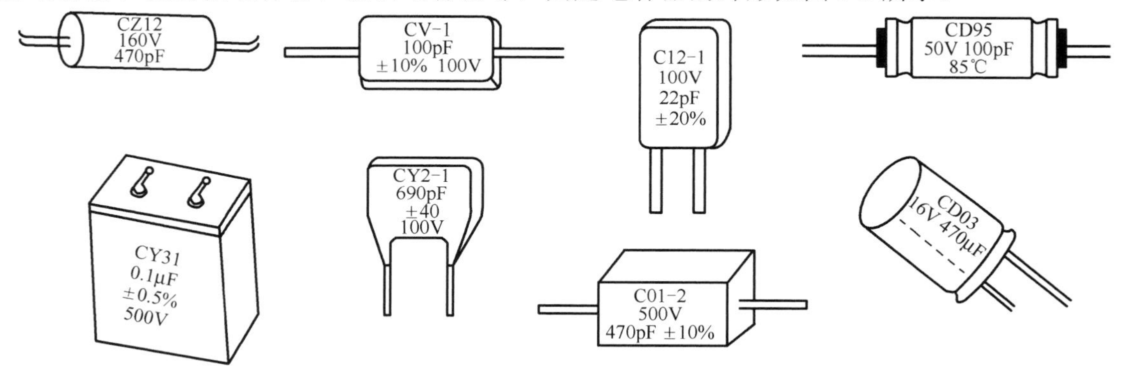

图 3-9 固定电容器的外形

2. 电容器的电路符号

电容器的常用电路符号如图 3-10 所示。

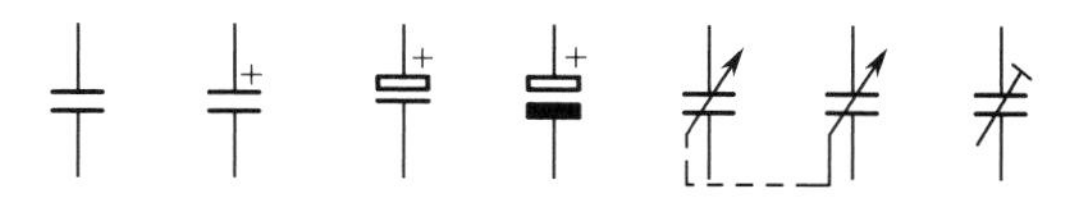

图 3-10 电容器的常用电路符号

3. 电容器的型号命名

根据国家标准 GB 2470—1981，电容器的型号由四部分组成，各部分的符号及意义见

表 3-7。以国产电容器 CBB12 为例，说明各部分的含意。

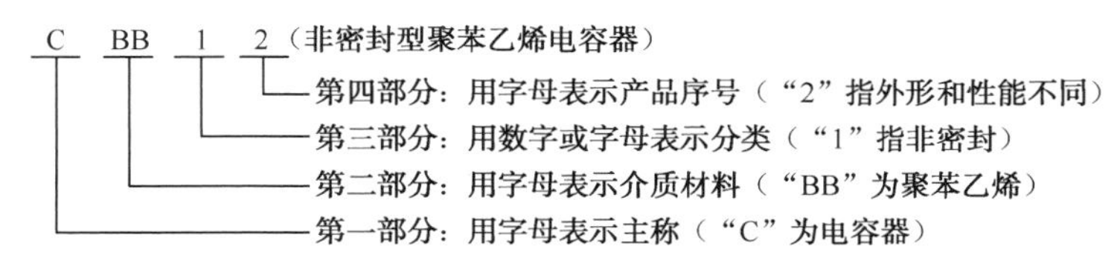

表 3-7　电容器型号中各部分的符号及意义

第一部分：主称		第二部分：材料		第三部分：分类特征					第四部分：序号
符号	意义	符号	意义	符号	意义				
					电解	瓷介	云母	其他	
C	电容器	C	瓷介	1	箔式	圆片	非密封	非密封	对主称、材料相同，仅尺寸、性能指标略有不同，但基本不影响其互换使用的产品，给予同一序号。对于同一序号，若尺寸、性能指标的差异明显，影响互换使用，则在序号后面用大写字母作为区别代号
		Y	云母	2	箔式	管形	非密封	非密封	
		I	玻璃釉	3	烧结粉固体	迭片	密封	密封	
		O	玻璃膜	4	烧结粉固体	独石	密封	密封	
		Z	纸介	5	—	穿心	—	穿心	
		J	金属化纸	6	—	支柱	—	—	
		B	聚苯乙烯	7	无极性	—	—	—	
		L	涤纶	8	—	高压	高压	高压	
		Q	漆膜	9	特殊	—	—	特殊	
		S	聚碳酸脂	J	金属膜				
		H	复合介质	W	微调				
		D	铝	—	—				
		A	钽						
		N	铌						
		J	合金						
		T	钛						
		E	其他						

做一做

根据所给电容器型号，写出各部分所表达的含义。

CY12—0.047μ—100V；CL21—680P—50V；CC12—100P—63V。

3.2.2　电容器主要技术参数

1. 标称容量和允许偏差

电容器的标称容量是指加上电压后其储存电荷的能力大小。标称容量越大，电容器储存电荷的能力越强。电容量与电容器的介质薄厚、介质介电常数、极板面积、极板间距等因数有关。介质越薄、极板面积越大、介电常数越大，电容量就越大；反之，电容量越小。电容器的允许偏差的基本含义同电阻一样。标称容量和允许偏差也分许多系列，常用的是 E6、E12、E24 系列。普通电容器的允许偏差与表示字母见表 3-8。

表 3-8　普通电容器的允许偏差与表示字母

容许误差	±1%	±2%	±5%	±10%	±20%	±30%	+50%～-20%	+80%～-10%
级别	0.1	0.2	I	II	III	IV	V	VI
表示字母	F	G	J	K	M	N	S	Z

精密电容器的允许偏差有+2%、±1%、±0.5%、±0.25%、±0.1%和±0.05%。电容器的误差标注方法有三种：一是将允许误差直接标注在电容体上，如±5%、±10%、±20%等；二是用相应的罗马数字表示，定为 I 级、II 级、III级；三是用字母表示，见表 3-8。

2．额定电压

额定电压通常也称耐压，是指在允许的环境温度范围内，电容器在电路中长期可靠工作所允许加的最大直流电压。工作时交流电压的峰值不得超过电容器的额定电压，否则电容器中介质会被击穿造成电容器的损坏。通常外加电压取额定工作电压的 2/3 以下。

额定电压通常有 6.3V、10V、16V、25V、32V、50V、63V、100V、160V、250V、400V、450V、500V、630V、1000V、1200V、1500V、1600V、1800V、2000V 等。

3．温度系数

温度系数是指在一定温度范围内，温度每变化 1℃，电容量的相对变化值。温度系数越小越好。

4．绝缘电阻

电容器的绝缘电阻表示电容器的漏电性能，在数值上等于加在电容器两端的电压除以漏电流。绝缘电阻越大，漏电流越小，电容器质量越好。品质优良的电容器具有较高的绝缘电阻，一般都在 MΩ级以上。但电解电容器的绝缘电阻一般较低，漏电流较大，所以不能单凭所测绝缘电阻值的大小来衡量电容器的绝缘性能。此外，电容器的技术参数还有电容器的损耗、频率特性、温度系数、稳定性和可靠性等。

5．损耗

损耗是指在电场的作用下，电容器在单位时间内发热而消耗的能量。这些损耗主要来自介质损耗和金属损耗。通常用损耗角正切值来表示。

此外，还有频率特性、介电常数、Q 值、损耗因数等。

3.2.3　电容器的标志

电容器容量的大小表明了电容器存储电荷能力的强弱，电容量的基本单位为 F（法拉），定义为在 1V 电压下，电容器所能储存的电量为 1C，其容量即为 1F 。但用 F 作为单位在实用中往往显得太大，所以常用较小的单位 mF（毫法）、μF（微法）、nF（纳法）和 pF（皮法），它们之间的关系如下：

$$1\mu F=10^{-6}F \qquad 1nF=10^{-9}F \qquad 1pF=10^{-12}F$$

电容器的标识方法有直标法、文字符号法、数码表示法和色标法 4 种。

1．直标法

直标法是指在电容体表面直接标注主要技术指标的方法，主要用在体积较大的电容上。标注的内容有多有少，一般有标称容量、额定电压及允许偏差这三项参数，当然也有体积太小（如小容量瓷介电容等）的电容仅标注容量一项（往往连 pF 单位也省略）。标注较齐的电容通常有标称容量、额定电压、允许偏差、电容型号、商标、工作温度及制造日期等。

2．文字符号法

文字符号法是指在电容体表面上，用阿拉伯数字和字母符号的有规律的组合来表示标称

容量的方法，有时也用在电路图的标注上。标注时应遵循以下规则。

（1）不带小数点的数值，若无标志单位，则表示皮法，如 2200 表示 2200pF。

（2）凡带小数点的数值，若无标志单位，则表示微法，如 0.56 表示 0.56μF。

（3）许多小型的固定电容器，体积较小，为便于标注，习惯上省略其单位，标注时单位符号的位置代表标称容量有效数字中小数点的位置。

例

p33→0.33pF　33n→33000pF=0.33μF　3μ3→3.3μF

3．数码表示法

在一些磁片电容器上，常用 3 位数字表示电容的容量。其中第一、二位为电容值的有效数字，第三位为倍率，表示有效数字后的零的个数，电容量的单位为 pF 。

例

203 表示容量为 20×10^3pF=0.02μF；　103→10×10^3pF=0.01μF；
334→33×10^4pF=0.33μF

4．色标法

电容器的色标法与电阻器色标法基本相似，标志的颜色符号级与电阻器采用的颜色符号级相同，其单位是皮法（pF）。

电容器耐压也可用颜色表示，一般颜色/耐压的对应值为黑/4V、棕/6.3V、红/10V、橙/16V、黄/25V、绿/32V、蓝/40V、紫/50V、灰/63V。

3.2.4　可变电容器和微调电容器

可变电容器是一种容量可连续变化的电容器，主要用在调谐回路中；微调电容器的容量变化范围较小，一经调好后一般无须变动。可变电容器的种类很多，按介质可分空气介质和固体介质两种可变电容器；按联数可分为单联和双联可变电容器。可变电容器和微调电容器的外形及电路符号如图 3-11 所示。

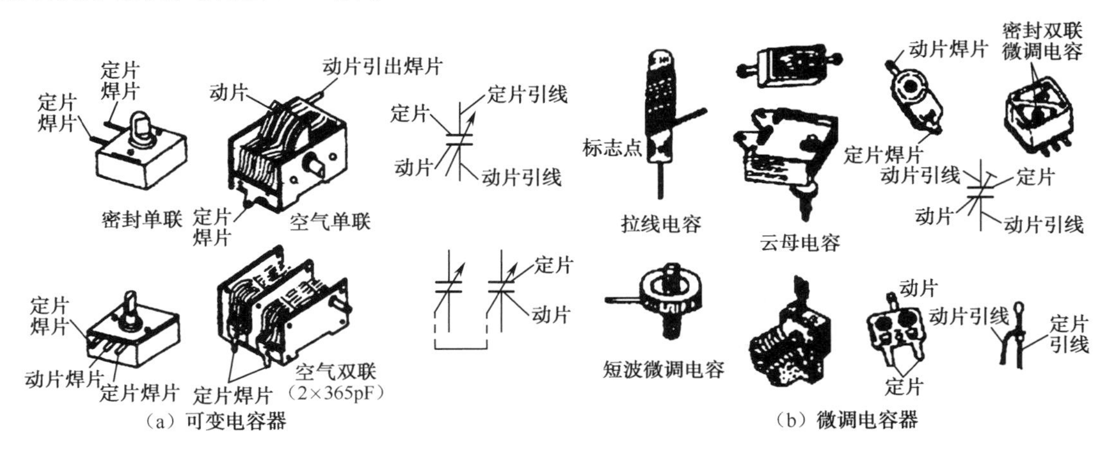

图 3-11　可变电容器和微调电容器的外形及电路符号

可变电容器的主要技术参数如下。

（1）最大电容量与最小电容量：当动片全部旋进定片时的电容量为最大电容量，当动片全部旋出定片时的电容量为最小电容量。

（2）容量变化特性：指可变电容器的容量随动片旋转角度变化的规律，常用的有直线电容式、直线频率式、直线波长式、电容对数式。

（3）容量变化平滑性：指动片转动时容量变化的连续性和稳定性。

除上述参数之外，技术指标还有耐压、损耗、接触电阻等。

3.2.5 电容器的检测与选用

1. 电容器质量的判断与检测

用普通的指针式万用表就能判断电容器的质量、电解电容器的极性，并能定性比较电容器容量的大小。

1）电容器的检测方法

（1）检测 0.01μF 以下的小电容，其检测方法如图 3-12 所示。因 10pF 的固定电容器容量太小，用万用表进行测量，只能定性地检查其是否有漏电、内部短路或击穿现象。测量时，可选用万用表 $R\times10$k 挡，用两表笔分别任意接电容的两个端子，阻值应为无穷大。

（2）检测 0.01μF 以上的固定电容器。可用万用表的 $R\times10$k 挡直接测试电容器有无充电过程以及有无内部短路或漏电，并可根据指针向右偏转的幅度大小估计出电容器的容量。检测 0.01μF 以上固定电容的方法如图 3-13 所示。测试操作时，先用两表笔任意触碰电容的两端，然后调换表笔再碰触一次。如果电容是好的，万用表的指针会向右摆动，随即向左迅速返回无穷大位置。电容量越大，指针摆幅越大。如果反复调换表笔接触电容两端，万用表指针始终不摆动，说明该电容的容量已低于 10pF～0.01μF 或者已经消失。测量中，若指针向右摆动后不能向左回到无穷大位置，说明电容漏电或已经击穿短路。

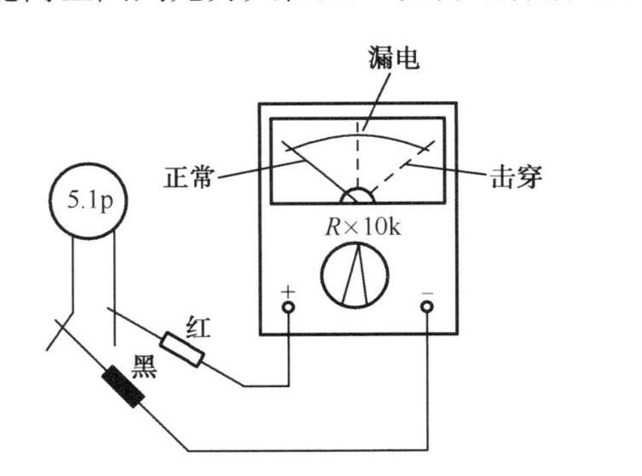

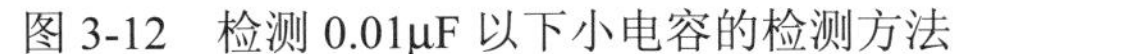
图 3-12　检测 0.01μF 以下小电容的检测方法

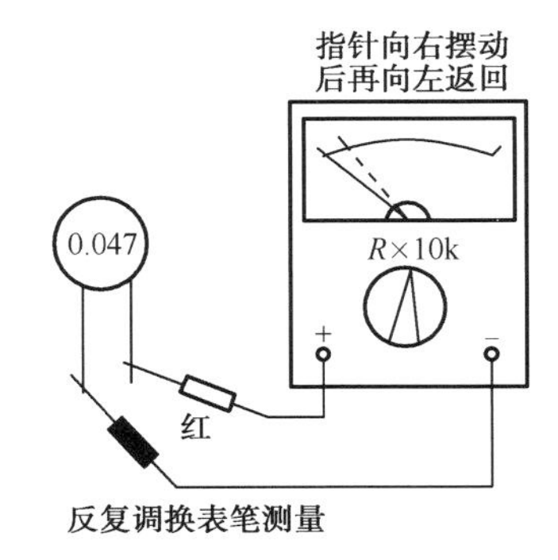

图 3-13　检测 0.01μF 以上固定电容的检测方法

（3）检测电解电容。检测 1～47μF 间的电容，可用 $R\times1$k 挡测量，大于 47μF 的电容可用 $R\times100$ 挡测量。先用万用表的红表笔接负极，黑表笔接正极。在刚接触的瞬间，万用表指针即向右偏转较大的幅度，接着逐渐向右回转，直到停在某一位置，此时的阻值便是电解电容的正向漏电阻，此值越大说明漏电流越小，电容性能越好。然后，将红黑表笔对调，出现同样的现象，此时所测的电阻值为电容器的反向漏电阻，此值略小于正向电阻。正常情况下，电解电容一般应在几百千欧以上，否则，将不能正常工作。在测试中，若正向或反向均无充电现象，则说明容量消失或内部断路。如果所测阻值很小或为零，说明电容漏电大或已击穿损

坏。对于正、负极标志不明的电解电容器，可利用上述测量方法，比较两次测量的电阻值，阻值较大的一次，黑表笔接的是正极，红表笔接的是负极。

2）极性判定

根据电解电容器正接时漏电流小、漏电阻大，反接时漏电流大、漏电阻小的特点可判断其极性。将万用表设置在 $R\times1$k 挡，先测一下电解电容器的漏电阻值，而后将两表笔对调一下，再测一次漏电阻值。两次测试中，漏电阻值小的一次，黑表笔接的是电解电容器的负极，红表笔接的是电解电容器的正极。

3）可变电容器碰片检测

将万用表设置在 $R\times1$k 挡，将两表笔固定接在可变电容器的定、动片端子上，慢慢转动可变电容器的转轴，如表头指针发生摆动说明有碰片，否则说明是正常的。使用时，动片应接地，防止调整时人体静电通过转轴引入噪声。

2．电容器的选用

电容器的种类很多，性能指标各异，合理选用电容器对于产品设计十分重要。一般应从以下几方面考虑。

（1）额定电压。所选电容器的额定电压一般为线电容工作电压的 1.5～2 倍。不论选用何种电容器，都不得使其额定电压低于电路的实际工作电压，否则电容器将会被击穿。也不要将额定电压选得太高，否则不仅提高了成本，而且电容器的体积必然增大。但选用电解电容器（特别是液体电介质电容器）时应特别注意，一是由于电解电容器自身结构的特点，应使线路的实际电压相当于所选额定电压的 50%～70%，以便充分发挥电解电容器的作用。如果实际工作电压相当于所选额定电压的一半，反而容易使电解电容器的损耗增大。二是在选用电解电容器时，还应注意电容器的存放时间（存放时间一般不超过一年）。长期存放的电容器可能会因电解液干涸而老化。

（2）标称容量和精度。大多数情况下，对电容器的容量要求并不严格，容量相差一些是无关紧要的。但在振荡回路、滤波电路、延时电路及音调电路中，对容量的要求则非常精确，电容器的容量及其误差应满足电路要求，要测出电容器准确的容量，可以用电容表测试。

（3）使用场合。根据电路的要求合理选用电容器，云母电容器或瓷介电容器一般用在高频或高压电路中。在特殊场合，还要考虑电容器的工作温度范围、温度系数等参数。

（4）体积。设计时一般希望使用体积小的电容器，以便减小电子产品的体积和重量，更换时也要考虑电容器的体积大小能否正常安装。

（5）常用电容器的外形及特点见表 3-9。

表 3-9 常用电容器的外形及特点

名 称	外 形	特 点
铝电解电容器（CD）		电容量：0.47～10 000μF 额定电压：6.3～450V 主要特点：容量大、损耗大、漏电大、分布电感大 应用：电源滤波、低频耦合、去耦、旁路等

续表

名　称	外　形	特　点
涤纶电容器（CL）	 金属化涤纶电容器 　涤纶薄膜电容器	电容量：40pF～4μF 额定电压：63～630V 主要特点：体积小、容量大、耐热耐湿、寄生电感小 应用：对稳定性和损耗要求不高的低频电路
云母电容器（CY）	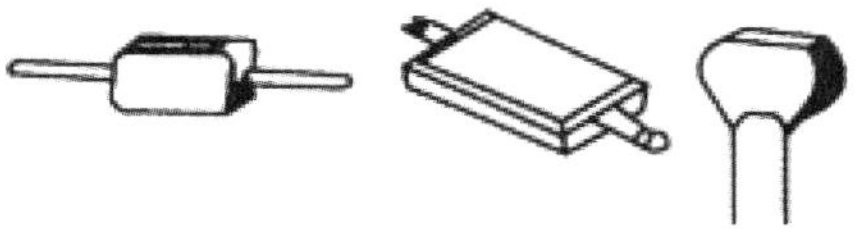	电容量：10pF～0.1μF 额定电压：100V～7kV 主要特点：耐高温、耐腐蚀、介质损耗小、高稳定性 应用：高频振荡、脉冲等要求较高的电路
聚丙烯电容器（CBB）	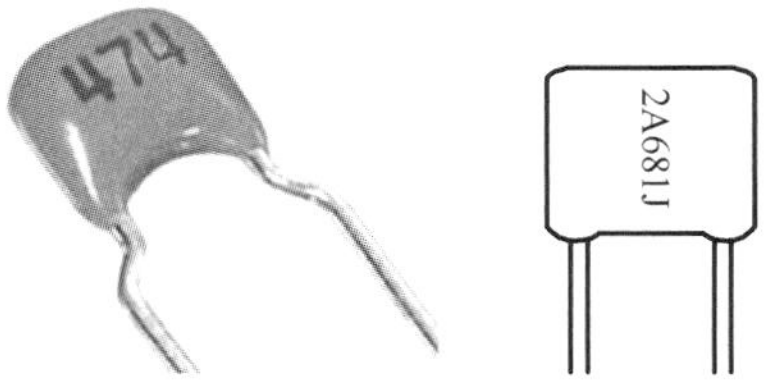 474　2A681J	电容量：1000pF～10μF 额定电压：63～2000V 主要特点：性能与聚苯相似，但体积小、稳定性略差等 应用：代替部分聚苯或云母电容，用于要求较高的电路
瓷介电容器 高频（CC） 低频（CT）	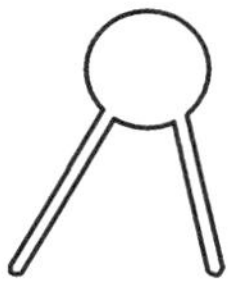 圆片瓷片电容器 　104　超高频圆片瓷介电容器	高频瓷介电容器（CC） 电容量：1～6800pF 额定电压：63～500V 主要特点：高频损耗小、稳定性好 应用于高频电路 低频瓷介电容器（CT）： 电容量：10pF～4.7μF 额定电压：50～100V 主要特点：体积小、价廉、损耗大、稳定性差 应用于要求不高的低频电路
独石电容器 又叫多层瓷介电容器	 205　103　104	电容量：0.5pF～1mF 耐压：2倍额定电压 主要特点：电容量大、体积小、成本低、可靠性高、电容量稳定、耐高温耐湿性好等 应用：广泛应用于电子精密仪器，在各种小型电子设备中用作谐振、耦合、滤波、旁路
金属化纸介质电容器（CJ）	 密封金属化纸介电容器 　小型环氧包封金属化纸介电容器 　金属化纸介电容器	耐压高（几十伏～1kV）、容量大、具有“自愈”能力

想一想

为什么在中、高频供电电源中都并联一个大电容和小电容?

做一做

1. 电容器在电路中有哪些作用?
2. 如何判别电解电容器的正负极性和漏电大小(即质量的优劣)?
3. 电容器主要技术指标有哪些?选用或代换电容器通常要考虑哪些因素?
4. 高频与低频电路中使用的电容器能否互换使用?为什么?

任务 3.3 电感元器件

任务引入

电感元器件是一种储能元器件,在高频电路、电源电路中使用较广泛。它主要用于实现互感耦合、滤波,变换电压、电流与阻抗等。要选用好电感器,必须熟悉电感的结构、性能、特点、种类、适用场合等,学会识别与检测的方法。

凡是能把电能转化为磁能而存储起来的元器件统称为电感元器件,也称电感器。电感器通常由线圈构成,又称为电感线圈。在电子整机中,电感器主要指线圈和变压器等。

3.3.1 电感线圈

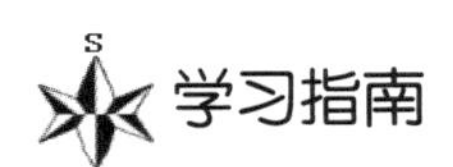

注意理解电感线圈的组成、作用、分类和主要技术指标,熟悉常用电感线圈的结构、特点、电路符号、标志和应用场合等。

1. 电感线圈的组成、作用、分类与命名

(1)电感线圈的组成。电感线圈的结构有非屏蔽(一般电感线圈)和屏蔽电感线圈两种。

一般电感线圈由骨架、绕线组、磁芯或铁芯、封装材料等组成。

屏蔽电感线圈由骨架、绕线组、磁芯或铁芯、封装材料和屏蔽罩等组成。其中,屏蔽罩可以避免电感线圈在工作时产生的磁场影响其他元器件的正常工作(即磁屏蔽);封装材料(塑料或环氧树脂等)用于将线圈和磁芯等密封起来;磁芯(含磁棒)一般采用锰锌 (MX 系列)、镍锌、镁锌铁氧体(NX 系列)等材料,它有“工”字形、柱形、帽形、“E”形、罐形、环形等多种形状;铁芯通常采用硅钢片或矽钢片材料;骨架指绕制线圈的支架。

(2)作用。电感线圈有通直流、阻交流,通低频、阻高频的作用,可以在交流电路中用于阻流、降压、耦合和负载,与电容器配合时,可构成调谐、滤波、选频、延时、陷波、退耦等电路。

(3)分类。电感线圈的种类很多,通常有以下列方式分类。

按电感形式分类:固定电感、可变电感。

按导磁体性质分类：空芯线圈、铁氧体线圈、铁芯线圈、铜芯线圈等。

按工作性质分类：天线线圈、振荡线圈、扼流线圈、陷波线圈等。

按绕线方式分类：单层线圈、多层线圈、蜂房式线圈。

按工作频率分类：高频线圈、低频线圈。

按耦合方式分类：自感应、互感应线圈。

按结构分类：磁芯线圈、可变电感线圈、色码电感线圈、空芯线圈等。

常用电感线圈的外形及电路符号如图 3-14 所示。

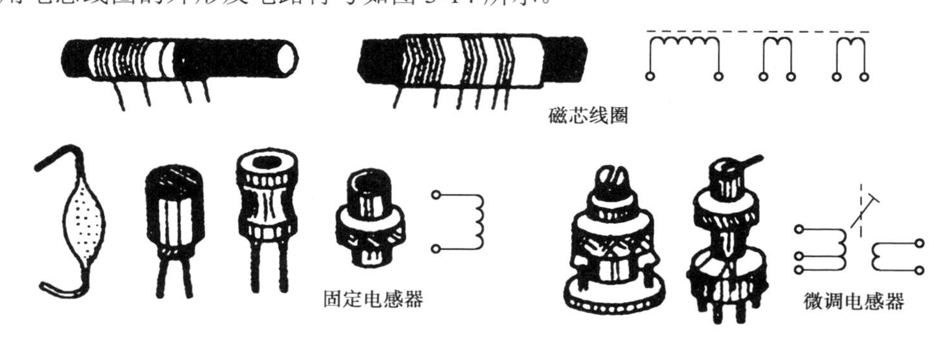

图 3-14　常用电感线圈的外形及电路符号

（4）电感器的命名。电感线圈的型号由四部分组成，各部分的意义见表 3-10。

表 3-10　电感线圈型号各部分的意义

第一部分：主称（用字母表示）		第二部分：特征（用字母表示）		第三部分：型式（用字母表示）		第四部分：区别代号（用字母表示）
符号	意义	符号	意义	符号	意义	一般不使用
L	线圈	G	高频	X	小型	
ZL	阻流圈	D	低频	—	—	

例

电感器的型号为 LGX，表示为小型高频电感线圈。

2．电感线圈的主要技术参数

（1）电感量：也称为自感系数（L），是表示电感元器件自感应能力的一种物理量。线圈电感量的大小与线圈直径、匝数、绕制方式及导磁材料有关。线圈圈数越多，电感量越大。采用硅钢片或铁氧体作为线圈铁芯，可以以较小的匝数得到较大的电感量。L 的基本单位为 H（亨），实际用得较多的单位为 mH（毫亨）和μH（微亨），三者的换算关系如下：

$$1\text{H}=10^3\text{mH}=10^6\mu\text{H}$$

（2）品质因数：表示电感线圈质量优劣的参数，也称为 Q 值或优值，其定义为线圈在一定频率的交流电压下工作时，其感抗 X_L 和等效损耗电阻之比，即 $Q=2\pi L/R$。由此可见，线圈的感抗越大，损耗电阻越小，其 Q 值就越高。一般电感线圈的 Q 大都在几至几百的数量级。Q 值越高，电路的损耗越小，效率越高。

（3）分布电容：线圈匝与匝之间、线圈与地之间、线圈与屏蔽罩盒之间及线圈的层与层之间有电容效应，形成了线圈的分布电容。分布电容的存在会使线圈的等效总损耗电阻增大，

降低品质因数 Q。为减少分布电容，高频线圈常采用多股漆包或丝包线绕制，并采用蜂房绕法或分段绕法等。

（4）标称电流：指线圈允许通过的电流大小，通常用字母 A、B、C、D、E 表示，标称电流值分别为 50mA、150mA、300mA、700mA、1600mA。

（5）允许误差：电感量实际值与标称之差除以标称值所得的百分数。

（6）稳定性：电感线圈的稳定性主要指参数受温度、湿度和机械振动等影响的程度。为增加稳定性，可采用热绕法或披银法绕制或对线圈进行浸渍和密封等处理。

3．电感线圈的标识方法

电感器的电感量标识方法有直标法、文字符号法、色标法和数码标示法。

（1）直标法。它是将电感器的标称电感量用数字和文字符号直接标在电感器外壁上，电感量单位后面用一个英文字母表示其允许偏差，见表 3-11。

表 3-11 电感线圈允许偏差与表示字母

允许偏差（%）	英 文 字 母	允许偏差（%）	英 文 字 母	允许偏差（%）	英 文 字 母
±0.001	Y	±0.05	W	±2	G
±0.002	X	±0.1	B	±5	J
±0.005	E	±0.25	C	±10	K
±0.01	L	±0.5	D	±20	M
±0.02	P	±1	F	±30	N

例

560μHK 表示标称电感量为 560μH，允许偏差为±10%。

（2）文字符号法。它是将电感器的标称值和允许偏差值用文字符号和数字，按一定的规律组合标志在电感体上。此种标识方法通常用于一些小功率电感器（单位为 nH 或 pH），用 N 或 R 代表小数点，通常后缀一个英文字母表示允许偏差，各字母代表的允许偏差与直标法相同，见表 3-11。

例

4N7 表示电感量为 4.7nH；4R7 则代表电感量为 4.7μH；47N 表示电感量为 47nH；6R8 表示电感量为 6.8μH。

（3）色标法。它是在电感器表面涂上不同的色环来代表电感量（与色环电阻器类似），通常用四色环表示，紧靠电感体一端的色环为第一环。第一色环为十位数，第二色环为个位数，第三色环为倍乘数（单位为 H），第四色环为误差率，各色环所代表的数值见表 3-12。

表 3-12 各色环所代表的数值

色别	第一色环（十位数）	第二色环（个位数）	第三色环（倍乘数）	第四色环（误差）
棕	1	1	10	±1%
红	2	2	10^2	±2%

续表

色别	第一色环 （十位数）	第二色环 （个位数）	第三色环 （倍乘数）	第四色环 （误差）
橙	3	3	10^3	±3%
黄	4	4	10^4	±4%
绿	5	5	10^5	
蓝	6	6	10^6	
紫	7	7	10^7	
灰	8	8	10^8	
白	9	9	10^9	
黑	0	0	1	±20%
金			0.1	±5%
银			0.01	±10%

例

色环颜色分别为棕、黑、金、金的电感器的电感量为1H，误差为5%。

（4）数码标示法。数码标示法是用三位数字来表示电感器电感量的标称值，该方法常见于贴片电感器上。在三位数字中，从左至右的第一、二位为有效数字，第三位数字表示有效数字后面所加“0”的个数（单位为μH）。如果电感量中有小数点，则用“R”表示，并占一位有效数字。电感量单位后面用一个英文字母表示其允许偏差，各字母代表的允许偏差见表3-11。

例

标志为“102J”的电感量为10×102=1000μH，允许偏差为±5%；标志为“183K”的电感量为18mH，允许偏差为±10%；标志为“470”或“47”的电感量为47μH，而不是470μH。

4．常用电感线圈的特点及用途

（1）空芯线圈：用导线绕制在纸筒、胶木筒、塑料筒上组成的线圈，中间不加介质材料，因此称为空芯线圈。空芯线圈的绕制方法有多种，如密绕法、间绕法、脱胎法及蜂房式等。

（2）磁芯线圈：用导线在磁芯、磁环上绕制成线圈或者在空芯线圈中插入磁芯组成的线圈均称为磁芯线圈。

例

单管收音机电路中的高频扼流圈（GZL）选用了磁芯线圈，其作用是阻止高频信号通过，让音频信号和直流电通过，使耳机发出声音。

（3）可调磁芯线圈：在空芯线圈中旋入可调的磁芯组成可调磁芯线圈。

例

在调谐收音机的频调谐电路中就采用这种可调磁芯线圈。旋动磁芯可微调线圈的电感量，用以调整电视机的中频频率。

（4）铁芯线圈：在空芯线圈中插入硅钢片组成铁芯线圈或称为扼流圈。

例

在电子管收音机、扩音机电路中就选用了铁芯线圈，称它为低频扼流圈。它的作用是用来阻止残余交流通过，而让直流通过。

3.3.2　变压器

变压器主要用于交流电压变换、电流变换、阻抗变换、传递功率和缓冲隔离等，是电子整机中不可缺少的重要元器件之一。

1．变压器的种类

（1）变压器按使用的工作频率可以分为高频变压器、中频变压器、低频变压器、脉冲变压器等。

高频变压器一般在收音机和电视中作为阻抗变换器，如收音机的天线线圈等。

中频变压器常用于收音机和电视机的中频放大器中，中频变压器（又称中周）适用范围从几千赫至几十兆赫。中频变压器不仅具有普通变压器变换电压、电流及阻抗的特性，还具有谐振于某一特定频率的特性。在超外差收音机中，它起到了选频和耦合作用，在很大程度上决定了灵敏度、选择性和通频带等指标，其谐振频率在调幅式接收机中为 465kHz 。

低频变压器的种类很多，可分为音频变压器与电源变压器两种，在电路中又可分为输入变压器、输出变压器、级间耦合变压器、推动变压器及线间变压器等。

脉冲变压器则用于脉冲、开关电路中。

（2）变压器按导磁材料可分为铁芯（硅钢片或玻莫全金）变压器、磁芯（铁氧体芯）变压器和空气芯变压器等几种。铁芯变压器用于低频及工频电路中，而铁氧体芯或空气芯变压器则用于中、高频电路中。变压器按防潮方式分非密封式、灌封式、密封式变压器。

变压器的铁芯通常由硅钢片、坡莫合金或铁氧体材料制成，其形状有“EI”、“口”、“F”、“C”等种类，如图 3-15 所示。

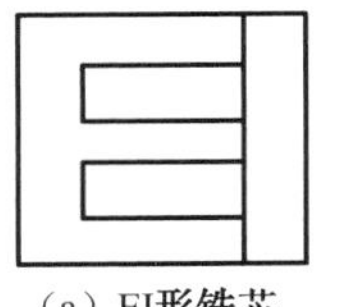

（a）EI形铁芯

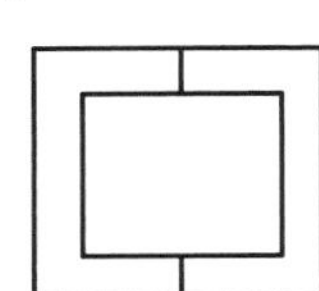

（b）口形铁芯

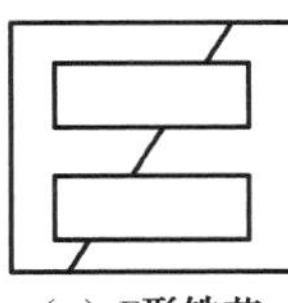

（c）F形铁芯

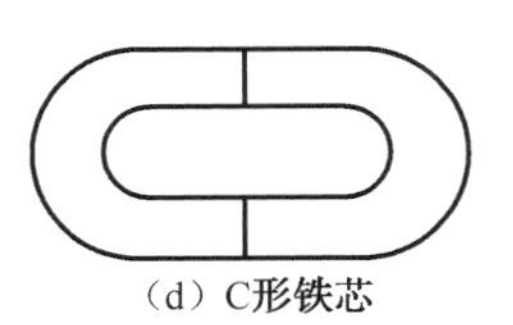

（d）C形铁芯

图 3-15　变压器的常用铁芯

常见变压器的外形及电路符号如图 3-16 所示。

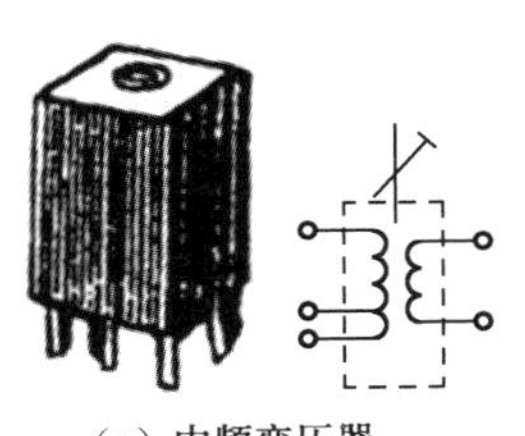

（a）中频变压器

（b）输入、输出变压器

（c）电源变压器

图 3-16　常见变压器的外形及电路符号

2．变压器型号的命名

（1）中频变压器型号的命名方法。中频变压器的型号由三部分组成，各部分意义见表3-13。

表3-13 中频变压器型号的各部分的字母、数字所表示的意义

第一部分：主称（用字母表示）		第二部分：尺寸（用数字表示）		第三部分：级数（用数字表示）	
字母	名称、特征、用途	数字	外形尺寸（mm）	数字	用于中放级数
T	中频变压器	1	7×7×12	1	第一级
L	线圈或振荡线圈	2	10×10×14	2	第二级
T	磁性瓷芯式	3	12×12×16	3	第三级
F	调幅收音机用	4	20×25×36	—	—
S	短波段	—	—	—	—

例

TTF-3-1为调幅收音机用磁性瓷芯式中频变压器，外形尺寸为12×12×16（mm），级数为第一级。

（2）变压器型号的命名方法。变压器的型号由三部分组成，各部分意义见表3-14。

表3-14 变压器型号各部分的字母、数字所表示的意义

第一部分：主称（用字母表示）		第二部分：功率（用数字表示，单位：VA或W）	第三部分：序号（用数字表示）
字母	意义		
DB	电源变压器		
CB	音频输出变压器		
RB	音频输入变压器		
GB	高压变压器		
HB	灯丝变压器		
SB或ZB	音频（定阻式）输送变压器		
SB或EB	音频（定压式或自耦式）输送变压器		

3．变压器的主要技术参数

1）额定功率

额定功率是指在规定的频率和电压下，变压器能长期工作而不超过规定温度的输出功率。额定功率中会有部分无功功率，故变压器输出功率的单位用瓦（W）或伏安（VA）表示。

2）变压比

变压比是指二次电压与一次电压的比值或二次绕组匝数与一次绕组匝数的比值。

（1）变压器的变压比：如果忽略铁芯、线圈的损耗，变压器在电路中有以下的关系：

$$U_1/U_2=N_1/N_2=n$$

式中　n——变压比。

（2）变压器电流与电压的关系：若不考虑变压器的损耗，则有

$$U_1 \cdot I_1=U_2 \cdot I_2 \text{ 或 } U_1/U_2=I_2/I_1$$

（3）变压器的阻抗变换关系：设变压器一次侧输入阻抗为Z_1，二次侧负载阻抗为Z_2，根

据欧姆定律可导出：

$$Z_1/Z_2=(U_1/U_2)^2$$

如果把阻抗之比写成变压比的关系，则有

$$Z_1/Z_2=n^2 \text{ 或 } Z_1=n^2 \cdot Z_2,\ Z_2=Z_1/n^2$$

因此，变压器可以作为阻抗变换器。

3）效率

效率为变压器的输出功率与输入功率的比值，即效率=输出功率/输入功率。一般电源变压器、音频变压器要注意效率，而中频、高频变压器一般不考虑效率。一般分析中都假设变压器本身没有损耗，实际上损耗总是有的。变压器的损耗主要有铜损和铁损两个方面。

铜损：变压器线圈大部分是用铜线绕制成的，由于导线存在着电阻，所以通过电流时就要发热，消耗能量，使变压器效率减低。

铁损：主要来自磁滞损耗和涡流损耗。为了减少磁滞损耗，变压器铁芯通常采用磁导率高（容易磁化）而磁滞小的软磁性材料制作，如硅钢、磁性瓷及坡莫合金等。为了减少涡流损耗，通常把铁芯磁力线平面切成薄片，使其相互绝缘，割断涡流。铁芯一般采用厚度为0.35mm 左右的硅钢片叠合制成。

在变压器的损耗中，除铜损和铁损外，还有漏磁损耗。磁滞和涡流的影响，都是随着频率的增高而增加的。

4）温升

温升主要是指线圈的温度，即当变压器通电工作后，其温度上升到稳定值时比周围环境温度升高的数值。电源变压器的温升越小越好。

想一想

引起变压器过热的原因有哪些？如何加以解决？

5）绝缘电阻

理想的变压器各绕组线圈之间和各线圈与铁芯之间在电气上应是完全绝缘的。但是，由于绝缘材料或工艺原因会有一定的漏电流产生，达不到理想的绝缘。绝缘电阻是施加试验电压与产生的漏电流之比。例如，电源变压器一、二次线圈之间，及它们与铁芯之间，应具有承受 1000V 交流电压在 1min 内不致被击穿的绝缘性能。

6）漏电感

变压器一次线圈中的电流产生的磁通并不是全部通过二次线圈，不通过二级线圈的这部分磁通叫漏磁通。由漏磁通产生的电感称为漏电感，简称漏感。漏感的存在不仅影响变压器的效率及其性能，也会影响变压器周围的电路工作，因此变压器的漏感越小越好。

除此以外，不同用途的变压器还有一些特殊要求的技术指标，如音频变压器还有非线性失真，电源变压器还有空载电流等技术指标等。

3.3.3　电感线圈与变压器的简易测试

电感线圈与变压器的故障有开路和短路两种，检测时可采用简易测试、在线测试方式。

1．电感线圈的检测

方法一：用万用表欧姆挡测电阻进行判断，若电阻为无穷大则为开路，电阻为零则为短路。一般中、高频电感线圈匝数不多，其直流电阻很小，在零点几欧姆至几欧姆之间，随电感线圈的规格而异。

方法二：仪器检测法，可将电感线圈、其他元器件连接成电路，加上高、低频信号，用毫伏表或示波器检测其上电压大小，判断其好坏。也可用专用测量仪器测量 Q 值的大小，判断其好坏。

2．变压器的检测

变压器的好坏主要是用万用表欧姆挡测电阻进行判断，若变压器开路，一般是内部线圈断线，电阻为无穷大。音频和中频变压器由于线圈匝数较多，直流电阻较大。变压器的直流电阻正常并不能表示变压器就完好无损，如电源变压器有局部短路时对直流电阻影响并不大，但变压器不能正常工作。

绝缘性能测试：将万用表置于 R×10k 挡测试。

（1）一次绕组与二次绕组之间的电阻值，阻值为无穷大时正常。

（2）一次绕组与外壳之间的电阻值，阻值为零时有短路性故障。

（3）二次绕组与外壳之间的电阻值，阻值小于无穷大，但大于零，有漏电性故障。

电源变压器内部短路可通过空载通电进行检查，方法是切断电源变压器的负载，接通电源，如果通电 15～30min 后温升正常，说明变压器正常。如果空载温升较高（超过正常温升），说明内部存在局部短路现象。

做一做

（1）电感线圈和变压器在电路中各有什么作用？

（2）如何利用高、低频信号源及毫伏表检测小电感线圈的好坏？

（3）选用变压器时，通常要考虑哪些因素？

（4）高频电感线圈与低频电感线圈有何不同?能否互换使用?为什么？

任务 3.4　半导体元器件

任务引入

半导件元器件是电子整机中的核心元器件，它主要用于信号的产生、变换、传输与处理等，在电路中使用非常广泛。要应用好半导体元器件，必须熟悉它们的结构、特点、种类、技术指标、适用范围等，了解不同半导体元器件的标志、识别知识，学会其好坏、质量优劣的检测方法。

半导体元器件由导电性能介于导体与绝缘体之间的材料制造而成，主要是硅、锗等材料。几乎在所有的电子电路中都要用到半导体元器件，对于实现电路功能起着非常重要的作用，在电子产品中应用非常广泛。

3.4.1　二极管

学习指南

注意理解二极管的结构、作用、分类和主要技术指标，熟悉常用二极管的标志与识别方

法，学会二极管的检测方法。

二极管的构成：半导体二极管（即晶体二极管）内部有一个 PN 结，在 PN 结两端各引出一根引线，然后用外壳封装起来就构成了一个半导体二极管。P 区引出的引线称为阳极，N 区引出的引线称为阴极。二极管具有单向导电特性，其结构及电路符号如图 3-17 所示。

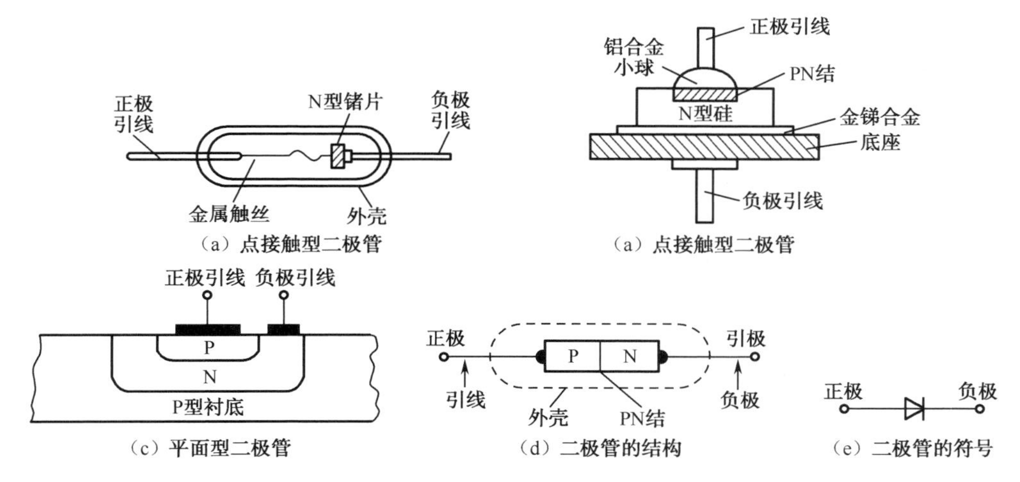

图 3-17 二极管的结构及电路符号

1. 二极管的分类

（1）二极管按结构可分为点接触型和面接触型两种。点接触型二极管的结电容小，正向电流和允许施加的反向电压小，常用于检波、变频等电路；面接触型二极管的结电容较大，正向电流和允许施加的反向电压较大，主要用于整流等电路，面接触型二极管中用得较多的一类是平面型二极管，平面型二极管可以通过更大的电流，在脉冲数字电路中用于开关管。

（2）二极管按材料可分为锗二极管和硅二极管。锗管与硅管相比，具有正向压降低（锗管 0.2～3.3V，硅管 0.5～0.7V）、反向饱和漏电流大、温度稳定性差等特点。

（3）二极管按用途可分为普通二极管、整流二极管、开关二极管、发光二极管、变容二极管、稳压二极管、光电二极管等。常见二极管的外形如图 3-18 所示。

图 3-18 常见二极管的外形

2. 二极管的主要技术参数

用来表示二极管的性能好坏和适用范围的技术指标称为二极管的参数。不同类型的二极管有不同的特性参数。

（1）最大正向电流 I_F：指管子长期运行时，允许通过的最大正向平均电流。因为电流通过 PN 结要引起管子发热，电流太大，发热量超过限度，就会使 PN 结烧坏。

（2）最高反向工作电压 U_{RM}：指正常工作时，二极管所能承受的反向电压的最大值。因为加在二极管两端的反向电压高到一定值时会将管子击穿，失去单向导电能力。为了保证使用安全，规定了最高反向工作电压值。

（3）反向击穿电压 U_{BR}：指管子反向击穿时的电压值。击穿时，反向电流剧增，二极管的单向导电性被破坏，甚至因过热而烧坏。一般手册上给出的最高反向工作电压约为反向击穿电压的一半，以确保管子安全运行。

（4）最高工作率 f_M：指二极管能保持良好工作性能条件下的最高工作频率。

（5）反向饱和电流 I_S：是指二极管在规定的温度和最高反向电压作用下，管子未击穿时流过二极管的反向电流。反向饱和电流越小，管子的单向导电性能越好。值得注意的是反向饱和电流与温度有着密切的关系，大约温度每升高 10℃，反向饱和电流增大一倍。由于温度增加，反向饱和电流会急剧增加，所以在使用二极管时要注意温度的影响。

二极管的参数是正确使用二极管的依据，一般半导体元器件手册中都会给出不同型号二极管的参数。使用时，应特别注意不要超过最大正向电流和最高反向工作电压，否则将容易损坏二极管。值得指出，不同用途的二极管（如稳压、检波、整流、开头、光电、发光二极管等）具有不同的主要技术参数。

3．二极管型号的命名方法

根据国家标准 GB 2470—1981 的国产半导体分立元器件型号命名方法，半导体元器件的型号由五个部分组成。第一部分为电极数目，用数字表示；第二部分为元器件的材料和极性，用汉语拼音字母表示；第三部分为元器件类型，用汉语拼音字母表示；第四部分为元器件序号，用数字表示；第五部分为规格的区别代号，用汉语拼音字母表示。

二极管和三极管型号中各部分的意义及表示符号见表 3-15。

表 3-15　二极管和三极管型号中各部分的意义及表示符号

第一部分		第二部分		第三部分				第四部分	第五部分
用数字表示元器件电极的数目		用汉语拼音字母表示元器件的材料和极性		用汉语拼音字母表示元器件的类型				用数字表示元器件序号	用汉语拼音字母表示规格的区别代号
符号	意义	符号	意义	符号	意义	符号	意义		
2	二极管	A	N 型，锗材料	P	普通管	D	低频大功率管（f_α<3MHz，P_C≥1W）		
		B	P 型，锗材料	V	微波管				
		C	N 型，硅材料	W	稳压管				
		D	P 型，硅材料	C	参量管	A	高频大功率管（f_α≥3MHz，P_C≥1W）		
3	三极管	A	PNP 型，锗材料	Z	整流管				
		B	NPN 型，锗材料	L	整流堆				
		C	PNP 型，硅材料	S	隧道管	T	半导体闸流管（可控硅整流器）		
		D	NPN 型，硅材料	N	阻尼管				
		E	化合物材料	U	光电元器件	Y	体效应元器件		
				K	开关管	B	雪崩管		
				X	低频小功率管（f_α<3MHz，P_C<1W）	J	阶跃恢复管		
						CS	场效应元器件		
						BT	半导体特殊元器件		
				G	高频小功率管（f_α≥3MHz，P_C<1W）	FH	复合管		
						PIN	PIN 型管		
						JG	激光元器件		

例

（1）P型锗材料普通二极管；（2）N型硅材料稳压二极管

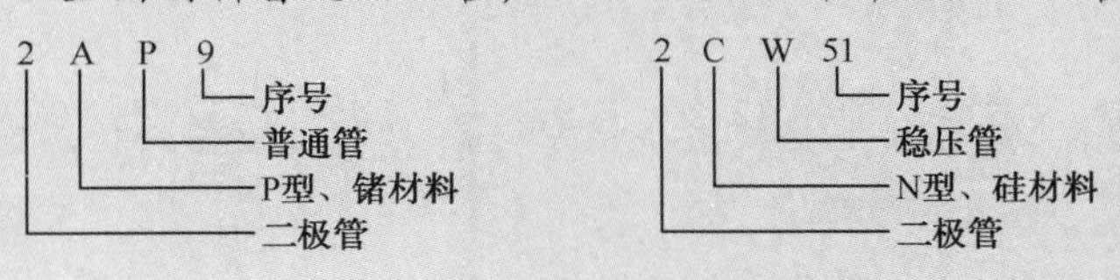

4．二极管的检测

用指针式万用表的 $R\times100$ 或 $R\times1\text{k}$ 挡测二极管的正、反向电阻，根据二极管的单向导电性可知，测得阻值小时与黑表笔相接的一端为正极；反之为负极。若二极管的正、反电阻相差越大，说明其单向导电性越好。若二极管正、反向电阻都很大，说明二极管内部开路；若二极管正、反电阻都很小，说明二极管内部短路。注意，不能用 $R\times1$ 挡（内阻小，电流太大）和 $R\times10\text{k}$ 挡（电压高）测试，否则有可能会在测试过程中损坏二极管。

5．常用二极管的特点（见表3-16）

表3-16　常用二极管的特点

名　　称	特　　点	名　　称	特　　点
整流二极管	能利用PN结的单向导电性，把交流电变成脉动的直流电	开关二极管	利用二极管的单向导电性，在电路中对电流进行控制，可以起到接通或关断的作用
检波二极管	把调制在高频电磁波上的低频信号检出来	发光二极管	是一种半导体发光元器件，在家用电器中常用于指示装置
变容二极管	它的结电容会随加到管子上的反向电压的大小而变化，利用这个特性取代可变电容器	高压硅堆	是把多只硅整流元器件的芯片串联起来，外面用塑料装成一个整体的高压整流元器件
稳压二极管	它是一种齐纳二极管，是利用二极管反向击穿时其两端的电压固定在某一数值且基本上不随电流的大小变化	阻尼二极管	多用于黑白或彩色电视机行扫描电路中的阻尼、整流电路里，它具有类似高频高压整流二极管的特性

做一做

（1）怎样判别一个二极管的极性、好坏与质量的优劣？

（2）填写所给晶体二极管型号中各项的意义。

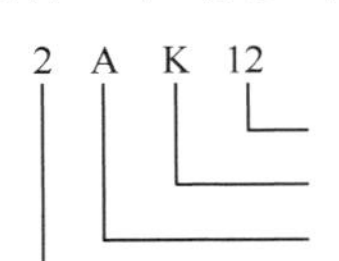

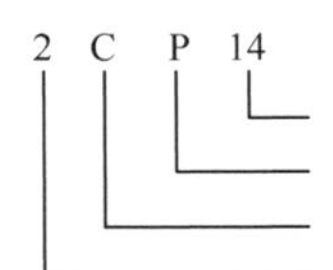

3.4.2 三极管

学习指南

注意理解三极管的结构、作用、分类和主要技术指标，熟悉常用三极管的标志与识别方法，学会三极管的检测方法。

1. 三极管的结构与分类

三极管又叫双极型三极管（因有两种载流子同时参与导电而得名），简称三极管。三极管具有电流放大作用，其实质是三极管能以基极电流微小的变化量来控制集电极电流较大的变化量。三极管是信号放大和处理的核心元器件，广泛用于电子产品中。

三极管是由两个相距很近的PN结组成的。它有3个区，即发射区、基区和集电区，各自引出一个电极称为发射极、基极和集电极，分别用字母e（E）、b（B）、c（C）表示。

根据内部3个区域半导体类型的不同，三极管可分为PNP型和NPN型两大类，其结构如图3-19所示。每个三极管内部都有两个PN结，发射区和基区之间的PN结称为发射结，集电区和基区之间的PN结称为集电结。

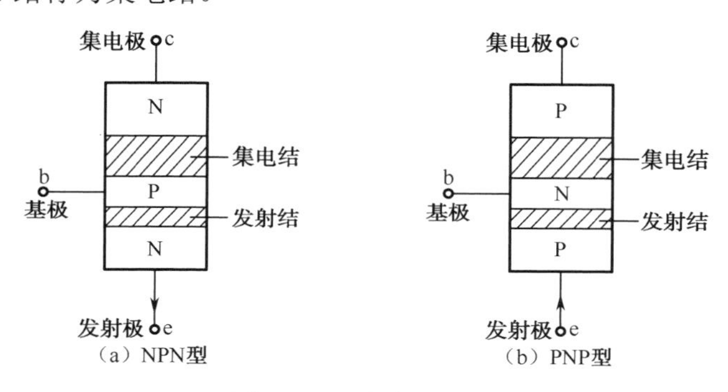

图3-19 三极管的结构

想一想

三极管的发射极与集电极能否互换使用？

三极管的分类如下。

（1）以内部3个区的半导体类型分类，有NPN型和PNP型。

（2）以工作频率分类，有低频管（f_α<3MHz）和高频管（$f_\alpha\geqslant$3MHz）。

（3）以功率分类，有小功率管（P_C<1W）和大功率管（$P_C\geqslant$1W）。

（4）以用途分类，有普通三极管和开关管等。

（5）以半导体材料分类，有锗和硅三极管等。

常见三极管的外形及电路符号如图3-20所示。

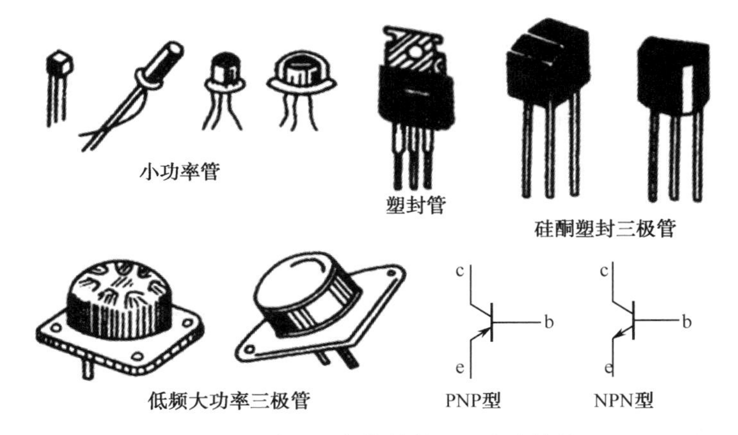

图 3-20 常见三极管的外形及电路符号

2. 三极管的型号与命名方法

三极管型号的命名及型号中各部分的意义、表示符号见表 3-15。

例

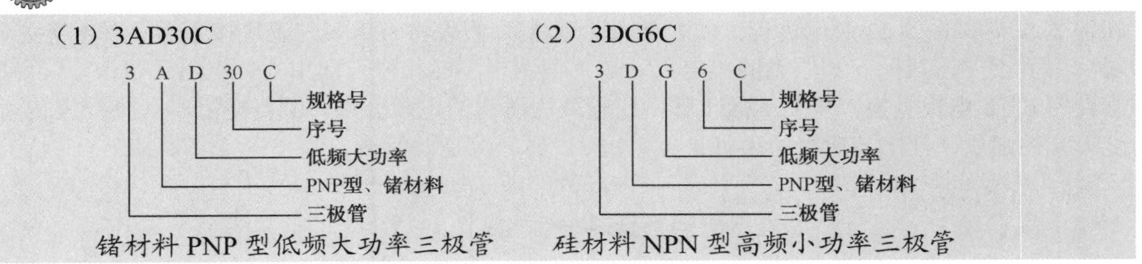

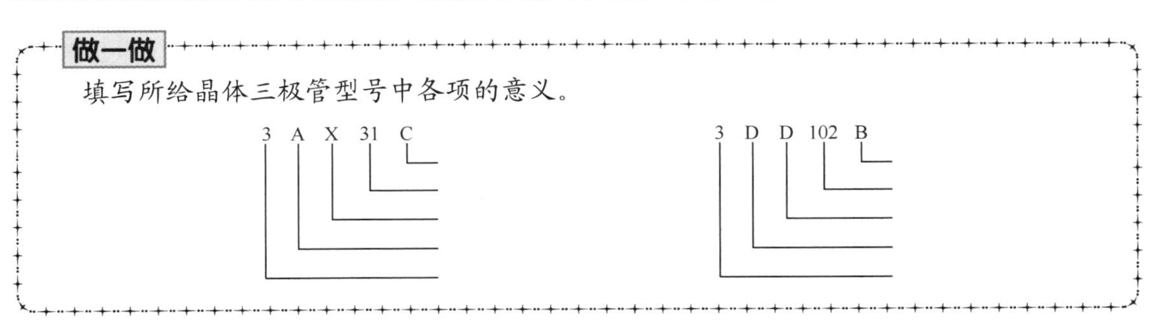

3. 三极管的主要技术参数

（1）交流电流放大系数。交流电流放大系数包括共发射极电流放大系数β和共基极电流放大系数α，它是表明三极管放大能力的重要参数。

（2）集电极最大允许电流 I_{CM}。集电极最大允许电流指放大器的电流放大系数明显下降时的集电极电流。

（3）集-射极间反向击穿电压 $V_{BR(ceo)}$。集-射间反向击穿电压指三极管基极开路时，集电极和发射极之间允许加的最高反向电压。

（4）集电极最大允许耗散功率 P_{CM}。集电极最大允许耗散功率指三极管参数变化不超过规定允许值时的最大集电极耗散功率。

除上述参数之外还有表明热稳定性、频率特性等性能的参数。

4．三极管的检测方法

（1）三极管类型和基极 b 的判别。判断三极管基极如图 3-21 所示，将指针式万用表置于 $R\times100$ 或 $R\times1\text{k}$ 挡，用黑表笔碰触某一极，红表笔分别碰触另外两极，若两次测量的电阻都小（或都大），黑表笔（或红表笔）所接引脚为基极 b，且为 NPN 型（或 PNP）。

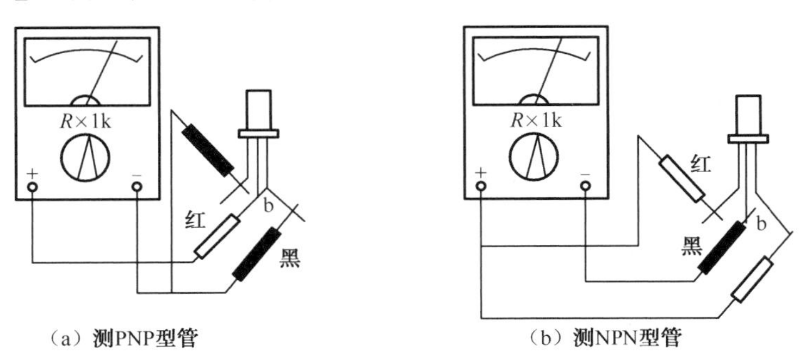

（a）测PNP型管　　（b）测NPN型管

图 3-21　判断三极管基极

（2）发射极 e 和集电极 c 的判别。若已判明基极和类型，任意设另外两个电极为 e、c 端。判别 c、e 时按图 3-22 所示进行。以 PNP 型管为例，假设将万用表红表笔接 c 端，黑表笔接 e 端，用手指捏住基极 b 和假设的集电极 c 端，但两极不能相碰（即用人体电阻代替 R）。再将假设的 c、e 电极互换，重复上面步骤，比较两次测得的电阻大小。测得电阻小（指针偏转角度大）的那次，红表笔所接的引脚是集电极 c，另一端是发射极 e。

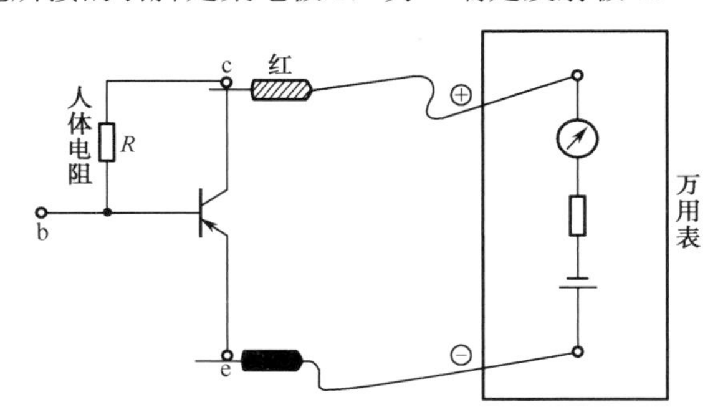

图 3-22　用万用表判别 PNP 型三极管的 c、e 极

（3）三极管性能的简易测试

① 测量极间电阻。测量三极管的极间电阻如图 3-23 所示，将万用表置于 $R\times100$ 或 $R\times1\text{k}$ 挡，按照红、黑表笔的 6 种不同接法进行测试。其中，发射结和集电结的正向电阻值比较低，其他 4 种接法测得的电阻值都很高。质量良好的中、小功率三极管，正向电阻一般为几百欧至几千欧，其余的极间电阻值都很高，约为几百千欧至无穷大。但不管是低阻还是高阻，硅材料三极管的极间电阻要比锗材料三极管的极间电阻大。

② 测量穿透电流 I_{CEO}。测量三极管 I_{CEO} 如图 3-24 所示。其中，图 3-24（a）为测 PNP 型管的接法，图 3-24（b）为测 NPN 型管的接法。万用表电阻挡量程一般选用 $R\times100$ 或 $R\times1\text{k}$ 挡，若 e、c 间的阻值越大，说明管子的 I_{CEO} 越小；反之，所测阻值越小，说明被测管的 I_{CEO} 越大。一般说来，中、小功率硅管、锗材料高频管及锗材料低频管，其阻值应分别在几百千欧、几

十千欧及十几千欧以上。如果阻值很小或测试时万用表指针来回晃动，则表明 I_{CEO} 很大，管子的性能不稳定。三极管的穿透电流 I_{CEO} 直接影响管子工作的稳定性，所以在使用中应尽量选用 I_{CEO} 小的管子。

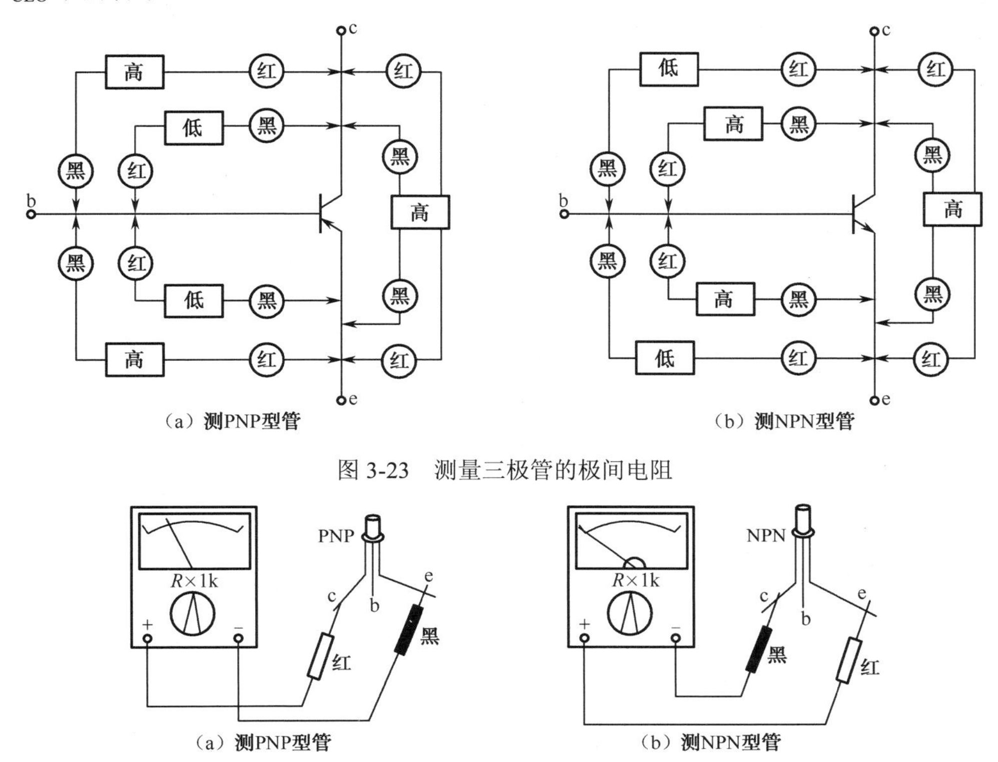

（a）测PNP型管　（b）测NPN型管

图 3-23　测量三极管的极间电阻

（a）测PNP型管　（b）测NPN型管

图 3-24　测量三极管 I_{CEO}

③ 测量放大能力β。测量三极管β值的简易方法如图 3-25 所示。其中，图 3-25（a）为测 PNP 型管的接法；图 3-25（b）为测 NPN 型管的接法。万用表置于 R×lk 挡。测试步骤：先将红、黑表笔按图 3-25 所示接好相应端子，然后将电阻 R 接入电路。此时，万用表指针应向右偏转，偏转的角度越大，说明被测管的放大倍数 β 越大。如果接上电阻 R 以后指针向右摆幅不大或者根本就停在原位不动，则表明管子的放大能力很差或已损坏。电阻 R 可采用 70～100kΩ的固定电阻，也可利用人体电阻，即用手捏住两端子 c、b（注意，c、b 间不能短接）来代替电阻 R。

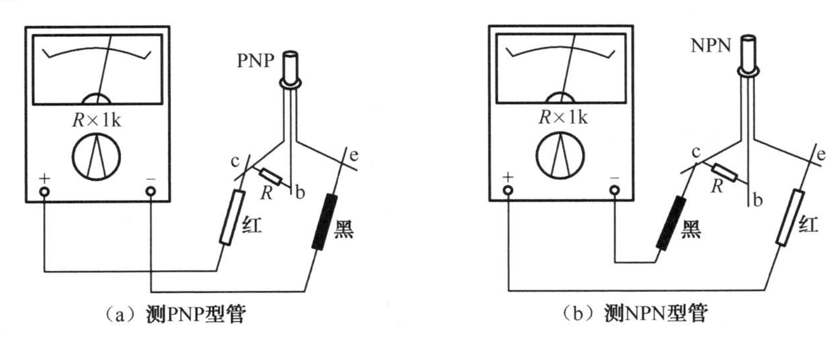

（a）测PNP型管　（b）测NPN型管

图 3-25　测量三极管β值的简易方法

上述方法的优点是简单易行，缺点是只能比较管子β的相对大小，而不能测出的β具体数值。

想一想

如何通过万用表判别三极管β值、热稳定性等的高低？

3.4.3 场效应晶体管

学习指南

理解场效应晶体管的结构、特点、分类和主要技术指标，了解场效应管的应用注意事项，学会场效应管的检测方法。

1．场效应晶体管概述

场效应晶体管（FET）为单极（只有一种载流子参与导电）型三极管，简称场效应管，它属于电压控制型半导体元器件，与普通三极管相比较，场效应管具有输入阻抗很高，噪声低、动态范围大、功耗小、没有二次击穿现象、安全工作区域宽、成本低和易于集成等特点。用场效应晶体管制作的集成电路广泛用于数字电路、计算机相关设备、通信设备和仪器仪表等电子产品之中。

2．场效应晶体管的结构与分类

场效应管分结型场效应管和金属-氧化物-绝缘栅场效应管（简称 MOSFET 管或 MOS 管）两类，有 3 个电极，分别为源极（S）、栅极（G）与漏极（D）。

（1）结型场效应管：只有 N 沟道与 P 沟道耗尽型两种，其结构如图 3-26 所示，其电路符号如图 3-28（a）、（b）所示。

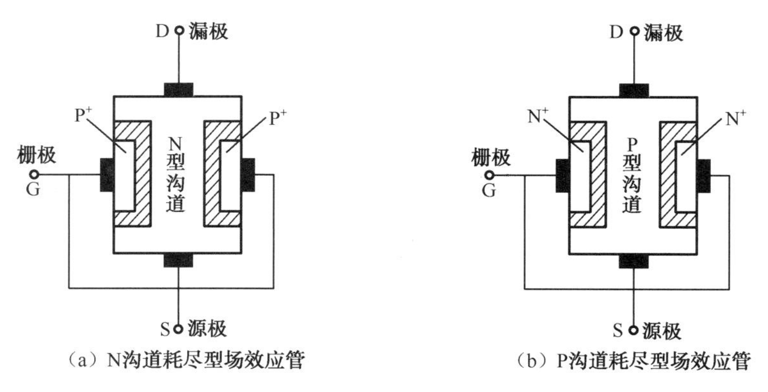

图 3-26　结型场效应管的结构

（2）MOS 场效应管：分 N 沟道、P 沟道与增强型、耗尽型 4 种。其中，MOS 场效应管的结构如图 3-27 所示，其电路符号如图 3-28（c）、（d）、（e）、（f）所示。

场效应管的电路符号如图 3-28 所示，图 3-28（a）是 N 沟道结型场效应管；图 3-28（b）是 P 沟道结型场效应管；图 3-28（c）是 N 沟道增强型绝缘栅管；图 3-28（d）是 N 沟道耗尽型绝缘栅管；图 3-28（e）是 P 沟道增强型绝缘栅管；图 3-28（f）是 P 沟道耗尽型绝缘栅管。

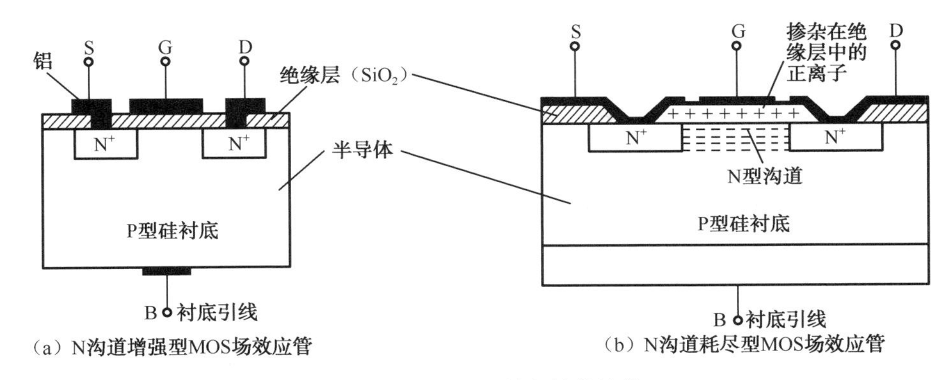

图 3-27　MOS 场效应管的结构

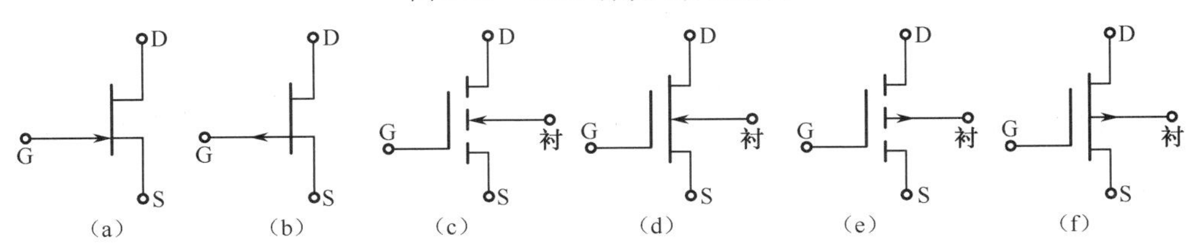

图 3-28　MOS 场效应管的电路符号

结型场效应管和 MOS 场效应管中，每一种又分为 N 沟道和 P 沟道，MOS 场效应管又分为增强型和耗尽型。结型场效应管（JFET）因有两个 PN 结而得名，MOS 场效应管因栅极与其他电极完全绝缘而得名。在实际电路系统中应用广泛的有 MOS、PMOS、NMOS 管和 VMOS 功率场效应管等。

3．场效应管的主要技术参数

场效应管的主要技术参数有夹断电压 U_P（结型场效应管）、开启电压 U_T（MOS 场效应管）、饱和漏极电流 I_{DSS}、直流输入电阻、跨导、噪声系数和最高工作频率等。

1）直流参数

饱和漏源电流 I_{DSS}：是指结型或耗尽型绝缘栅场效应管中，栅极电压 $U_{GS}=0$ 时的漏源电流。

夹断电压 U_P：是指结型或耗尽型绝缘栅场效应管中，使漏源间刚截止时的栅极电压。

开启电压 V_T：增强型场效应管的参数。

输入电阻 R_{GS}（DC）：因 $i_G=0$，所以输入电阻很大。结型场效应管的 $R_{GS}>10^7\Omega$，MOS 场效应管的 $R_{GS}>10^{12}\Omega$。

2）交流参数

低频跨导（互导）g_m：跨导 g_m 反映了栅源电压对漏极电流的控制能力，且与工作点有关，是转移特性曲线上过 Q 点切线的斜率，g_m 的单位是 mS。

交流输出电阻 r_{ds}：r_{ds} 反映了漏源电压对漏极电流的影响程度，在恒流区内，是输出特性曲线上过 Q 点的切线斜率的倒数，其值一般为几十千欧。

3）极限参数

最大漏源电压 $V_{(BR)DS}$：漏极附近发生雪崩击穿时的 V_{DS}。

最大栅源电压 $V_{(BR)GS}$：栅极与源极间 PN 结的反向击穿电压。

最大耗散功率 P_{DM}：同三极管的 P_{CM} 相似，当超过 P_{DM} 时，管子可能烧坏。

漏源击穿电压 BU_{DS}：是指栅源电压 U_{GS} 一定时，场效应管正常工作所能承受的最大漏源电压，加在场效应管上的工作电压必须小于 BU_{DS}。

最大耗散功率 P_{DSM}：是指场效应管性能不变坏时所允许的最大漏源耗散功率。使用时，场效应管实际功耗应小于 P_{DSM} 并留有一定余量。

最大漏源电流 I_{DSM}：是指场效应管正常工作时，漏源间所允许通过的最大电流，场效应管的工作电流不应超过 I_{DSM}。

4．场效应管的检测方法

（1）结型场效应管与 MOS 场效应管的判断：一般用指针式万用表的电阻挡检测，将万用表置于 $R\times1k$ 挡或 $R\times100$ 挡测 G、S 引脚间的阻值，若正、反向电阻都很大近乎不导通，则此管为绝缘栅型场效应管；若电阻值呈 PN 结的正、反向阻值，此管为结型场效应管。

（2）结型场效应管 3 个电极的判断：将万用表的黑表笔（或红表笔）任意接触一个电极，另一只表笔顺次去接触其余的两个电极，测其电阻值。当涌现两次测得的电阻值近似相等时，则黑表笔所接触的电极为栅极，其余两电极分别为漏极 D 和源极 S。若两次测出的电阻值均很大，说明是反向 PN 结，即都是反向电阻，可以判定是 N 沟道场效应管，且黑表笔接的是栅极；若两次测出的电阻值均很小，说明是正向 PN 结，即都是正向电阻，判断为 P 沟道场效应管，黑表笔接的也是栅极 G。

想一想

结型场效应晶体管的 D、S 极能否互换使用？为什么？MOS 场效应管的 D、S 极能否互换使用？为什么？

5．场效应管使用注意事项

MOS 场效应管在使用时应注意分类，不能随意互换。MOS 场效应管由于输入阻抗高（包括 MOS 集成电路）极易被静电击穿，使用时应注意以下事项。

（1）MOS 元器件出厂时通常装在黑色的导电泡沫塑料袋中，切勿自行随便拿一个塑料袋装。

（2）MOS 场效应管由于输入阻抗极高，所以在运输、储藏中应将 3 个引出电极短路，要用金属屏蔽包装或用锡纸包装，以防止外来感应电势将栅极击穿。尤其要注意，不能将 MOS 场效应管放入塑料盒子内，保留时最好放在金属盒内，同时也要注意 MOS 场效应管的防潮。

（3）为防止电烙铁微小的漏电损坏管子，焊接用的电烙铁必须良好接地或断开电源用余热焊接。

（4）在焊接前应把电路板的电源线与地线短接，待 MOS 元器件焊接完成后再分开。

（5）MOS 元器件各引脚的焊接顺序是漏极、源极、栅极。拆下时顺序相反。

（6）不能用万用表测 MOS 场效应管的各极，检测 MOS 场效应管要用测试仪。

（7）MOS 场效应管的栅极在允许条件下最好接入保护二极管。在检修电路时应注意查证原有的保护二极管是否损坏。

（8）由于场效应管输入阻抗很高，很容易造成静电击穿损坏。使用 MOS 场效应管时应特别注意栅极的保护（任何时候不得悬空）。

（9）为了安全使用场效应管，在电路设计中不能超过场效应管的耗散功率、最大漏源电压、最大栅源电压和最大电流等参数的极限值。

（10）为了预防场效应管栅极感应击穿，所有测试仪器、工作台、电烙铁、线路自身都必须有良好的接地；引脚在焊接时，先焊源极；在连入电路之前，场效应管的全体引线端保持

相互短接状况，焊接完后才把短接材料去掉；从元器件架上取下场效应管时，应以恰当的方法确保人体接地，如采取接地环等；在未关断电源时，不可以把场效应管插入电路或从电路中拔出。

（11）在装置场效应管时，注意安装的位置要尽量防止凑近发热元器件；为了防止管件振动，有必要将管壳体紧固起来；引脚引线在曲折时，应该在大于根部尺寸 5mm 处进行，以避免弯断引脚等。

对于功率型场效应管，要有良好的散热条件。因为功率型场效应管在高负荷前提下运用，必须设计足够的散热器，确保壳体温度不超过额定值，使元器件长期稳定牢靠地工作。

3.4.4　特殊半导体元器件

学习指南

理解单结晶体管、晶闸管的结构、作用、主要技术指标，了解单结晶体管、晶闸管的识别知识，学会其检测方法。

1．单结晶体管

单结晶体管有一个 PN 结（所以称为单结晶体管）和 3 个电极（一个发射极和两个基极），所以又称为双基极二极管。单结晶体管的外形与三极管相似，也有 3 只引脚，其中一个是发射极（e），另外两个是基极（b1 和 b2）。因其特殊的内部结构而具有负阻特性，广泛应用于振荡电路、定时电路及其他电路中，具有电路结构简单、热稳定性好等优点。

单结晶体管的结构、等效电路及电路符号如图 3-29 所示。

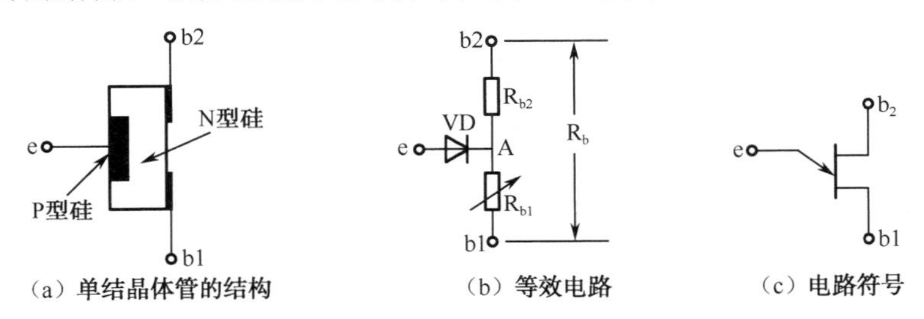

（a）单结晶体管的结构　（b）等效电路　（c）电路符号

图 3-29　单结晶体管的结构、等效电路及电路符号

例

型号为 BT33E 的单结晶体管的各项意义如下。

B T 3 3 E

- E — 规格号
- 3 — 耗散功率
- 3 — 三个电极
- T — 特种管
- B — 半导体

想一想

单结晶体管能否作为放大元器件使用？为什么？

2. 晶闸管

晶闸管又称可控硅（SGR），其特点是耐压高、容量大、效率高、寿命长及使用方便，可用微小信号对大功率电源等进行控制和变换，在电路中能够实现交流电的无触点控制，以小电流控制大电流。晶闸管有单向、双向、可关断、快速、光控晶闸管等。目前应用最多的是单向、双向晶闸管。晶闸管的结构及电路符号如图 3-30 所示。

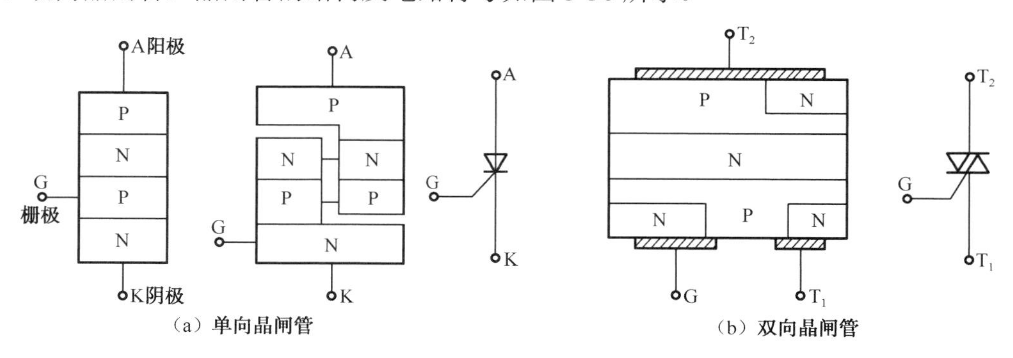

图 3-30 晶闸管的结构及电路符号

1）单向晶闸管

（1）结构及特点。单向晶闸管是 P-N-P-N 四层 3 个 PN 结半导体结构，共有 3 个电极，由最外层的 P 区和 N 区引出两个电极，分别称为阳极（A）和阴极（K），由中间的 P 区引出一个控制极（G），如图 3-29（a）所示。用一个正向的触发信号触发它的控制极度（G），一旦触发导通，即使触发信号停止作用，晶闸管仍然维持导通状态。要想关断，只有把阳极电压降低到某一临界值或者反向。

（2）极性及好坏的检测。万用表选电阻 R×10 或 R×100 挡，用红、黑两表笔分别测任意两引脚间正反向电阻直至找出读数为数十欧的一对引脚，此时黑表笔的引脚为控制极 G，红表笔的引脚为阴极 K，另一空脚为阳极 A。此时将黑表笔接阳极 A，红表笔仍接阴极 K，万用表指针应不动。用短线瞬间短接阳极 A 和控制极 G，此时万用表电阻挡指针应向右偏转，阻值读数为 10Ω左右。如阳极 A 接黑表笔，阴极 K 接红表笔时，万用表指针发生偏转，说明该单向晶闸管已损坏。

想一想

如何使用万用表快速判别单向晶闸管的好坏？

2）双向晶闸管

双向晶闸管在电路中主要用来进行交流调压、交流开关、可逆直流调速等。

（1）结构及特点。双向晶闸管是 N-P-N-P-N 型五层的半导体结构，等效于两个反向并联的单向晶闸管，如图 3-29（b）所示。它也有 3 个电极：第一阳极（T_1）、第二阳极（T_2）与控制极（G）。双向晶闸管的第一阳极（T_1）和第二阳极（T_2）无论加正向电压或反向电压，都能触发导通。与单向晶闸管一样，一旦触发导通，即使触发信号停止作用，双向晶闸管仍然维持导通状态。

（2）电极 T_2 的判断。由图 3-29（b）可知，G 极与 T_1 极靠近。与 T_2 极距离较远。因此，G-T_1 极之间的正、反向电阻都很小（仅为几十欧），而 G-T_2、T_1-T_2 极之间的正、反向电阻均

较大。如果测出某极和任意两极之间的电阻呈现高阻，则一定是 T_2 极（个别管子 G-T_2 与 G-T_1 间电阻相差不大，只要确定控制极 G 即可）。

（3）双向晶闸管的检测方法

用万用表电阻 $R\times10$ 或 $R\times100$ 挡，用红、黑两表笔分别测任意两引脚间正反向电阻，结果是两组读数为无穷大。若一组为数十欧时，该组红、黑表所接的两引脚为第一阳极 T_1 和控制极 G，另一空脚即为第二阳极 T_2。确定 T_1、G 极后，再细心测量 T_1、G 极间正、反向电阻，读数较小的那次测量的黑表笔所接的引脚为 T_1，红表笔所接引脚为控制极 G。将黑表笔接已断定的 T_2，红表笔接 T_1，此时万用表指针不应发生偏转，阻值为无穷大。再用短接线将 T_2、G 极霎时短接，给 G 极加上正向触发电压，T_2、T_1 间阻值约 10Ω左右。随后断开 T_2、G 间的短接线，万用表读数应坚持 10Ω左右。调换红、黑表笔接线，红表笔接 T_2，黑表笔接 T_1。同样万用表指针应不产生偏转，阻值为无穷大。用短接线将 T_2、G 极间再次瞬间短接，给 G 极加上负的触发电压，T_1、T_2 间的阻值也是 10Ω左右。随后断开 T_2、G 极间的短接线，万用表读数应不变，保持在 10Ω左右。

想一想

双向晶闸管能否当单向晶闸管使用？为什么？

3.4.5　光电元器件

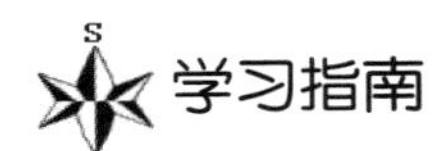

注意了解发光二极管、光电管和光耦合器的作用与特性，熟悉它们的标志与识别方法，学会其的检测方法。

光电元器件的种类繁多，常用的有发光二极管、光电管和光耦合器等。

1. 发光二极管

1）发光二极管的组成结构

发光二极管是由磷化镓（GaP）或磷砷化镓（GaAsP）等半导体材料制成的，能直接将电能转变为光能。发光二极管包括可见光、不可见光、激光等不同类型，发光二极管的发光颜色取决于所用材料，目前有黄、绿、红、橙等颜色。它可以制成长方形、圆形等各种形状。图 3-31（a）为发光二极管外形结构，图 3-31（b）为发光二极管电路符号，也用字母“LED”表示。

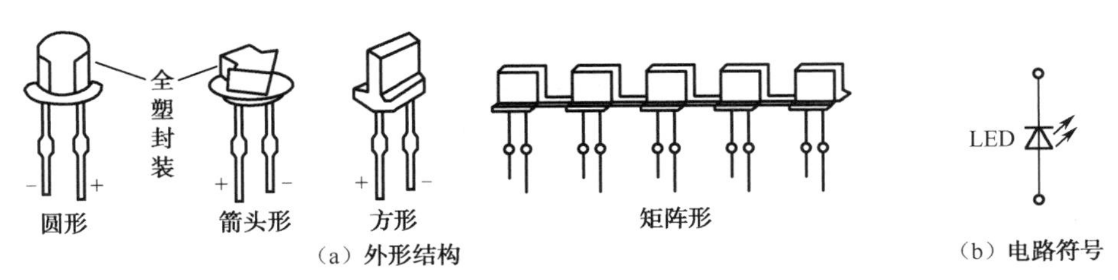

图 3-31　发光二极管外形及电路符号

2）发光二极管的特性与用途

发光二极管与普通二极管一样具有单向导电性，只有外加的正向电压使得正向电流足够大时才发光，它的开启电压比普通二极管大，红色的在 1.6～1.8V 之间，绿色的约为 2V。正向电流越大，发光越强。由于它具有体积小、色彩艳丽、响应速度快、抗震动、寿命长等优点，可作为导航灯泡，也可用于各种电子仪器的工作状态指示和数字显示。

发光二极管使用时应注意如下几点。

（1）不要超过最大功率、最大正向电流和反向击穿电压等参数。

（2）若用电源驱动，要注意选择好限流电阻，以限制流过发光二极管的正向电流。

（3）交流驱动时，为防止反向击穿，可并联整流二极管进行保护。

3）发光二极管电极的识别与检测方法

发光二极管的正、负极可以通过查看引脚（电极长的为正极）或内芯结构来识别。

检测发光二极管正、负极和性能与普通二极管原则相似。对于低压发光二极管（正向导通电压小于 1.5V）要用万用表 R×1 挡检测，当黑表笔接正极、红表笔接负极时，发光二极管会发出微弱的光，表明发光二极管是好的；对于非低压发光二极管，由于其正向导通电压大于 1.8V，而万用表大多用 1.5V 电池（R×10k 挡除外），无法使发光二极管导通，测量其正、反向电阻均为∞或很大，难以判断管子的好坏。此时要用 R×10k 挡（内装 9V 或 9V 以上电池）万用表来进行测量，用 R×10k 挡测正向电阻，用 R×1k 挡测反向电阻。

想一想

发光二极管在电路中能否作为整流二极管使用？为什么？

2. 光电二极管和光电三极管

光电二极管和光电三极管均为红外线接收管。这类管子能把光能转变成电能，主要用于各种控制电路，如红外线遥感、光纤通信、光电转换器等。

（1）光电二极管：又叫光敏二极管，是远红外线接收管，其构成和普通二极管相似，不同点在于管壳上有入射光窗口，可以将接收到的光线强度的变化转换成为电流的变化。图 3-32（a）为光电二极管外形结构，图 3-32（b）为光电二极管电路符号。在无光照时，与普通二极管一样，具有单向导电性。外加正向电压时，电流与端电压呈指数关系。当施加反向工作电压时，无光照射，反向电阻较大，反向电流较小；有光照射时，反向电流将随光照强度的改变而改变，光照强度越大，反向电流越大，大多数情况都工作在这种状态。另一种工作状态是光电二极管上不施加电压，利用 PN 结在受光照射时产生正向电压的原理，把它当作微型光电池。这种工作状态一般用于光电检测器。

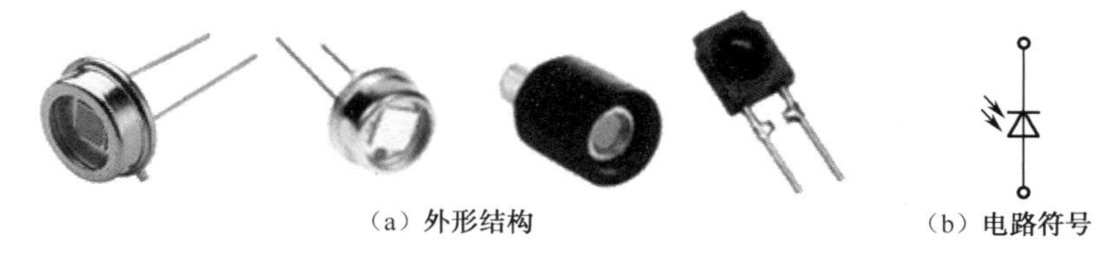

（a）外形结构　（b）电路符号

图 3.32　光电二极管外形及电路符号

光电二极管有 4 种类型，即 PN 型、PIN 结型、雪崩型和肖特基结型，用得较广的是 PN 结型。

光电二极管的检测：光电二极管的正向电阻约为 10kΩ左右，用指针万用表 R×1k 挡测试。在无光照情况下，反向电阻为∞，说明管子是好的；有光照时，反向电阻随光照强度的增加而减少，阻值可达几千欧或 1kΩ以下，说明此管是好的。若正反向电阻都是无穷大或为零，

则表明管子是坏的。

想一想

光电二极管与发光二极管的性能、用途有何不同？如何加以区分？

（2）光电三极管：光电三极管也是靠光的照射来控制电流的元器件，其功能可等效为一个光电二极管和一个三极管的相连，一般只引出集电极和发射极，所以具有放大作用。

光电三极管通常用硅材料制造，其外形和发电二极管相似。有的基极也引出，用于温度补偿。图 3-33（a）为光电三极管外形结构，图 3-33（b）为光电三极管电路符号。

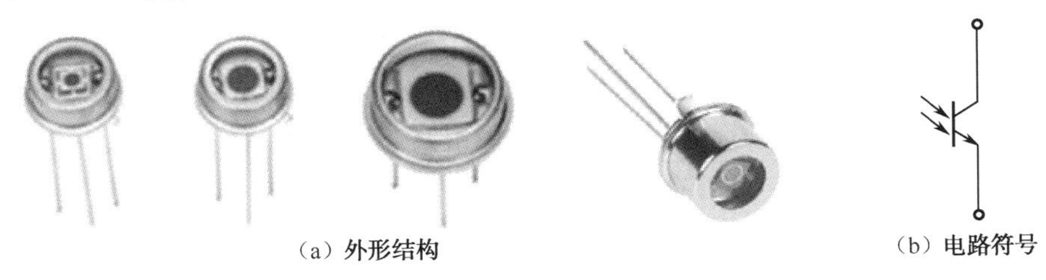

（a）外形结构　　（b）电路符号

图 3-33　光电三极管外形及电路符号

光电三极管可以用万用表 $R\times 1\text{k}$ 挡测试。用黑表笔接 C 极，红表笔接 E 极，无光照射时，电阻为∞；有光照射时，阻值减少到几千欧或 1kΩ以下。若将表笔对换，无论有无光照，阻值均为∞。光电三极管的简易测试方法见表 3-17。

表 3-17　光电三极管简易测试方法

	接法	无光照	在白炽灯光照下
测电阻 $R\times 1\text{k}$	黑表笔接 c，红表笔接 e	指针微动接近∞	随光照变化而变化，光照强度增大时，电阻变小，可达几千欧姆至 1kΩ以下
	黑表笔接 e，红表笔接 c	电阻为∞	电阻为∞（或微动）
测电流 50μA 或 0.5mA 挡	电流表串在电路中，工作电压为 10V	小于 0.3μA（用 50μA 挡）	随光照增加而加大，在零点几毫安至 5mA 之间变化（用 5mA 挡）

想一想

光电三极管能否用于电信号的放大？如果能够，如何从电路构成上加以实现？

3．光耦合器

光耦合器是以光为媒介传输电信号，能实现“电→光→电”的转换，广泛用于电气隔离、电平转换、级间耦合、开关电路、脉冲放大、固态继电器和微型计算机接口电路中。光耦合器通常是由一只发光二极管和一只受光控的光敏晶体管（常见为光敏三极管）组成的。光耦合器的外形结构如图 3-34（a）所示，其电路符号如图 3-34（b）所示。常见的光耦合器有管式、双列直插式等封装形式。

光耦合器的工作过程：光敏三极管的导通与截止，是由发光二极管所加正向电压控制的。当发光二极管加上正电压时，发光二极管有电流通过并发光，使光敏三极管内阻减少而导通；反之，当发光二极管不加正向电压或所加正向电压很小时，发光二极管中无电流通过或通过电流很小，发光强度减弱，光敏三极管的内阻增大而截止。通过“电→光→电”的过程，实现了输入电信号与输出电信号间既可用光来传输，又可通过光来隔离，从而提高了电路的抗干扰能力。

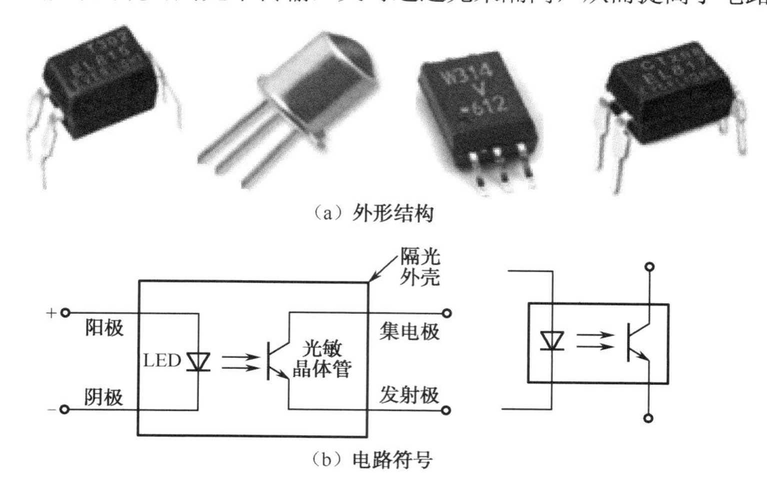

（a）外形结构

（b）电路符号

图 3-34　光耦合器外形及电路符号

由于光耦合器的发射管和接收管是独立的，因此可以用万用表分别进行检测。输入部分和检测发光二极管相同，输出部分与受光元器件的类型有关，如果输出部分是光电二极管和光电三极管，则可按光电二极管、光电三极管的检测方法进行测量。

想一想

光耦合器与光电三极管在性能、用途上有何不同？举例说明如何正确选用。

任务 3.5　集成电路（IC）

任务引入

集成电路是具有特定功能的电子电路，是电子产品中的核心元器件。要了解电子产品的特点，就必须熟悉所使用的集成电路的种类、特点、技术指标和功能等，了解不同集成电路的标志、封装与技术特点，学会其好坏的检测方法。

集成电路是利用半导体工艺或厚薄膜工艺（或者这些工艺的结合）将电路的有源器件（三极管、场效应管等）、无源器件（电阻器、电容器等）及其连线制作在半导体基片上或绝缘基片上，形成具有特定功能的电路，并封装在管壳之中，英文缩写为 IC，俗称芯片。集成电路与分立元器件电路相比，具有体积小、重量轻、功耗低、成本低、可靠性高、性能稳定等优点，广泛应用于电子产品中。

3.5.1　集成电路的种类

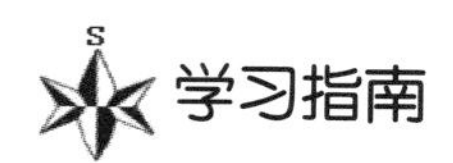

学习指南

注意了解集成电路的分类方法及性能特点。

（1）按照制作工艺分类：可分为半导体集成电路、薄膜集成电路、厚膜集成电路和混合集成电路四类。

① 半导体集成电路采用半导体工艺技术，在硅片上制作电阻、电容、二极管和三极管等元器件。

② 薄膜、厚膜集成电路是在玻璃或陶瓷等绝缘基体上制作元器件，其中薄膜集成电路膜厚在 1μm 以下，而厚膜集成电路膜厚为 1～10μm。

③ 混合集成电路由半导体集成工艺和薄、厚膜工艺结合而成。

（2）按照功能分类：可分为模拟集成电路、数字集成电路和微波集成电路。

① 模拟集成电路。以电压和电流为模拟量进行放大、转换、调制的集成电路称为模拟集成电路。模拟集成电路的精度高、种类多、通用性小。模拟集成电路分线性和非线性集成电路两种。其中线性集成电路包括直流运算放大器、音频放大器等。非线性集成电路包括模拟乘法器、比较器、A/D（或 D/A）转换器。

② 数字集成电路。以“开”和“关”两种状态或以高、低电平来对应“1”和“0”二进制数字量，并进行数字的运算、存储、传输及转换的集成电路称为数字集成电路。与模拟集成电路相比，数字集成电路的工作形式简单、种类较少、通用性强、对元器件精度要求不高。数字集成电路已经广泛应用于计算机、自动控制和数字通信系统中。

数字集成电路包括触发器、存储器、微处理器和可编程元器件。其中存储器包括随机存储器（RAM）和只读存储器（ROM）；可编程元器件包括 EPROM（可编程只读存储器）、E^2PROM（电可擦写可编程只读存储器）、PLD（可编程逻辑元器件）、EPLD（可擦写的可编程逻辑元器件）、FPGA（现场可编程门阵列）等。可编程元器件可用编程的方法实现系统所需的逻辑功能，使数字系统的设计变得更加灵活而快捷。

③ 微波集成电路。工作在 100MHz 以上微波频段的集成电路，称为微波集成电路。它是利用半导体和薄、厚膜技术，在绝缘基片上将有源、无源元器件和微带传输线或其他特种微型波导联系成一个整体构成微波电路。微波集成电路具有体积小、重量轻、性能好、可靠性高和成本低等特点，在微波测量、微波地面通信、导航、雷达、电子对抗和宇宙航行等领域得到了广泛应用。

（3）按集成规模分类：可分为小规模（SSI）、中规模（MSI）、大规模（LSI）及超大规模（VLSI）集成电路四类。

① 小规模 IC（SSI）：指单块基片上包含 10～100 个元器件或 10 个逻辑门以下的集成电路。

② 中规模 IC（MSI）：指单块基片上包含 100～1000 个元器件，或 10～100 个逻辑门的集成电路。

③ 大规模 IC（LSI）：指单块基片上包含 1000～10^5 个元器件，或 100～5000 个逻辑门的集成电路。

④ 超大规模 IC（VLSI）：指单块基片上包含 10^5 个以上元器件，或超过 5000 个逻辑门集成电路。

（4）按电路中晶体管的类型分类：可分为双极型和单极型集成电路两类。双极型集成电路工作速度快，但功耗较大，制造工艺复杂，如 TTL（晶体管-晶体管逻辑）集成电路和 ECL（高速逻辑）集成电路。单极型集成电路工艺简单、功耗小，但工作速度慢，如 CMOS、PMOS 和 NMOS 集成。

除此之外，还有混合分类法，即按照制造工艺及功能综合考虑进行分类。

3.5.2 集成电路的封装

学习指南

注意了解集成电路的封装形式，熟悉集成电路引脚的标志与识别方法。

封装形式是指安装半导体集成电路芯片用的外壳。它不仅起着安装、固定、密封、保护芯片等方面的作用，而且还通过芯片上的接点用导线连接到封装外壳的引脚上，这些引脚又通过印制电路板上的导线与其他元器件相连接。衡量一个芯片封装技术先进与否的重要指标是芯片面积与封装面积之比，这个比值越接近 1 越好。集成电路的封装材料及外形有多种，最常用的封装材料有塑料、陶瓷和金属三种类型。

（1）金属封装：金属封装的特点是散热性好，可靠性高，但安装使用不方便，成本高。一般高精密度集成电路或大功率元器件均以此形式封装。按国家标准有 T 和 K 型两种。

（2）陶瓷封装：陶瓷封装的特点是散热性差，但体积小、成本低。陶瓷封装的形式可分为扁平型和双列直插式型。

（3）塑料封装：塑料封装的特点是安装使用方便，成本低，使用最广泛，但耐热性差。

（4）集成电路常见的封装形式见表 3-18。

表 3-18　集成电路常见的封装形式

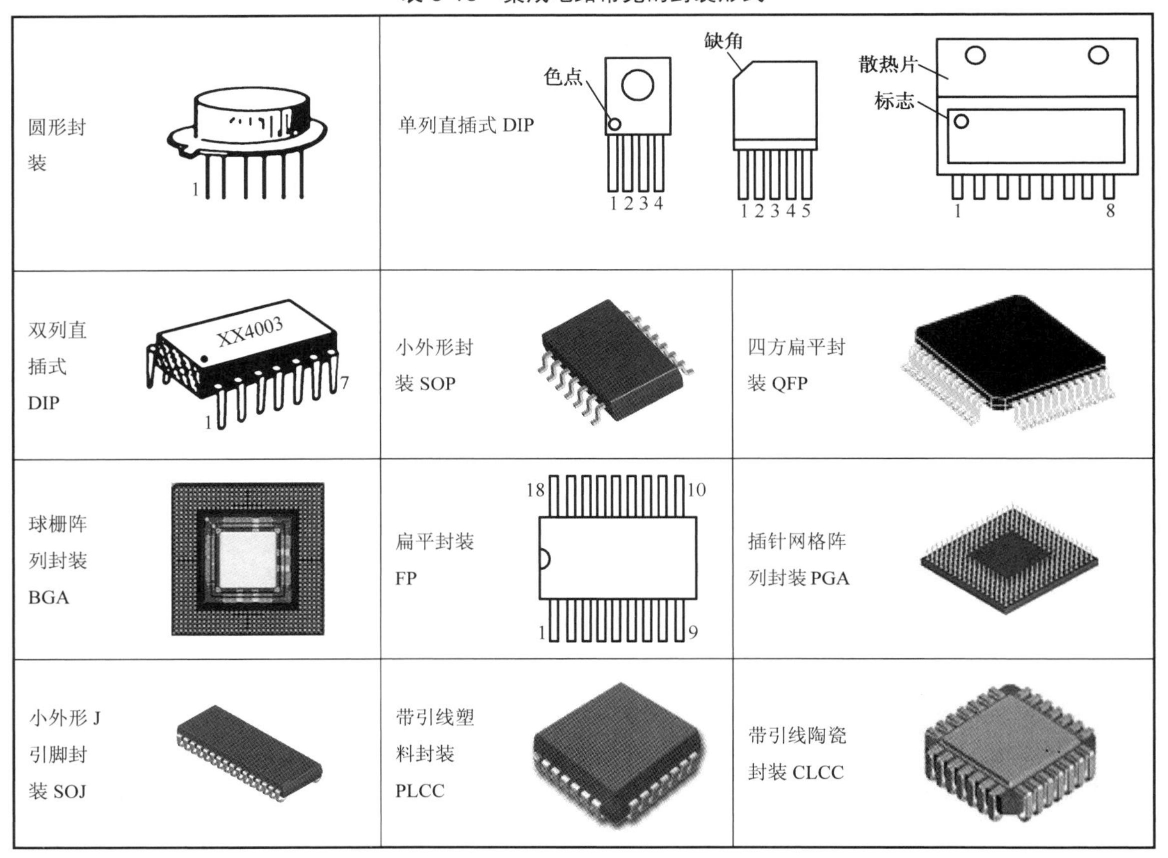

圆形封装	单列直插式 DIP	
双列直插式 DIP	小外形封装 SOP	四方扁平封装 QFP
球栅阵列封装 BGA	扁平封装 FP	插针网格阵列封装 PGA
小外形 J 引脚封装 SOJ	带引线塑料封装 PLCC	带引线陶瓷封装 CLCC

集成电路的封装形式很多，表 3-18 中的每一种是该封装系列的典型代表，使用、识别时要查看具体该产品的详细介绍。

想一想

集成电路的封装形式对电路 PCB 的设计、集成电路的代换等有何实际意义？

3.5.3　集成电路的使用常识

了解集成电路引脚的标识方法，熟悉引脚序号的识别方法，学会集成电路离线、在线检测方法。

1．引脚识别

（1）圆形封装。圆形封装将管底对准集成电路，从管键开始顺时针读引脚序号（现应用较少）。

（2）单列直插式封装（SIP）。单列直插式封装以正面（印有型号商标的一面）朝集成电路，引脚朝下，以缺口、凹槽或色点作为引脚参考标记，引脚编号顺序一般从左到右排列。

（3）双列直插式封装（DIP）或四边带引脚的扁平型封装（UFP）。双列直插式封装的一般规律是：集成电路引脚朝上，以缺口或色点等标记为参考标记，引脚编号按顺时针方向排列。如果集成电路引脚朝下，以缺口或色点等标记为参考标记，则引脚按逆时针方向排列。

（4）三脚封装。三脚封装主要是稳压集成电路，一般规律是正面（印有型号商标的一面）朝向集成电路，引脚编号顺序为自左向右方向。

除此之外，也有一些引脚方向排列较为特殊的集成电路，它们主要是为了使印制电路板上的电路排列对称而特别设计的，应引起注意。

2．集成电路的检测方法

（1）离线电阻测量法：对于完好的集成电路，各电极对公共接地电极的直流电阻值在一定范围内，可以此为参考值，对被测集成电路进行检测判断。

（2）在线静态电压测量法：以生产厂家提供的典型应用电路中各电极的静态工作电压为参考值，将被测集成电路通过管座接入电路，加电测量，比较测量结果加以判断。

3．使用注意事项

（1）使用前应对集成电路的功能、内部结构、电特性、外形封装及与该集成电路相连接的电路进行全面的分析和理解，实际承受的各项电性能参数不得超出该集成电路所允许的最大使用范围。

（2）安装集成电路时要注意方向，不同型号间互换时更要注意。

（3）焊接集成电路时，不得使用大于 45W 的电烙铁，每次焊接时间不得超过 10s，以免损坏电路或影响电路性能。集成电路引出线间距较小，在焊接时不得相互锡焊，以免造成短路。

（4）焊接 CMOS 集成电路时，要采用漏电流小的电烙铁或焊接时暂时拔掉电烙铁电源；操作者的工作服、手套等应由无静电的材料制成；直流电源的接地端子要可靠接地。另外，存储 CMOS 集成电路时，必须将集成电路放在金属盒内或用金属箔包装起来。

（5）正确处理好空引脚，遇到空引脚时，不应擅自接地，有些引脚是更替或备用引脚，有时也作为内部连接使用。CMOS 电路不用的输入端不能悬空。

（6）注意引脚承受的应力与引脚间的绝缘。

（7）功率集成电路要备有足够的散热器，并尽量远离热源。

（8）切忌带电插拔集成电路。

（9）集成电路及其引线应远离脉冲高压源。

（10）防止感性负载的感应电动势击穿集成电路，可在集成电路相应引脚接入保护二极管，以防止过压击穿。注意供电电源的极性和稳定性，可在电路中增设诸如二极管组成的保证电源极性正确的电路和浪涌吸收电路等。

想一想

（1）检测集成电路时，应注意什么问题？

（2）安装集成电路时，应注意什么问题？

（3）焊接集成电路时，应注意哪些问题？

（4）在电路板上拆下集成电路时，应注意哪些问题？

任务 3.6　电声元器件及磁头

任务引入

电声元器件及磁头主要用于电子音像产品中，主要用于实现电声信号、磁电信号的相互转换，要学会这些元器件的识别与简易检测方法。

在电路中用于完成电信号与声音信号相互转换的元器件称为电声元器件。它的种类繁多，有扬声器、传声器（或送话器、受话器）、耳机（或称耳麦、耳塞）等，这里只简单介绍扬声器、传声器的一些基本知识。

3.6.1　扬声器与耳机

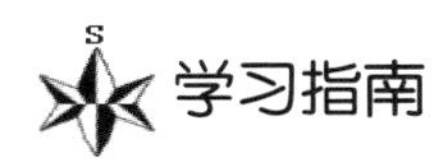

学习指南

电声元器件的特点是能够发出声音，注意了解电声元器件的分类与适用场合，学会对其检测的方法。

电声元器件的功能是将音频电信号转换成声音，通常有扬声器和耳机两大类。

1．扬声器的用途与作用

扬声器（又称喇叭）主要用于将音频电信号转换成声音信号，它是手机、电视机、音响设备中的重要元器件。

2．扬声器的分类

扬声器的种类很多，分类方法如下。

（1）按辐射分类：直接辐射（声波由发声元器件直接向空间辐射）型、间接辐射（声波由发声元器件经号筒向空间辐射）型、耳机（声波由发声元器件经密闭气室、耳道进入耳膜）和海耳（声波经特殊形状振膜振动而辐射声波）型。

（2）按换能方式分类：电动式 、电磁式、压电式、离子式、气流调制式和静电式。

（3）按工作频带分类：低频扬声器、中频扬声器 、高频扬声器、全频带扬声器、平面（或平板）扬声器和号筒扬声器。

（4）按振膜形状分类：锥形、平板形、带形、球顶形和平膜形等。

除此之外，还可按结构、磁路性质等进行分类。常见扬声器成品如图 3-35 所示。

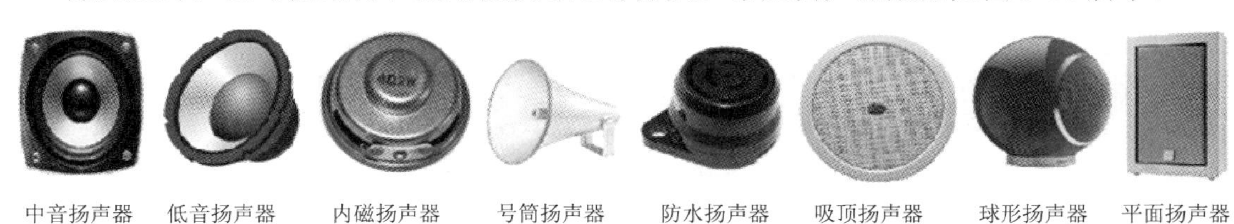

图 3-35 各类扬声器成品

3．扬声器的组成结构

根据能量转换方式、结构的差异分为电动式、励磁式、舌簧式和晶体压电式等几种，应用最广的是电动式扬声器，舌簧式已很少使用。扬声器的结构及电路符号如图 3-36 所示。

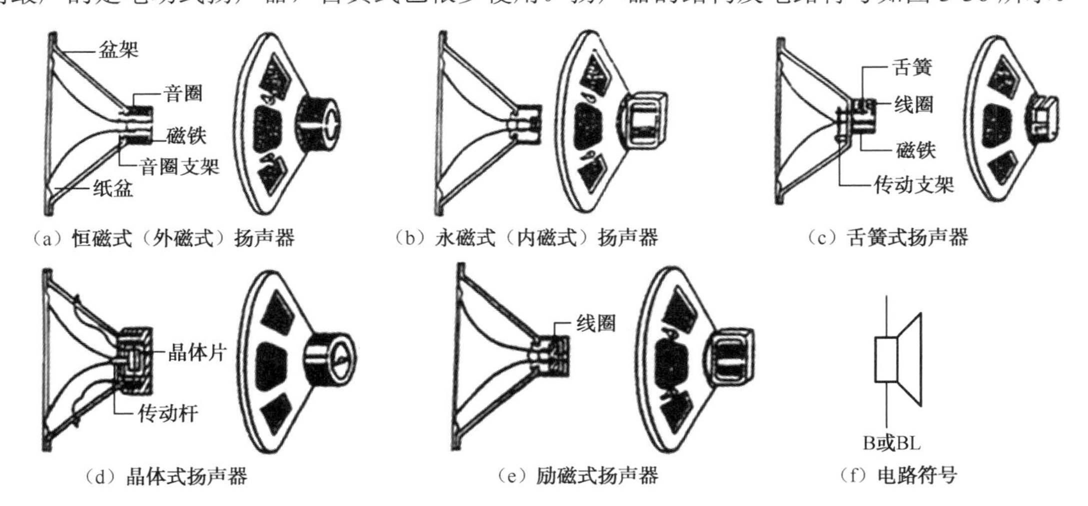

图 3-36 扬声器的结构及电路符号

1）电动式扬声器

电动式扬声器所采用的磁性材料可分为永磁式和恒磁式两种。永磁式扬声器因磁铁可以做得很小，所以可以安放在内部，又称内磁式。它的特点是漏磁少、体积小但价格较贵。恒磁式扬声器往往要求磁体积较大，一般安放在外部，又称外磁式。它的特点是漏磁大，体积大，但价格便宜，常用于普通收音机等电子产品中。

电动式扬声器由纸盆、音圈、磁体等组成，如图 3-37 所示。当音频电流通过音圈时，音圈产生随音频电流而变化的磁场，此交流磁场与固定磁场相互作用，导致音圈随电流变化而前后运动，并带动纸盆振动发出声音。

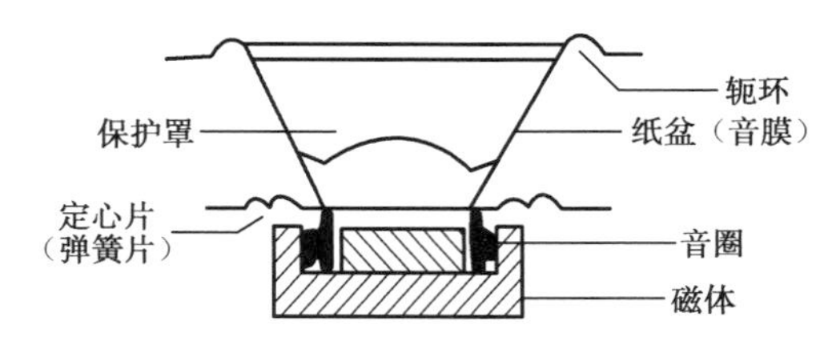

图 3-37　电动式扬声器的结构

2）压电陶瓷扬声器

压电陶瓷扬声器主要由压电陶瓷片和纸盆组成，如图 3-38 所示。利用压电陶瓷片的压电效应，可以制成压电陶瓷扬声器及各种蜂鸣器。压电陶瓷扬声器由于频率特性差，目前应用少；蜂鸣器广泛用于门铃、报警及小型智能化装置中。

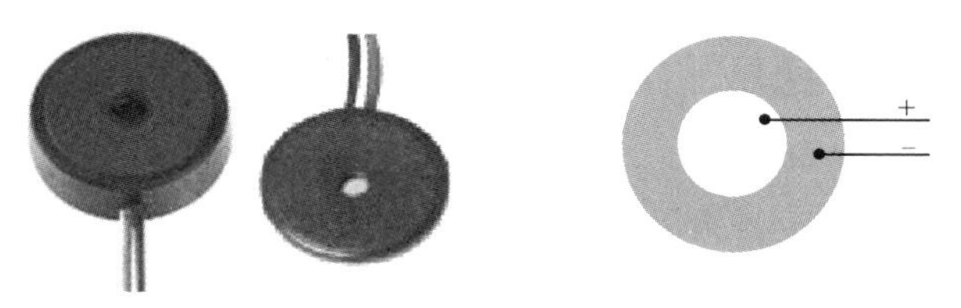

图 3-38　压电陶瓷扬声器的结构

3）耳机

耳机主要应用于音视频电子产品中，实现个人听声音。耳塞机的形状和结构尽管不同，但其工作原理和过程与电动式扬声器相似，借助磁场将音频电流变为机械振动而还原成声音。耳机可分为耳塞机、头戴式耳机、蓝牙耳机和耳麦等，如图 3-39 所示，耳麦是将话筒与耳塞机做在一起，既可以听声音，也可以讲话。

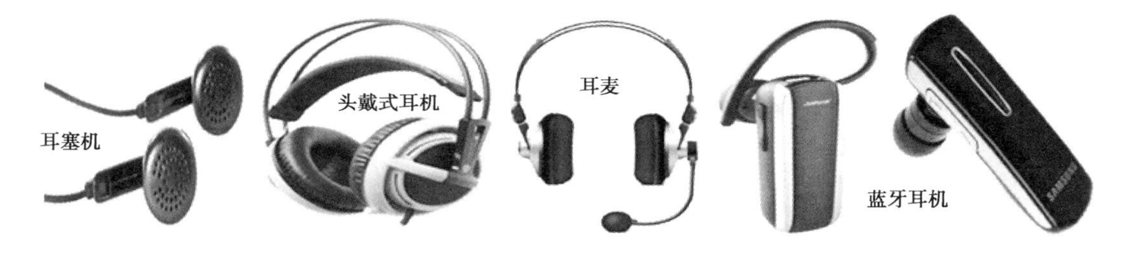

图 3-39　压电陶瓷扬声器的结构

4．使用注意事项

（1）扬声器应安装在木箱或机壳内，以利于扩展音量，改善音质，保护扬声器。

（2）扬声器应远离热源，防止扬声器磁铁长期受热而退磁。压电陶瓷扬声器的晶体受热后会改变性能。

（3）扬声器应防潮，特别是纸盆扬声器要避免纸盆变形。

（4）扬声器严禁撞击和振动，以免失磁、变形而损坏。

（5）扬声器长时间的输入电功率不应超过其额定功率。

想一想

扬声器、耳塞机能否当话筒使用？为什么？

3.6.2 传声器

传声器的功能是将声音转换成电信号，注意了解传声器的种类、特点与适用场合，学会选用方法。

传声器俗称话筒、麦克风，它的作用与扬声器相反，是一种将声能转换为电能的电声元器件。话筒的种类很多，常见的有动圈式、晶体式、铝带式、电容式和碳粒式等。现在应用最广泛的是动圈式和驻极体电容式传声器。传声器的电路符号过去用 S、M 及 MIC 等表示，新国标规定为 B 或 BM 。传声器的电路符号如图 3-40 所示。

1. 动圈式传声器

动圈式传声器如图 3-40 所示，它是由永久磁铁、磁钢、音圈、音膜、输出变压器等组成。音膜的音圈处于永久磁铁的圆形磁隙中，当声音传到话筒膜片后，声压使膜片振动，带动音圈做切割磁力线运动，从而产生感应电势，由于音圈的圈数较少，产生的音频信号电压很低，故一般都通过阻抗匹配变压器变换后输出，同时提高了输出电压，完成声－电转换。这种话筒有低阻 200～600Ω和高阻 10～20kΩ两类，常用动圈式传声器的阻抗为 600Ω，频率响应一般为 200～5000Hz。动圈式传声器结构坚固，工作稳定，具有单方向性，经济耐用，使用十分广泛。

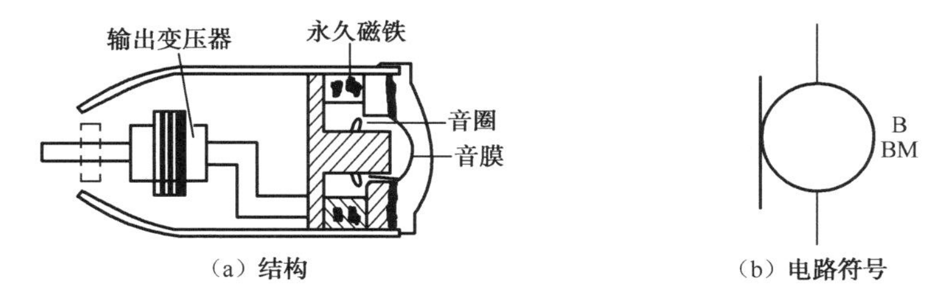

（a）结构　（b）电路符号

图 3-40 动圈式传声器

2. 普通电容式传声器

普通电容式传声器是由固定电极与膜片组成，等效为一个小电容，在其上加一定的电压，就产生一电场。当有声压时，膜片因受力振动引起电容量发生变化，使电路中充电电流随电容量的变化而变化，此变化电流流过电阻转换成电压输出。普通电容式话筒带有电源和放大器，给电容振膜提供极化电压并将话筒输出的微弱信号放大，这种话筒频率响应好，输出阻抗极高，但结构复杂、体积大，又需要供电系统，使用不方便，比较适合在质量要求高的扩音、录音中使用，如专用录音室等。电容式传声器如图 3-41 所示。

3. 驻极体电容传声器

驻极体电容传声器也属于电容式，其结构与上述电容式传声器相似，只不过它的电极是一种经过特殊处理的驻极体，由于驻极体表面的电荷能永久保持，无须外加直流极化电压，故用驻极体振动膜的驻极体电容传声器除具备普通电容式传声器的优良性能外，还具有结构简单、体极小、重量轻、耐振、价格低廉、使用方便等特点，因而应用广泛，缺点是在高温高湿下寿命较短。

驻极体电容传声器的输出阻抗很高，约有几十兆欧，应用时要加一个结型场效应管进行阻抗变换后才能与音频放大器相匹配。驻极体电容传声器的结构如图 3-42 所示。

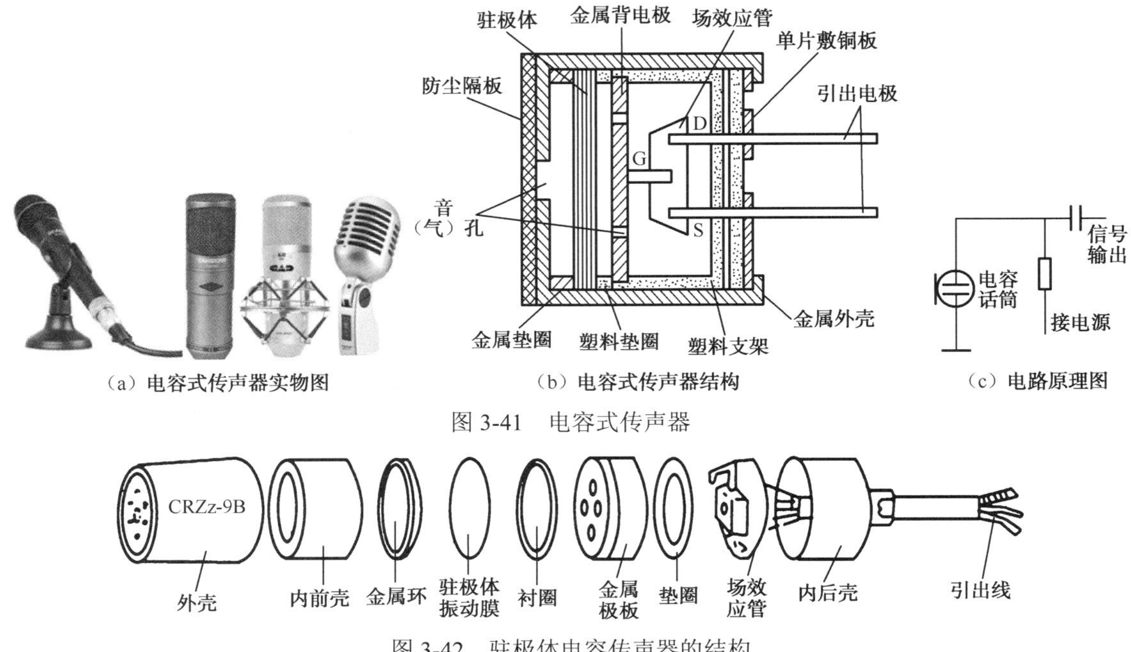

（a）电容式传声器实物图　（b）电容式传声器结构　（c）电路原理图

图 3-41　电容式传声器

图 3-42　驻极体电容传声器的结构

想一想

传声器能否当扬声器、耳塞机使用？为什么？

3.6.3　磁头

学习指南

注意了解磁头的种类、特点和用途，理解工作原理。

磁头是磁带录音机和摄、录、放像机中的关键部件之一，其性能的好坏直接影响录音机和摄、录、放像机的效果，前者使用音频磁头，后者则使用视频磁头。这里主要介绍音频磁头，音频磁头根据所起的作用可分为以下 4 种，它们的电路符号如图 3-43 所示。

（1）放音磁头。放音磁头从磁带上拾取剩磁信号，并将剩磁信号转换成电信号，其电路符号如图 3-43（a）所示。

（2）录音磁头。它将录音信号（电信号）转换成磁信号，以磁化录音磁带的磁性层而完成录音，其电路符号如图 3-43（b）所示。

（3）录放磁头。录音磁头兼备了放音磁头和录音磁头的双重作用，它既可当放音磁头使用又可以作为录音磁头使用，是目前主要应用的磁头，其电路符号如图 3-43（c）所示。

（4）抹音磁头。抹音磁头又称消音磁头，其作用是将磁带上原有的录音剩磁信号抹去，以便录上新的信号，其电路符号如图 3-43（d）所示。

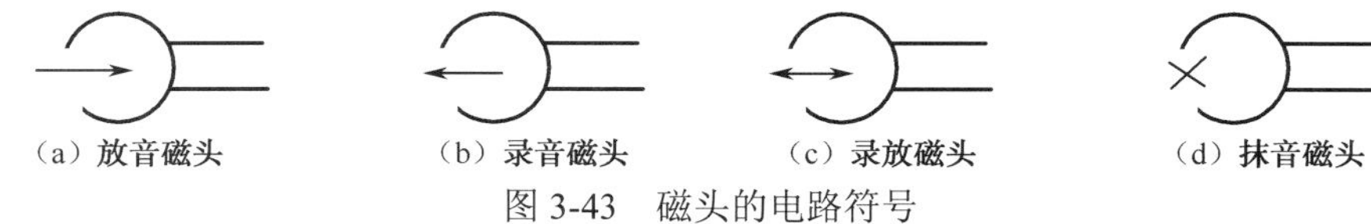

（a）放音磁头　（b）录音磁头　（c）录放磁头　（d）抹音磁头

图 3-43　磁头的电路符号

任务 3.7　表面安装元器件

任务引入

现代电子产品由于体积小、重量轻、成本低、可靠性高等，广泛使用了表面安装元器件。必须了解表面安装元器件的结构与特点，学会其识别方法。

随着电子科学理论的发展和工艺技术的改进，以及电子产品体积的微型化、性能和可靠性的进一步提高，电子元器件向小、轻、薄发展，出现了表面安装技术，简称 SMT（Surface Mount Technology）。

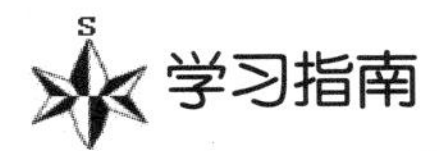

学习指南

了解 SMT 元器件的种类与结构特点，学会 SMD、SMC 元器件的识别方法。

SMT 是包括表面安装元器件（SMD）、表面安装元器件（SMC）、表面安装印制电路板（SMB）、点胶、涂膏、表面安装设备、焊接及在线测试等一套完整工艺技术的统称。SMT 发展的重要基础是 SMD 和 SMC。

表面安装元器件（SMC 和 SMD）又称为贴片元器件或片式元器件，是当代电子产品广泛采用的微型元器件，片式元器件外形多数是微小的长方体，没有普通元器件那样的插脚。它包括电阻器、电容器、电感器及半导体元器件等，它具有体积小、重量轻、功耗小、无引线或短引线、安装密度高、可靠性高、抗振性能好、易于实现自动化生产等特点。表面安装元器件在彩色电视机（高频头）、VCD、DVD、计算机、手机等电子产品中已大量使用。

1．表面安装元器件的特点

片式元器件与有引线的分立元器件相比具有下列特点。

（1）提高了组装密度，使电子产品小型化、薄型化、轻量化，节省原材料。

（2）无引线或引线很短，减少了寄生电容和寄生电感，从而改善了高频特性，有利于提高使用频率和电路速度。

（3）形状简单、结构牢固，紧贴在印制电路板表面上，提高了可靠性和抗振性。

（4）组装时没有引线的打弯、剪线，在制造印制电路板时，减少了插装元器件的通孔，降低了成本。

（5）形状标准化，适合用自动贴装机进行组装，效率高、质量好、综合成本低。

2．表面安装元器件的种类

片式元器件按其形状可分为矩形、圆柱形和异形（如翼形、钩形等）三类，如图 3-44 所示；按其功能可分为无源、有源和机电元器件三类，具体见表 3-19。片式机电元器件包括片式开关、连接器、继电器和片式微电机等。

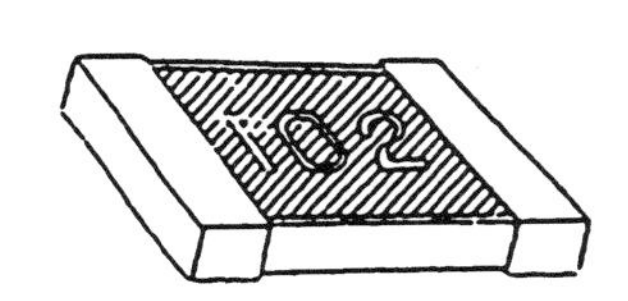

（a）矩形电阻器

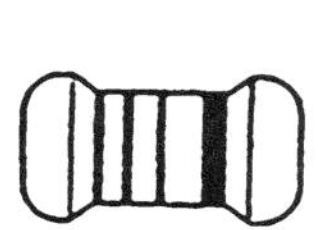

（b）柱状电阻器

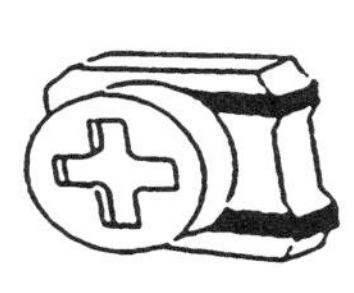

（c）电位器

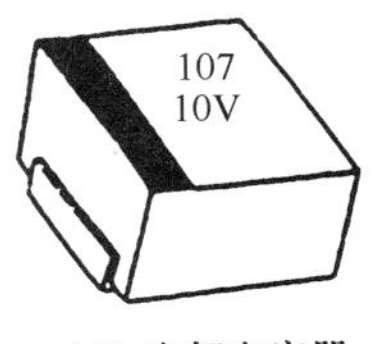

（d）电解电容器

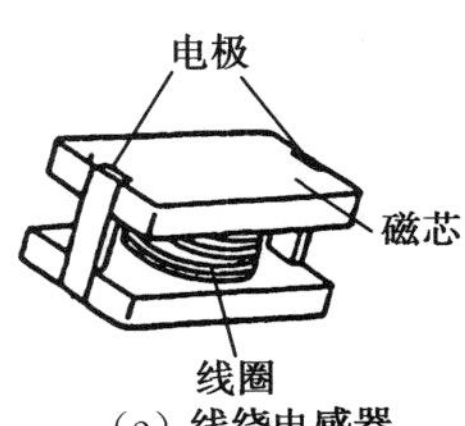

（e）线绕电感器

图 3-44　片式元器件

表 3-19　片式元器件分类

种　类		矩　形	圆柱形
片式无源元器件	片式电阻器	厚膜、薄膜电阻器，热敏电阻器	碳膜、金属膜电阻器
	片式电容器	陶瓷独石电容器、薄膜电容器、云母电容器、微调电容器、铝电解电容器、钽电解电容器	陶瓷电容器、固体钽电解电容器
	片式电位器	电位器、微调电位器	
	片式电感器	绕线电感器、叠层电感器、可变电感器	绕线电感器
	片式敏感元器件	压敏电阻器、热敏电阻器	
	片式复合元器件	电阻网络、滤波器、谐振器、陶瓷电容网络	
片式有源元器件	小型封装二极管	塑封稳压、整流、开关、齐纳、变容二极管	玻封稳压、整流、开关、齐纳、变容二极管
	小型封装晶体管	塑封 PNP、NPN 晶体管、塑封场效应管	
	小型集成电路	扁平封装、芯片载体	
	裸芯片	带形载体、倒装芯片	

3．表面安装元器件的识别

（1）SMC 电阻器的标志。贴片电阻阻值误差精度有±1%、±2%、±5%、±10%，用得最多的是±1%和±5%，±5%精度的贴片电阻一般是用三位数来表示，其中前两位数字表示电阻值的有效数字，第三位是前两位数的倍乘率，即 10 的整数次幂，表示加 0 的个数。电阻单位为欧姆（Ω），小数点用字母 R 表示。

例

型号为 5R1 表示 5.1Ω；型号为 364 表示 360kΩ；
型号为 125 表示 1.2MΩ；型号为 820 表示 82Ω。

为了区分±5%、±1%的电阻，±1%的电阻一般多采用 4 位数来表示，这样前三位表示的是有效数字，第四位表示 10 的整数次幂，即有多少个零。

例

型号为 4531 表示 4530Ω，也就等于 4.53kΩ。

（2）SMC 电容器的标志。SMC 电容器的静电容量一般是采用三位数字表示的。一般情况下静电容量的单位为皮法（pF），但电解电容器为微法（μF），小数点用字母 R（或 P）表示。

例

型号为 010 表示 1pF；型号为 6R8 表示 6.8pF；型号为 103 表示 0.01μF。

目前越来越多的 SMC 电容器采用一个英文字母与一位数字表示电容量，其中英文字母代表容量的有效数值，而数字则表示有效值的 10 倍乘率，单位为 pF。单个英文字母代表的电容量有效数值见表 3-20。

表 3-20　单个英文字母代表的电容量有效数值

英文字母	A	a	B	b	C	D	d	E	e	F	f
有效数值	1	2.5	1.1	3.5	1.2	1.3	4	1.5	4.5	1.6	5
英文字母	G	H	I	K	L	M	m	N	n	P	Q
有效数值	1.8	2	2.2	2.4	2.7	3	6	3.3	7	3.6	3.9
英文字母	R	S	T	t	U	V	W	X	Y	y	Z
有效数值	4.3	4.7	5.1	8	5.6	6.2	6.8	7.5	8.2	9	9.1

型号 L3 表示 2700pF；型号 I4 表示 0.022μF；型号 S6 表示 4.7μF。

任务 3.8　其他元器件

组成电子产品的元素除各种电子元器件外，还有必不可少的附属元器件，必须了解这些附属元器件的种类和作用，学会其正确选用的方法。

电子产品中除使用上述介绍的元器件外，还离不开各种开关、接插件、继电器、显示元器件等附属元器件。

3.8.1　开关和接插件

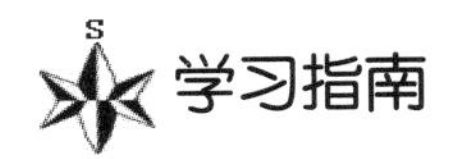

了解常用开关与接插件的种类、特点与用途，了解传声器的种类、特点与适用场合，学会它们的选用方法。

开关和接插件是通过一定的机械动作来完成电气连接和断开的元器件，一般串接在电路中，实现信号和电能的传输，其质量及可靠性直接关系到电子产品整机的可靠性。开关和接插件突出的问题是接触问题，接触不可靠不仅影响电路的正常工作，还会引起较大的误差。合理选择和正确使用开关和接插件，将会大大降低电路的故障率。

1. 常用开关

开关在电子设备中做切断、接通或转换电路用。它们的种类、规格很多，其中大多数都是手动式机械结构，操作方便、价格低廉、工作可靠，目前应用最为广泛。除此之外，随着新技术的发展也出现了许多非机械结构的开关，如气动开关、水银开关、霍尔开关、高频振荡式开关等。这里主要介绍几种常见的机械结构开关，如图 3-45 所示。

（1）钮子开关。钮子开关通常为单极双位和双极双位开关，它体积小，操作方便，主要用作电源开关和状态转换开关，如图 3-45（a）所示。

（2）琴键开关。琴键开关是一种积木组合式结构，能作为多极多位组合的转换开关。琴键开关大多是多挡组合式，也有单挡的，单挡开关通常用作电源开关。琴键开关按锁紧形式可分自锁、互锁、无锁 3 种，琴键开关如图 3-45（b）所示。

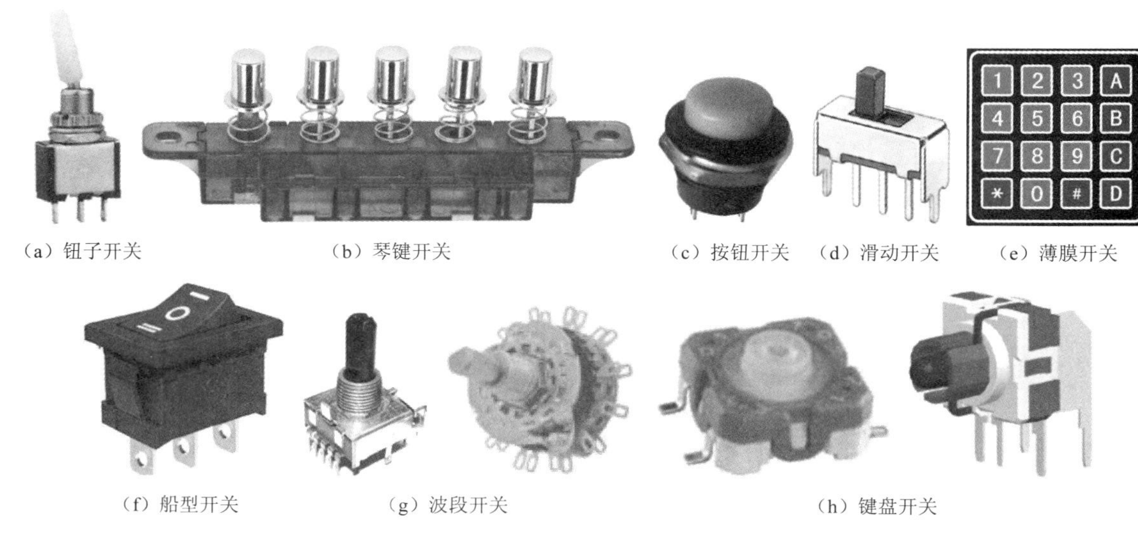

（a）钮子开关　（b）琴键开关　（c）按钮开关　（d）滑动开关　（e）薄膜开关

（f）船型开关　（g）波段开关　（h）键盘开关

图 3-45　常见的开关实物

（3）按钮开关。按钮开关分为大型和小型，形状有圆形和方形。按下或松开按钮开关，电路就接通或断开。此类开关常用于控制电子设备中的交流接触器，如图 3-45（c）所示。

（4）滑动开关。滑动开关的内部置有滑块，操作时通过不同的方式驱动，带动滑块，使滑块动作，开关触点接通或断开，从而起到开关作用。滑动开关有拨动式、杠杆式、施转式、推动式及软带式等。其中，拨动式和杠杆式最为常用，如图 3-45（d）所示。

（5）薄膜开关。薄膜开关即薄膜按键开关，是近年来国际流行的、集装饰和功能于一体的新型开关。薄膜开关按基材不同分为软性和硬性两种；按面板类型不同分为键位平面型和凹型两种；根据按键类型不同分为无手感键和有手感键（触觉反馈式）两种。薄膜开关是一种无自锁的按动开关，如图 3-45（e）所示。

（6）船型开关。船型开关也称波形开关，结构与钮子开关相同，只是把柄换成船型，如图 3-45（f）所示。船型开关常用作电子设备的电源开关，其触点分为单刀单掷和双刀双掷等几种，有些开关还带有指示灯。

（7）波段开关。波段开关有旋转式、拨动式和按键式 3 种。每种形式的波段开关又可分为若干种规格的刀和位，如图 3-45（g）所示。在开关结构中，可直接移位或间接移位的导体称为刀，固定的导体称为位。波段开关的刀和位通过机械结构，可以断开或接通。波段开关有多少个刀，就可以同时接通多少个点；有多少个位，就可以转换多少个电路。

（8）键盘开关。键盘开关多用于遥控器、计算器中数字信号的快速通断，如图 3-45（d）所示。键盘有数码键、字母键、符号和功能键或是它们的组合，其接触形式有簧片式、导电橡胶式和电容式。

2．接插件

接插件又称连接器或插头插座，泛指连接器、插头、插塞、接线保险丝座、电子管座等。各种类型的接插件如图 3-46 所示。现代电子系统中，为了便于组装、维修和置换，在分立元器件或集成电路与印制线路基板之间、基板与机屉之间、机屉与机架面板之间、机柜与机柜

之间，多采用各类接插件进行简便的插拔式电气连接。因此，要求接插件接触可靠、导电性能好、机械强度高、有一定的电流容量、插拔力适当、能够达到一定的插拔寿命。接插件一般分为插头和插座两部分。

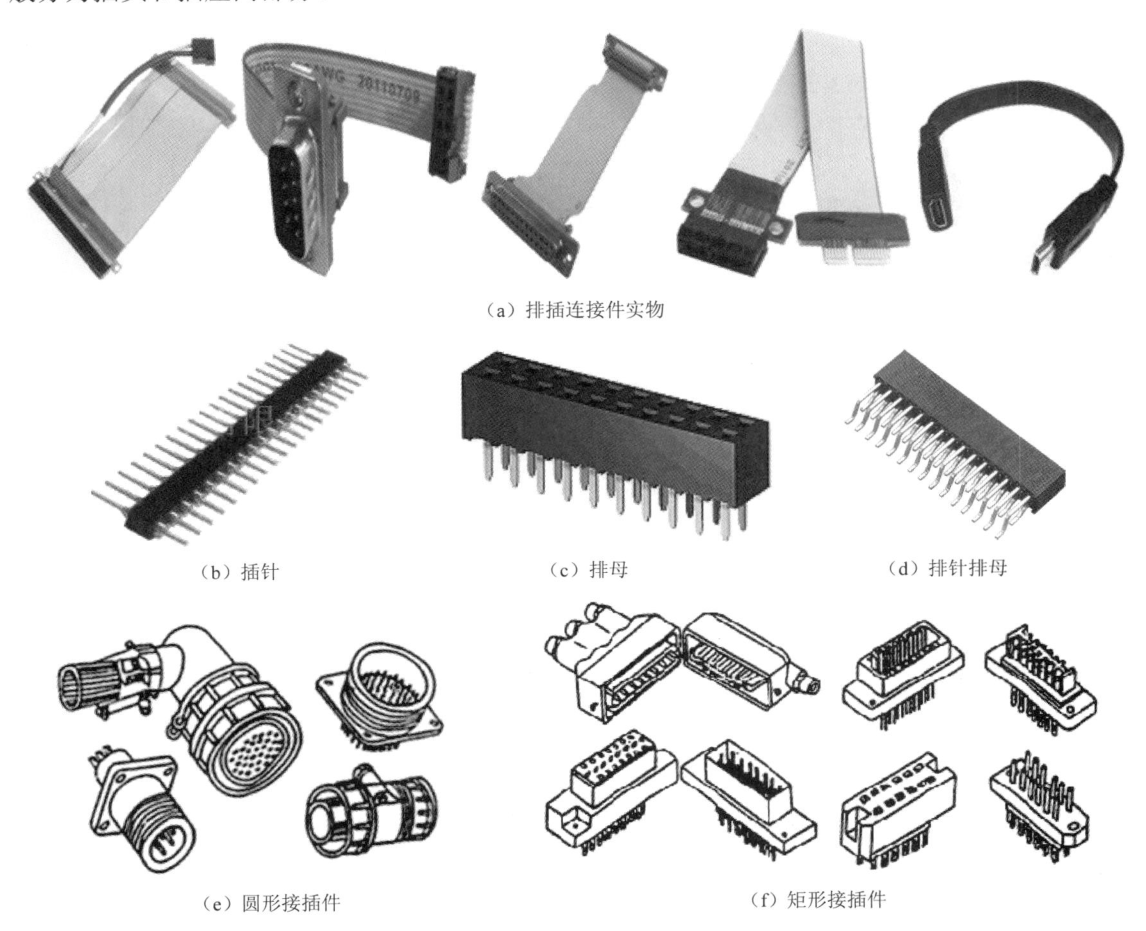

（a）排插连接件实物

（b）插针　（c）排母　（d）排针排母

（e）圆形接插件　（f）矩形接插件

图 3-46　接插件

接插件的种类繁多，可根据它的工作频率、外形结构和应用场合来分类。按频率可分为低频、高频接插件；按其外形特征可分为圆形、矩形、扁平排线接插件；按应用场合可分为印制电路板连接器，集成块插头插座，耳机、耳塞插头插座，电源插头插座等。相同类型接插件的插头和插座各自成套，不能与其他类型接插件互换使用。

3．开关及接插件的选用

选用开关和接插件时，除了应根据产品技术条件所规定的电气、机械、环境要求外，还要考虑元器件动作的次数、镀层的磨损等因数。因此，选用开关和接插件时应注意以下几个方面的问题。

（1）首先应根据使用条件和功能来选择合适类型的开关及接插件。

（2）开关接插件的额定电压、电流要留有一定的余量。为了接触可靠，开关的触点和接插件的线数也要留有一定的余量，以便并联使用或备用。

（3）尽量选用带定位的接插件，以免插错而造成故障。

（4）插件接线的焊接要可靠，为防止断线和短路，焊接处应加套管保护。

在大型电子装备中，由于各导线通过的电压高、电流大、承受的功率大，一般不采用排插进行电路板间的连接，而是采用线扎（用导线捆扎而成）。

想一想

如何使用万用表快速检查开关与接插件的好坏？

3.8.2 继电器

学习指南

继电器是自动控制系统中常用的开关元器件之一，注意了解继电器的种类、结构特点和工件原理。

继电器是自动控制电路中一种常用的开关元器件。它是利用电磁原理、机电原理或其他（如热电或电子）方法来实现自动接通或断开一个或一组触点的开关，是一种可以用小电流或低电压来控制大电流或高电压的自动开关。它在电路中起着自动操作、自动调节、安全保护等作用。继电器的种类很多，这里只介绍电磁继电器和固态继电器。

1. 电磁继电器

电磁继电器一般由一个带铁芯的线圈，一组或几组带触点的簧片和衔铁组成。继电器线圈未通电时，处于接通状态的触点称为常闭触点；处于断开状态的触点称为常开触点。当线圈通电时，线圈中间的铁芯被磁化产生足够的电磁力，吸动衔铁，从而使常开触点闭合，而常闭触点断开，使继电器“释放”或“复位”。电磁继电器一般只设一个线圈（也有设多个线圈的），但可以具有一个或数个（组）触点，线圈通电时便可实现多组触点的同时转换。电磁继电器结构、触点和电路符号如图 3-47 所示。

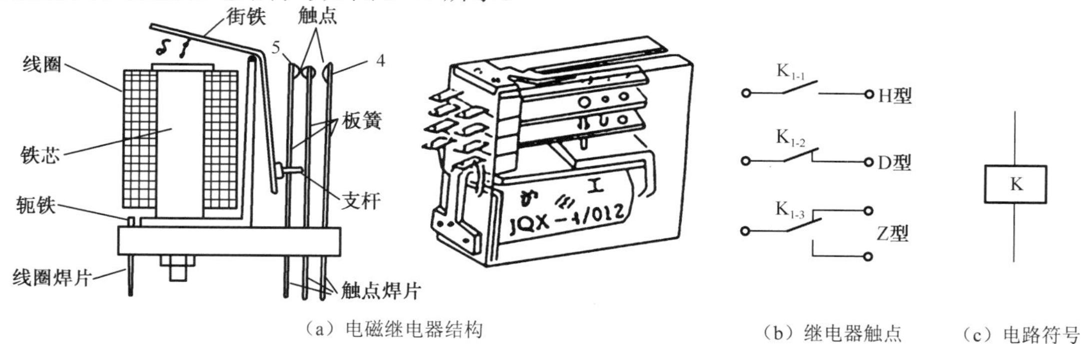

（a）电磁继电器结构　（b）继电器触点　（c）电路符号

图 3-47　电磁继电器结构、触点和电路符号

在电路图中，表示继电器时只要画出它的线圈和与控制电路有关的触点组就可以了。继电器的线圈用一个长方框符号表示，同时在长方框内或框旁标上这个继电器的文字符号“K”，如图 3-47（c）所示，继电器的触点有 H 型、D 型和 Z 型 3 种形式，如图 3-47（b）所示。继电器的触点有两种表示方法：一种是把它直接画在长方框的一侧，这样做比较直观。另一种是按电路连接的需要，把各个触点分别画在各自的控制电路中，这样对分析和理解电路是有利的，但必须同时在属于同一继电器的线圈和触点旁边注上相同的文字符号，并把触点组编

号。按规定，继电器的触点状态应按线圈不通电时的初始状态画出。

2．固态继电器

固态继电器（简称 SSR）是一种由固态半导体元器件组成的新型无触点的电子开关元器件。它的种类繁多，外形结构各异，如图 3-48 所示。

固态继电器的输入端仅要求很小的控制电流，驱动功率小，能用 TTL、CMOS 等集成电路直接驱动，其输出回路采用大功率晶体管或双向晶闸管的开关特性来接通或断开负载，达到无触点、无火花的接通或断开电路的目的。它与电磁继电器相比，具有体积小、抗干扰性能强、工作可靠、开关速度快、工作频率高、寿命长、噪声低等特点，因此固态继电器应用越来越广泛。固态继电器按使用场合不同可分为直流型（DC-SSR）和交流型（AC-SSR）两种。它们只能分别作为直流开关和交流开关而不能混用。交流固态继电器又分为过零型和非过零型两种，目前应用最广泛的是过零型。直流固态继电器根据输出分为两端型和三端型两种，两端型应用较多。

图 3-48　固态继电器

3.8.3　电子显示元器件

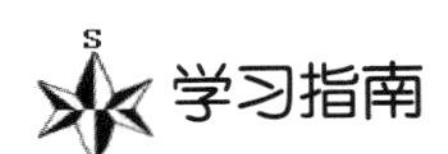

学习指南

电子显示元器件能将视频电信号转换成光信号，注意了解常用的几种电子显示元器件的原理、特点与使用常识。

电子显示元器件是指将电信号转换为光信号的光电转换元器件，即用来显示数字、符号、文字或图像的元器件。它是电子显示装置的关键部件，对显示装置的性能有很大的影响。

1．液晶显示屏（LCD）

液晶是一种介于晶体和液体之间的中间物质，具有晶体的各向异性和液体的流动性。利用液晶的电光效应和热光效应制作成的显示器就是液晶显示器。液晶显示器最大的特点是液晶本身不会发光，它要借助自然光或外来光才能显示，且外部光线越强，显示效果越好。液晶显示器具有工作电压低（2～6V）、功耗小、体积小、重量轻、工艺简单、使用寿命长、价格低等优点，在便携式电子产品中应用较广。它的缺点是工作温度范围窄（-10～60℃），响应时间和余辉时间较长（ms 级），对高速变化的信号显示效果不佳。

液晶显示器种类很多，按显示驱动方式可分为静态驱动、多路寻址驱动和矩阵式扫描驱动显示。按基本结构可分为透射型、反射型和投影型等。常见的液晶显示器按使用功能可分为仪表显示器、电子钟表显示器、电子计算器显示器、点阵显示器和其他特种显示器等，如图 3-49 所示。

（a）液晶显示屏

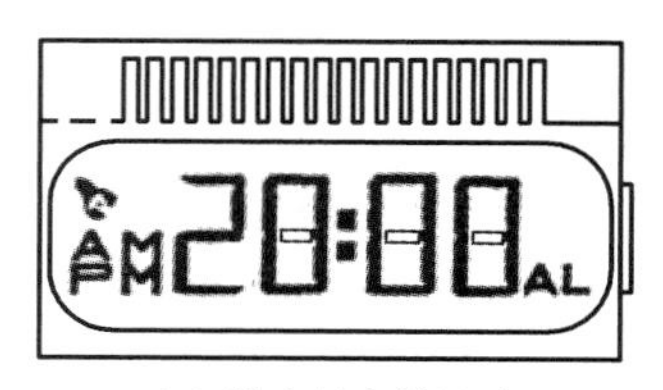

（b）数字钟字符显示

图 3-49　液晶显示屏及显示图形

对于彩色电视机上使用的大屏彩色显示屏，有标准清晰度、高清晰度（2K）和极清（4K）之分，在显示屏上采用了许多先进技术，清晰度越高，图像的质量越高。

2．LED 数码管及点阵显示屏

1）LED 数码管

LED 是发光二极管，由半导体材料制成，它能将电信号转换成光信号。将发光二极管制成条状，再按照一定方式连接组成“8”，即构成 LED 数码管，使用时按规定使某些笔段上的发光二极管亮，就可组成 0～9 的数字。

LED 数码管分共阳极和共阴极两种，其内部结构如图 3-50 所示。a～g 代表 7 个笔段的驱动端，也称笔段电极，DP 是小数点。共阳极 LED 数码管是将 8 只发光二极管的阳极（正极）短接后作为公共阳极，当公共阳极接高电平、笔段电极接低电平时，相应笔段会发光。同理，共阴极 LED 数码管是将发光二极管的阴极（负极）短接后作为公共阴级，当公共极接低电平、驱动信号为高电平时，二极管发光。

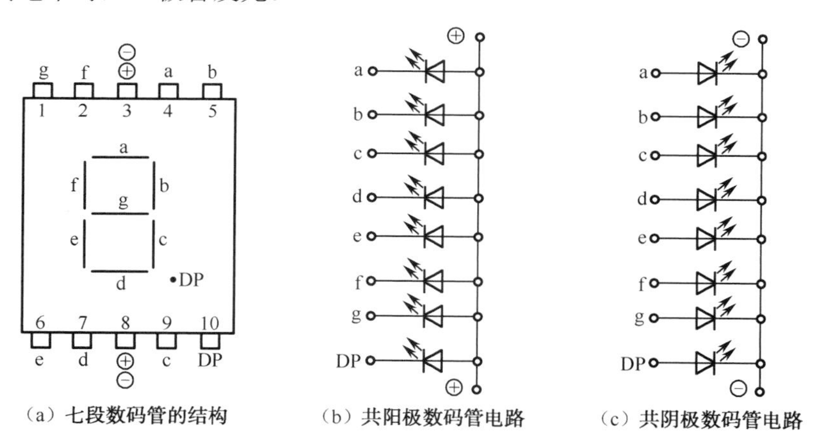

（a）七段数码管的结构　（b）共阳极数码管电路　（c）共阴极数码管电路

图 3-50　LED 数码管的内部结构

2）LED 点阵显示屏

LED 点阵显示屏是发光二极管按点阵排列而组成的，如图 3-51 所示。点阵屏有两种类型，一类为共阴极，另一类为共阳极。

LED 点阵显示屏可分为多种类型，各有其用途与特点，见表 3-21。

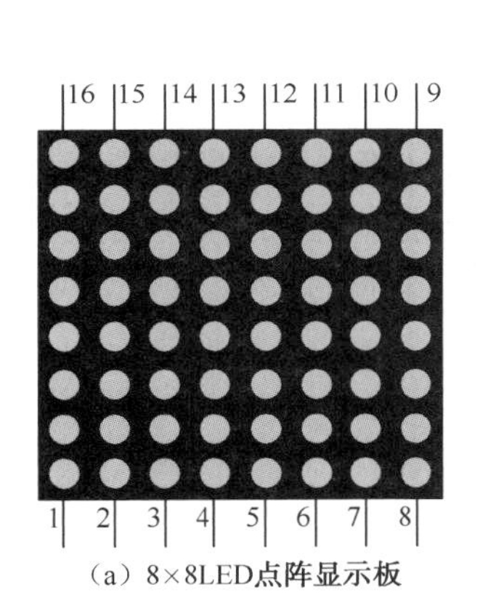

(a) 8×8LED点阵显示板

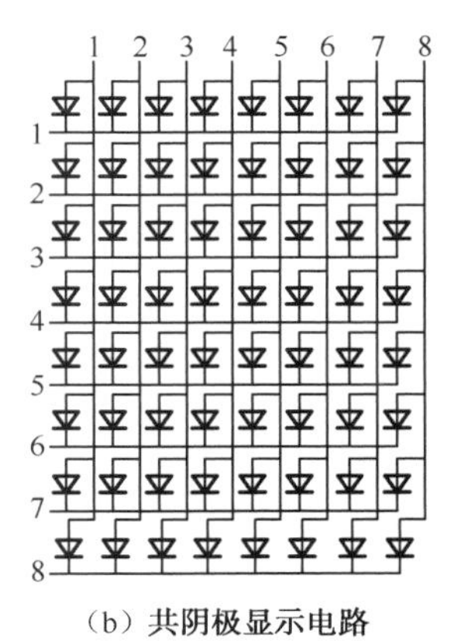

(b) 共阴极显示电路

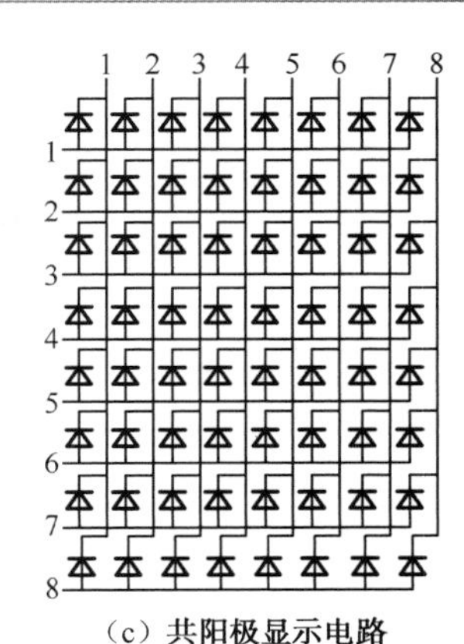

(c) 共阳极显示电路

图 3-51 LED 点阵显示屏

表 3-21 LED 点阵显示屏种类、用途与特点

分类方式	品 种	特点与适用场合
使用环境	室内 LED 显示屏	在室内环境下使用，此类显示屏亮度适中、视角大、混色距离近、重量轻、密度高，适合较近距离观看
	室内 LED 显示屏	在室外环境下使用，此类显示屏亮度高、混色距离远、防护等级高、防水和抗紫外线能力强，适合远距离观看
显示颜色	单基色 LED 显示屏	由一种颜色的 LED 灯组成，仅可显示单一颜色，如红色、绿色、橙色等
	双基色 LED 显示屏	由红色和绿色 LED 灯组成，256 级灰度的双基色显示屏可显示 65 536 种颜色（可显示红、绿、黄 3 种颜色）
	全彩色 LED 显示屏	由红色、绿色和蓝色 LED 灯组成，可显示白平衡和 16 777 216 种颜色
显示功能	图文 LED 显示屏（异步屏）	可显示文字文本、图形图片等信息内容
	视频 LED 显示屏（同步屏）	可实时、同步地显示各种信息，如二维或三维动画、录像、电视、影碟及现场实况等多种视频信息内容

LED 点阵显示屏质量优劣的判别要点大致如下。

（1）亮度和可视角度。室内亮度≥800cd/m^2，室外的亮度≥3500cd/m^2，否则不能看清所显示的图像。而可视角度的大小直接决定了显示屏可视范围的大小，故越大越好。

（2）平整度。显示屏表面平整度要在±1mm 以内，以保证显示图像不发生扭曲，局部凸起或凹进会导致显示屏的可视角度出现死角。

（3）颜色的一致性。色彩的一致性是指显示屏对色彩的还原性，显示屏显示的色彩要与原图像色彩保持高度一致，才能保证图像的真实感。

（4）灰度等级和刷新频率。若显示屏的灰度等级不高、刷新频率（即扫描频率）较低，会导致图像出现色块，图像质量差。

（5）白平衡效果。当红绿蓝三原色的比例为 1∶4.6∶0.16 时，才会显示出纯正的白色，如果存在一定偏差（即出现白平衡偏差），白色会发生偏色现象。

3．荧光显示器

荧光显示器由灯丝、栅极、阳极等组成，如图 3-52 所示。它们组装在真空管中，灯丝电源将直热式阴极加热到 700℃左右，使涂敷在灯丝表面的氧化物发射电子，电子受栅极电压的控制而加速，从阴极射向阳极上的荧光粉涂层，使荧光粉发光。在阳极上做成 8 字形笔画或其他字形符号，只有通电的阳极字形段部分发光。通过适当的控制电路，可以控制各种字形符号。荧光显示器采用低能发光粉，阳极电压只要十几伏就有足够的亮度。发光颜色有绿色、红色、蓝色。采用厚膜印刷工艺，在一只真空管中制造多位电极就构成了多位荧光数码管。为了减少多位荧光数码的引线数目，通常将各数位中同位置的笔画连接起来，采用动态扫描方式显示。

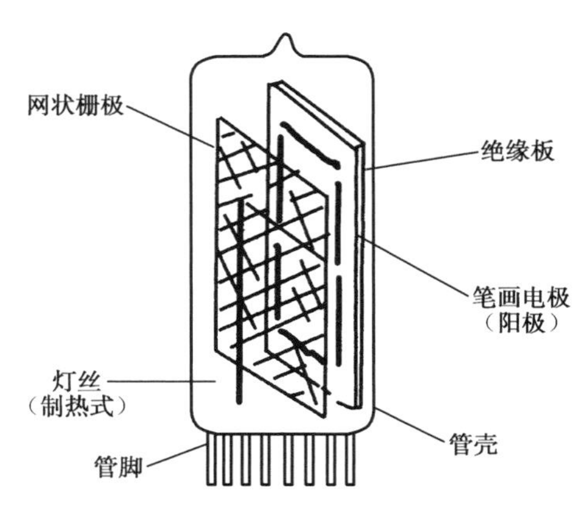

图 3-52　荧光显示器的结构

想一想

如何判断两个显示屏可视角度的大小？

单元小结

（1）电阻分为固定电阻、可变电阻和特殊电阻，它的主要技术参数有标称阻值、允许偏差、额定功率、阻值变化特性等。特殊电阻介绍了熔断电阻、水泥电阻和敏感电阻的种类、功能和应用场合。

（2）电容可分为固定电容、可变电容和微调电容，它的主要技术参数有标称容量、允许偏差、额定电压等。

（3）常用半导体元器件有二极管、三极管、光电元器件和集成电路等。二极管具有单向导电性。三极管有 NPN 型和 PNP 型两种。

（4）晶闸管的特点是一旦触发导通，即使触发信号停止作用晶闸管仍能维持导通状态。

（5）集成电路有模拟和数字集成电路两种，它是用来产生、放大和处理各类电信号的元器件。

（6）表面安装元器件的特点是微型化、轻量化及表面焊点在同一平面。使用表面安装元器件可以大减少装配工序，降低产品成本，适合大型自动化生产。

（7）常用的电声元器件是一种换能器，它能实现声信号与电信号间的相互转换；显示元器件的作用是将视频电信号转换成光信号，常见的有液晶显示器、LED 数码管与点阵显示屏和荧光显示器等。

习题

1．填空题

（1）电阻器的标识方法有__________法、__________法、__________法和__________法。

（2）集成电路最常用的封装材料有__________、__________、__________3 种，其中使用最多的封装形式是__________封装。

（3）半导体二极管又叫晶体二极管，是由一个 PN 结构成，它具有________________性。

（4）1F=_____μF=______nF=______pF　　1MΩ=_____kΩ=______Ω

（5）变压器的故障有__________和__________两种。

（6）晶闸管又称__________，目前应用最多的是__________和________晶闸管。

（7）电阻器通常称为电阻，在电路中起________、________和_________等作用，是一种应用非常广泛的电子元器件。

（8）电阻值在规定范围内可连续调节的电阻器称为______________。

（9）三极管又叫双极型三极管，它的种类很多，按 PN 结的组合方式可分为___________型和_________型。

（10）变压器的主要作用是：用于______变换、______变换、______变换。

（11）电阻器的主要技术参数有__________、__________和__________。

（12）光耦合器是以_____为媒介，用来传输______信号，能实现“电→光→电”的转换。

（13）用于完成电信号与声音信号相互转换的元器件称为_____________元器件。

（14）表面安装元器件 SMC、SMD 又称为________元器件或_______元器件。

（15）霍尔元器件具有将磁信号转变成_________信号的能力。

（16）电容器在电子电路中起到___________、__________、__________和调谐等作用。

（17）电容器的主要技术参数有___________、___________和___________。

（18）在电子整机中，电感器主要指_________和___________。

（19）电感线圈有通____________而阻碍__________的作用。

（20）继电器的接点有____型、____型和______型 3 种形式。

（21）在电子整机中，电感器主要指_________和________。

（22）表示电感线圈品质的重要参数是_________。

2．选择题

（1）用指针式万用表 R×1kΩ，将表笔接触电容器（1μF 以上的容量）的两个引脚，若表头指针不摆动，说明电容器（　　）。

A．没有问题　　B．短路　　C．开路

（2）电阻器的温度系数越小，则它的稳定性越（　　）。

A．好　　B．不好　　C．不变

（3）用指针式万用表 R×1kΩ挡测电解电容器的漏电阻值，在两次测试中，测得漏电阻值小的那一次，黑表笔接的是电解电容的（　　）极。

A．正　　B．负

（4）发光二极管的正向压降为（　　）左右。

A．0.2V　　B．0.7V　　C．2V

（5）在选择电解电容时，应使线路的实际电压相当于所选额定电压的（　　）。

A．50%～70%　　B．100%　　C．150%

（6）PTC 热敏电阻器是一种具有（　　）温度系数的热敏元器件。

A．恒定　　B．正　　C．负

（7）硅二极管的正向压降是（　　）。

A．0.7V　　B．0.2V　　C．1V

（8）电容器在工作时，加在电容器两端的交流电压的（　　）值不得超过电容器的额定电压，否则会造成电容器的击穿。

A．最小值　　B．有效值　　C．峰值

（9）将发光二极管制成条状，再按一定的方式连接成“8”即构成（　　）

A．LED 数码管　　B．荧光显示器　　C．液晶显示器

（10）光电二极管能把光能转变成（　　）

A．磁能　　B．电能　　C．光能

3．判断题

（　　）（1）发光二极管与普通二极管一样具有单向导电性，所以它的正向压降值和普通二极管一样。

（　　）（2）对于集成电路空的引脚，我们可以随意接地。

（　　）（3）我们说能用万用表检测 MOS 管的各电极。

（　　）（4）光电三极管能将光能转变成电能。

（　　）（5）接插件又称连接器或插头插座，相同类型的接插件其插头插座各自成套，不能与其他类型的接插件互换使用。

（　　）（6）单列直插式封装的集成电路以正面朝向集成电路，引脚朝下，以缺口、凹槽或色点作为引脚参考标记，引脚编号顺序一般从左向右排列。

（　　）（7）我们说能用指针式万用表 R×1 和 R×10kΩ挡对二极管进行检测。

（　　）（8）继电器的接点状态应按线圈通电时的初始状态画出。

（　　）（9）液晶显示器的特点是液晶本身不会发光，它要借助自然光或外来光才能显示。

（　　）（10）扬声器、传声器都属于电声元器件，它们能完成光信号与声音信号之间的相互转换。

4．写出下列元器件的标称值

（1）CT81－0.022－1.6kV；

（2）560（电容）；

（3）47n；

（4）203（电容）；

（5）334（电容）；

（6）6Ω±10%；

（7）33kΩ±5%；

（8）棕黑棕银；

（9）黄紫橙金；

（10）棕绿黑棕棕。

5．简述题

（1）电阻器的种类主要有哪些？常用的电阻器有哪些？

（2）如何判断一个电位器质量的好坏？

（3）如何判断一个电容器的质量好坏？

（4）变压器的作用有那些？主要技术参数有哪些?

（5）如何判断一个二极管的正、负极和质量好坏？

（6）简述用万用表判断三极管类型、电极和好坏的方法？
（7）集成电路的封装形式有哪几种？
（8）SMT 元器件有什么特点和用途？
（9）常用的开关有哪几种？
（10）显示元器件可以分为哪些？

单元四

常用电子装接材料选用

在电子整机的装配中，除了主要的零部件和电子元器件外，每个电子产品几乎都离不开印制电路板、导线、绝缘材料及焊接用的焊料。因此对于从事电子产品的设计、管理和生产的人员，必须熟练掌握常用各类印制电路板、导线、绝缘材料及焊料的性能、特点、选用及使用方法。

任务 4.1　印制电路板

任务引入

要掌握各类印制电路板的特点及性能，学会选用印制电路板材料时应考虑的因素，掌握目前的主流印制电路板型号及主要用途。

印制电路板（Printed Circuit Board，PCB），又称为印刷电路板、印刷线路板，是重要的电子部件，是电子元器件的支撑体，是电子元器件电气连接的提供者。PCB 在电子行业应用广范，小到日常生活中的家用电器、手机、数码相机，大到车载电子设备，飞机上使用的航空电子产品、卫星火箭上高可靠性电子设备。它的种类繁多，性能差异大。生活在信息时代的我们天天都在和 PCB 打交道，印制电路板几乎会出现在每一种电子设备当中。它是所有电子设备的载体，计算机内部到处都有 PCB 的身影，从主板、显卡、声卡到内存载板、CPU 载板，再到硬盘控制电路板、光驱控制电路板等。

常见印制电路板有以下几种。

（1）单面印制电路板。单面印制电路板是在单面有印制导线的印制电路板，如图 4-1 所示。单面印制电路板通常采用酚醛纸基单面覆铜箔板，通过印制和腐蚀的方法，在绝缘基板覆铜箔一面制成印制导线。它适用于对电性能要求不高的收音机、收录机、电视机、仪器和仪表等。单面印制电路板优点是价格低廉。

（2）双面印制电路板。双面印制电路板是在两面都有印制导线的印制电路板，如图 4-2 所示。双面印制电路板通常采用环氧树脂玻璃布铜箔板或环氧酚醛玻璃布铜箔板。由于它的两面都有印制导线，一般采用金属化孔连接两面印制导线。它的布线密度比单面板更高，使用更为方便。它适用于对电性能要求较高的通信设备、计算机、仪器和仪表等。

（3）多层印制电路板。多层印制电路板是在绝缘基板上制成三层以上印制导线的印制电路板，如图 4-3 所示。它由几层较薄的单面或双面印制电路板（每层厚度在 0.4mm 以下）叠合压制而成。为了将夹在绝缘基板中的印制导线引出，多层印制电路板上安装元器件的孔须

经金属化处理，使之与夹在绝缘基板中的印制导线沟通。目前，广泛使用的有四层、六层、八层，更多层的也有使用。其布线密度比双面板更高，使用更为方便。它适用于对电性能要求更高的计算机、高级仪器和仪表等。

图 4-1　单面印制电路板

图 4-2　双面印制电路板

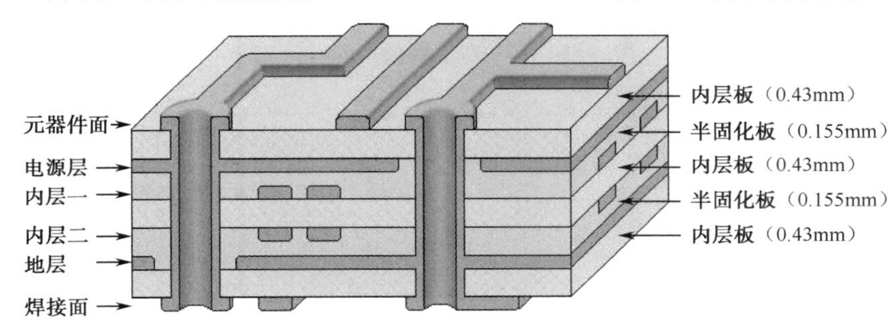

图 4-3　多层印制电路板

（4）软性印制电路板。软性印制电路板也称柔性印制电路板，是以软层状塑料或其他软质绝缘材料为基材制成的印制电路板，如图 4-4 所示。它可以分为单面、双面和多层三大类。此类印制电路板除了重量轻、体积小、可靠性高以外，最突出的特点是具有挠性，能折叠、弯曲、卷绕，自身可以端接并可三维空间排列。软性印制电路板在电子计算机、自动化仪表、通信设备中应用广泛。

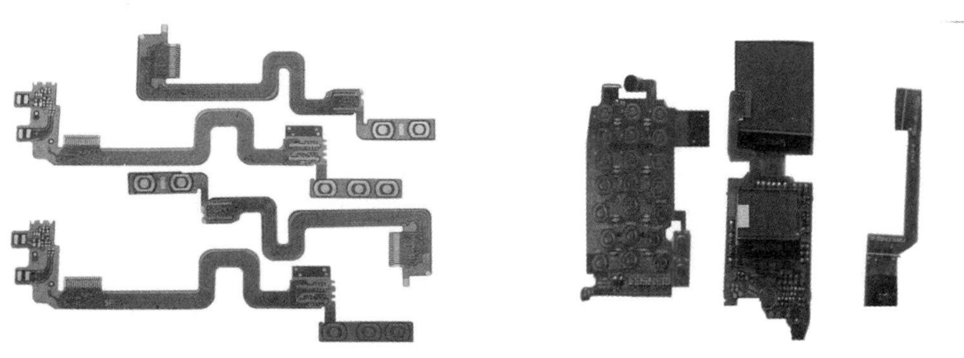

图 4-4　软性印制电路板

4.1.1 覆铜板

学习指南

印制电路板都是以覆铜板为基础进行设计、加工后制成的。那么什么是覆铜板？它由什么组成？它有什么特点？如何选用它呢？

覆以铜箔的绝缘层压板称为覆铜箔层压板，简称覆铜板。它由基板、铜箔和黏合剂构成，如图 4-5 所示。基板是由高分子合成树脂和增强材料组成的绝缘层板；在基板的表面覆盖着一层电导率较高、焊接性良好的纯铜箔，常用厚度为 9～70μm。铜箔覆盖在基板一面的覆铜板称为单面覆铜板，基板的两面均覆盖铜箔的覆铜板称双面覆铜板。铜箔能否牢固地覆在基板上，则由黏合剂来完成。它是用腐蚀铜箔法制作电路板的主要材料。

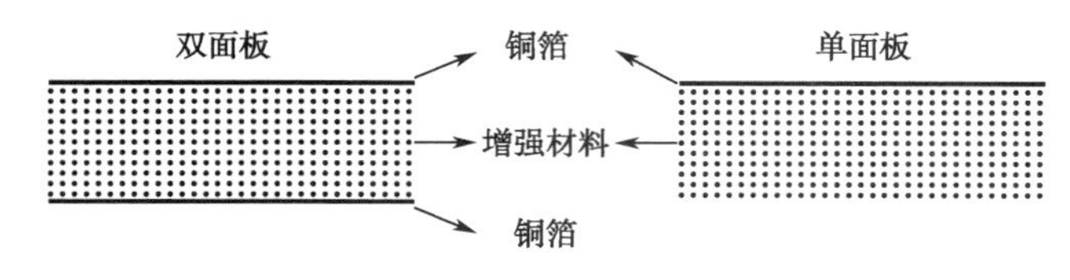

图 4-5　覆铜板的结构

想一想

日常生活中，有哪些电子产品要使用覆铜板？

1. 覆铜板的组成

1）基板

制造印制电路板的主要材料是覆铜板。覆铜板就是经过黏合、热挤压工艺，使一定厚度的铜箔牢固地覆着在绝缘基板上。所用覆铜板基板材料及厚度不同。

覆铜板所用铜箔与黏合剂也各有差异，制造出来的覆铜板在性能上就有很大差别。铜箔覆在基板的一面，称为单面覆铜板，覆在基板两面的称为双面覆铜板。

（1）酚醛纸基板。

酚醛纸基板是以酚醛树脂为黏合剂，以木浆纤维纸为增强材料的绝缘层压材料。酚醛纸基覆铜板一般可进行冲孔加工，具有成本低、价格便宜、相对密度小的优点。此类层压板价格低廉，但机械强度低、易吸水、耐高温性能差（一般不超过 100℃），主要用于低频和一般民用产品中。标准厚度有 1.0mm、1.5mm、2.0mm 3 种，一般应优先选用 1.5mm 和 2.0mm 厚的层压板。

（2）环氧玻纤布基板。

环氧玻纤布基板（俗称环氧板、玻纤板、纤维板、FR4），环氧玻纤布基板是以环氧树脂作为黏合剂，以电子级玻璃纤维布作为增强材料的一类基板。这类层压板的电气和机械性能良好、加工方便，具有较好的机械加工性能，防潮性良好，工作温度较高，可用于恶劣环境和超高频电路中。

（3）聚四氟乙烯基板。

聚四氟乙烯基板是以无碱玻璃布浸渍聚四氟乙烯分散乳液为基材，覆以经氧化处理的电

解紫铜箔，经热压而成的层压板，是一种耐高温和高绝缘的新型材料。它具有较宽的耐温范围（-23～260℃），在 200℃下可长期工作，并可在 300℃下间断工作。它主要用在高频和超高频电路中，特点是高绝缘、耐高温，但成本高、刚性差。

（4）SMT 技术的新型基板：铜基板、铝基板。其优点是降低产品运行温度，提高产品功率密度和可靠性，延长产品使用寿命。

常用覆铜板的结构、特点和应用见表 4-1。

常用覆铜板的厚度有 1.0mm、1.5mm 和 2.0mm 3 种。

表 4-1　常用覆铜板的结构、特点和应用

覆铜板名称	覆铜板标称厚度（mm）	铜箔厚度（μm）	覆铜板特点	覆铜板应用
酚醛纸质覆铜板	1.0、1.5、2.0、2.5、3.0、3.2、6.4	50～70	价格低，阻燃强度低，易吸水，耐高温性能差	中、低档民用产品，如收音机、儿童玩具等
环氧酚醛纸质覆铜板	同上	35～70	价格高于酚醛纸板，机械强度、耐高温和潮湿性能较好	工作环境好的仪器、仪表及中档以上民用电器
环氧玻璃布覆铜板	0.2、0.3、0.5、1.0、1.5、2.0、3.0、5.0、6.4	25～50	价格较高，性能优于环氧酚醛纸质板且基板透明	工作环境好的仪器、仪表及中档以上民用电器
聚四氟乙烯覆铜板	0.25、0.3、0.5、0.8、1.0、1.5、2.0	25～50	价格高，介电常数低，介质损耗低，耐高温，耐腐蚀	微波、高频、电器、航天航空、导弹、雷达等
聚酰亚胺柔性覆铜板	0.2、0.5、0.8、1.2、1.6、2.0	35	可挠性、重量轻	民用及工业电器、计算机、仪器仪表等

2）铜箔

铜箔是制造覆铜板的关键材料，必须有较高的电导率及良好的焊接性。要求铜箔表面不得有划痕、砂眼和皱褶，金属纯度不低于 99.8%，厚度误差不大于±5μm。按照部颁标准规定，铜箔厚度的标称系列为 18μm、25μm、35μm、70μm 和 105μm。我国目前正在逐步推广使用 35μm 厚度的铜箔。铜箔越薄，越容易蚀刻和钻孔，特别适合于制造线路复杂的高密度印制电路板。

3）覆铜板黏合剂

黏合剂是铜箔能否牢固地覆在基板上的重要因素。覆铜板的抗剥强度主要取决于黏合剂的性能。

2. 覆铜板的生产工艺

覆铜板的生产工艺：铜箔氧化→铜箔、基板上胶→对贴→剪切→热压→剪切，如图 4-6 所示。

3. 覆铜板的性能和标准

覆铜板的性能要求可以概括为以下 6 个方面的要求。

1）外观要求

外观要求有金属箔面凹坑、划痕、树脂点、褶皱、针孔、气泡、白丝等。

2）尺寸要求

尺寸要求有长度、宽度、对角线偏差、翘曲度等。

3）电性能要求

电性能要求包括对介电常数（Dk）、介质损耗角正切（Df）、体积电阻、表面电阻、绝缘电阻、耐电弧性、介质击穿电压、电气强度、相比漏电起痕指数（CTI）、耐离子迁移性（CAF）

等方面的要求。

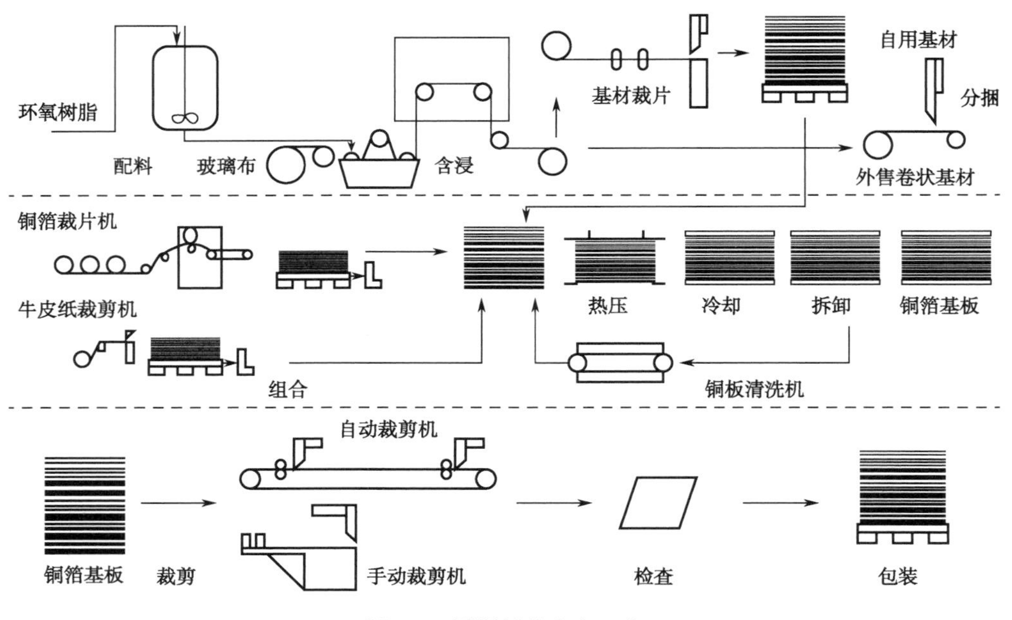

图 4-6　覆铜板的生产工艺

4）物理性能要求

物理性能要求包括对尺寸稳定性、剥离强度（PS）、弯曲强度、耐热性（热应力、Td、T260、T288、T300）、冲孔性等方面的要求。

5）化学性能要求

化学性能要求包括对燃烧性、可焊性、耐药品性、热膨胀系数、尺寸稳定性等方面的要求。

6）环境性能要求

环境性能要求包括对吸水性、压力容器蒸煮试验等方面的要求。

覆铜板标准：IPC-4101C。

覆铜板检测标准：IPC-TM-650。

4．覆铜板的选用

覆铜板的性能指标主要有抗剥强度、耐浸焊性（耐热性）、翘曲度（又叫弯曲度）、电气性能（工作频率范围、介质损耗、绝缘电阻和耐压强度）及耐化学溶剂性能。覆铜板的选用主要是根据产品的技术要求、工作环境和工作频率，同时兼顾经济性来决定的。在保证产品质量的前提下，优先考虑经济效益，选用价格低廉的覆铜板，以降低产品成本。

做一做

上网查一下资料，了解目前的主流 PCB 型号及主要用途、价格，如果要设计一个电视机主板应选用哪一种？

4.1.2　柔性电路板

柔性电路板（Flexible Printed Circuit Board）简称“软板”，行业内俗称 FPC，是用柔性的绝缘基材（主要是聚酰亚胺或聚酯薄膜）制成的印制电路板，具有许多硬性印制电路板不具

备的优点。例如，它可以自由弯曲、卷绕、折叠。利用 FPC 可大大缩小电子产品的体积，并使电子产品向高密度、小型化、高可靠性的方向发展。因此，FPC 在航天、军事、移动通信、手提电脑、计算机外设、PDA、数字相机等领域或产品上得到了广泛的应用。

学习指南

柔性电路板在电子产品中的使用越来越广泛，掌握柔性电路板的特点。

电子产品轻、薄、短、小的需求潮流使 FPC 迅速从军用转到了民用，转为消费类电子产品。近年来涌现出来的几乎所有高科技电子产品都大量采用了柔性电路板。日本学者召仓研史在《高密度挠性印制电路板》一书中说：几乎所有的电气产品内部都使用了柔性电路板，如录像机、摄像机、盒式录音机、CD 唱机、照相机、程控电话、传真机、个人计算机、文字处理机、复印机、洗衣机、电锅、空调、汽车、电子测距仪、台式电子计算机等。而今恐怕很难找到不使用柔性电路板的稍微复杂的电子产品了。

1. 柔性电路板的分类

（1）单面柔性板是成本最低，但对电性能要求不高的印制电路板。在单面布线时，应当选用单面柔性板。其具有一层化学蚀刻出的导电图形，在柔性绝缘基材面上的导电图形层为压延铜箔。绝缘基材可以是聚酰亚胺、聚对苯二甲酸乙二醇酯、芳酰胺纤维酯和聚氯乙烯。

（2）双面柔性板是在绝缘基膜的两面各有一层蚀刻制成的导电图形。金属化孔将绝缘材料两面的图形连接形成导电通路，以满足挠曲性的设计和使用功能。而覆盖膜可以保护单、双面导线并指示元器件安放的位置。

（3）多层柔性板是将 3 层或更多层的单面或双面柔性电路层压在一起，通过钻孔、电镀形成金属化孔，在不同层间形成导电通路。这样就无须采用复杂的焊接工艺。多层电路采用不的布局、装配方式，会导致电气特性在可靠性、热传导性等方面产生较大的差异。在设计布局时，应当考虑到装配尺寸、层数与挠性的相互影响。

（4）传统的刚柔性板是由刚性和柔性基板有选择地层压在一起组成的。刚性柔性板结构紧密，以金属化孔形成导电连接。如果一个印制电路板正、反面都有元器件，刚柔性板是一种很好的选择。但如果所有的元器件都在一面的话，选用双面柔性板，并在其背面层压上一层 FR4 增强材料，会更经济。

（5）混合结构的柔性电路板是一种多层板，导电层由不同金属构成。一个 8 层板使用 FR-4 作为内层的介质，使用聚酰亚胺作为外层的介质，从主板的 3 个不同方向伸出引线，每根引线由不同的金属制成。康铜合金、铜和金分别作为独立引线。这种混合结构大多用在电信号转换与热量转换的关系及电性能比较苛刻的低温情况下，是唯一可行的解决方法。

做一做

柔性电路板上的元器件能用电烙铁焊接吗？上网查一下资料，了解目前的主流柔性电路板型号及主要用途、价格。

2. 柔性电路板的优点

（1）FPC 可以自由弯曲、卷绕、折叠，可依照空间布局要求任意安排，并在三维空间任意移动和伸缩，从而实现元器件装配和导线连接的一体化。

（2）利用 FPC 可大大缩小电子产品的体积和重量。

（3）FPC 还具有良好的散热性和可焊性，以及易于装连、综合成本较低等优点，软硬结合的设计也在一定程度上弥补了柔性基材在元器件承载能力上的略微不足。

3．柔性电路板的缺点

1）一次性初始成本高

由于 FPC 是为特殊应用而设计制造的，所以开始的电路设计、布线和照相底版所需的费用较高。除非有特殊需要应用 FPC 外，通常少量应用时，最好不采用。

2）FPC 的更改和修补比较困难

FPC 一旦制成后，要更改必须从底图或编制的光绘程序开始，因此不易更改。其表面覆盖一层保护膜，修补前要去除，修补后又要复原，这是比较困难的工作。

3）尺寸受限制

FPC 在尚不普及的情况下，通常用间歇法工艺制造，因此受到生产设备尺寸的限制，不能做得很长、很宽。

4）操作不当易损坏

装连人员操作不当易引起 FPC 的损坏，其锡焊和返工都要经过训练的人员操作。

在未来数年中，更小、更复杂和组装造价更高的柔性电路将要求更新颖的方法组装，并要增加混合柔性电路。对于柔性电路工业的挑战是利用其技术优势，保持与计算机、远程通信、消费需求及活跃的市场同步。另外，柔性电路将在无铅化行动中起到重要的作用。

想一想

电子产品上一般什么地方使用柔性电路板？

任务 4.2　常用线材与绝缘材料

任务引入

电子整机生产中常用的各种线材、绝缘材料种类繁多，因此要学习各种材料的分类、特点和性能参数，掌握正确选择和合理使用各类材料的方法。

案例：近年来，我国出口灯具产品质量逐步提高，但出入境检验检疫部门发现，出口灯具产品的导线安全问题依然存在，甚至已成为出口灯具产品安全试验不合格的“头号杀手”。据欧盟非食品类产品快速预警系统和美国消费品安全委员会的统计数据，2012 年，通报我国不合格出口灯具产品 75 起，其中涉及电源导线的有 31 起，占比高达 41.3%。灯具检验专家分析，出口灯具导线不合格主要表现为 3 个方面：一是导线横截面积不足，会引起的危险主要有电线过热、短路甚至于火灾危险；二是导线绝缘层绝缘强度不足，会引起绝缘线老化、破裂等电击危险；三是导线缺乏有效保护，如缺软线固定装置、电源线周围有锐边等，会引起导线易被拉出、外壳表面带电等危险。

4.2.1　常用线材

线材是电能或电磁信号的传输线，构成电线与电缆的核心材料是导线。一般常用线材电线与电缆两类。按材料可分为单金属丝（如铜丝、铝丝）、双金属丝（如镀银铜线）和合金线；

按有无绝缘层可分为裸电线和绝缘电线。

掌握不同线材的结构特点、分类及选用方法。

1．电线类

1）裸导线

裸导线（又称裸线）是表面没有绝缘层的金属导线，可分为圆单线、绞线、软接线和其他特殊导线，如图 4-7 所示。裸线可作为电线电缆的导电线芯，也可直接使用，如电子元器件的连接线。

图 4-7　常见裸导线

2）绝缘电线

绝缘电线是在裸导线表面裹上绝缘材料层。按用途和导线结构分为固定敷设电线、绝缘软电线（橡胶绝缘编织软线、聚氯乙烯绝缘电线、铜芯聚氯乙烯绝缘安装电线、铝芯绝缘塑料护套电线）和屏蔽线。屏蔽线是用来防止因导线周围磁场的干扰而影响电路的正常工作的绝缘电线，是在绝缘电线绝缘层的外面再包上一层金属编织构成一个金属屏蔽层。

3）电磁线

电磁线是由涂漆或包缠纤维做成的绝缘导线，它的导电电线芯有圆线、扁线、带箔等。常用的电磁线分为绕包线（丝包、玻璃丝包、薄膜包、纱包）和漆包线两大类。漆包线的绝缘层是漆膜，在导电线芯上涂敷绝缘漆后烘干而成。绕包线是用玻璃丝、绝缘纸或合成树脂薄膜等紧密绕包在导电线芯上，形成绝缘层，也有在漆包线上再加绕包绝缘层的。主要用于绕制电机、变压器、电感线圈等的绕组，其作用是通过电流产生磁场或切割磁力线产生电流，以实现电能和磁能的相互转换。

2．电缆类

电缆是在单根或多根绞合而相互绝缘的芯线外面再包上金属壳层或绝缘护套而组成的，如图 4-8 所示。按照用途不同，分为绝缘电线电缆和通信电缆。

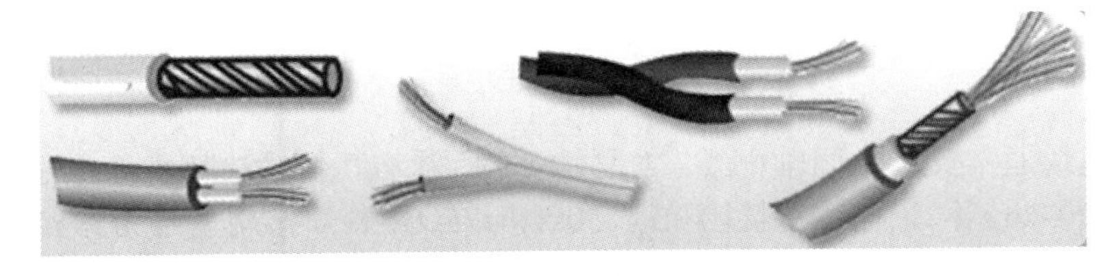

图 4-8　电缆

电缆由导体、绝缘层、屏蔽层、护套组成，如图 4-9 所示。

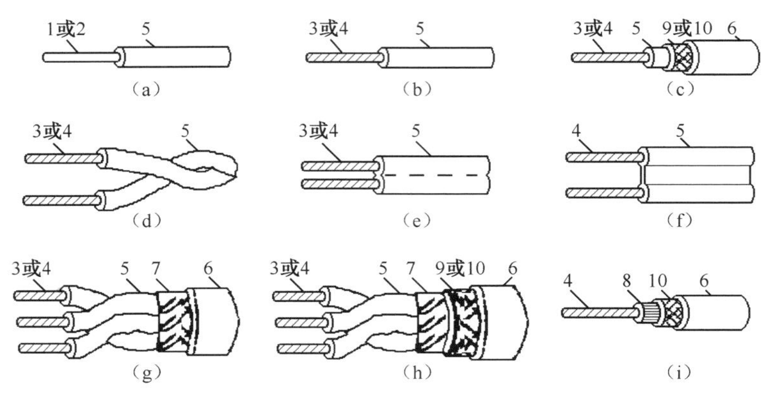

1—单股镀锡铜芯线；2—单股铜芯线；3—多股镀锡铜芯线；4—多股铜芯线；5—聚氯乙烯绝缘层；6—聚氯乙烯护套；
7—聚氯乙烯薄膜绕包；8—聚乙烯星形管绝缘层；9—镀锡铜编织线屏蔽层；10—铜编织线屏蔽层

图 4-9　常见电缆线的结构

导体的主要材料是铜线或铝线，采用多股细线绞合而成，以增加电缆的柔软性。为了减少集肤效应，也有采用铜管或皱皮铜管作导体材料。

绝缘层由橡皮、塑料、油纸、绝缘漆、无机绝缘材料等组成，有良好的电气和机械物理性能。绝缘层的作用是防止通信电缆漏电和电力电缆放电。

屏蔽层是用导电或导磁材料制成的盒、壳、屏、板等将电磁能限制在一定的范围内，使电磁场的能量从屏蔽体的一面传到另一面时受到很大的衰减。一般用金属丝包或用细金属丝编织而成，也有采用双金属和多层复合屏蔽的。

电线电缆绝缘层或导体上面包裹的物质称为护套。它主要起机械保护和防潮的作用，有金属和非金属两种。

为了增强电缆的抗拉强度及保护电缆不受机械损伤，有的电缆在护套外面还加有钢带铠装、镀锌扁钢丝或镀锌圆钢丝铠装等保护层。

电缆根据用途可分为如下 3 类。

（1）电力电缆。电力电缆主要用于电力系统中的传输和分配，大多是用纸或橡皮绝缘的 2～4 芯电缆，有的外层还用铅作为保护层，甚至再加上钢的铠装。

（2）电气装配用电缆。电气装配用电缆包括各种电器设备内部的安装连接线、电器设备与电源间的连接用电线电缆、信号控制系统用电线电缆及低压配电系统用绝缘电线等。

（3）通信电缆。通信电缆包括电信系统中各种通信电缆、射频电缆、电话线和广播线等。通信电缆按不同结构分为对称电缆和同轴电缆，如图 4-10 所示；按不同用途分为市内通信电缆、长途对称电缆和干线通信电缆 3 种。一般通信电缆多为对称电缆且为多芯电缆，是成对出现的，对数可达几百甚至上千对，其芯间多为纸或塑料绝缘，外面还用橡胶、塑料或铅等作为保护层。由于对称电缆的每一对绝缘芯线与地是对称的，其磁场效应及涡流效应较强，传输频率不能太高，通常在几百千赫以下。

单芯高频电缆通常又称为同轴电缆，如图 4-11 所示，其传输损耗小，传输效率很高，适于长距离和高频传输。同轴电缆特性阻抗有 50Ω和 75Ω两种，常用型号为 SYV-XX-X，意为聚乙烯绝缘射频同轴电缆，XX 表示特性阻抗，X 表示外导体近似直径（mm）。

高频电缆（射频电缆）主要用于传输高频、脉冲、低电平信号等，具有良好的传输效果，并且衰减小、抗干扰能力强、天线效应小、有固定的波抗阻，便于匹配，但加工较困难。高

频电缆又分为单芯和双芯电缆，双芯高频电缆又称为平行线。SBVD 型带电视引线，其特性阻抗为 300Ω，如图 4-9 所示。它的优点是价格便宜，易实现匹配；缺点是没有屏蔽层，易引入干扰杂波，抗干扰性能差。

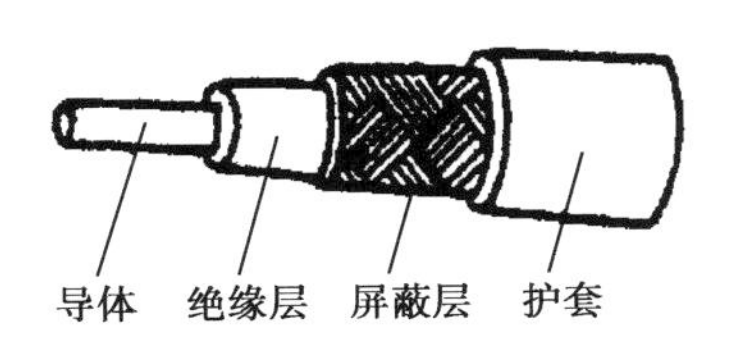

图 4-10　同轴电缆线的结构

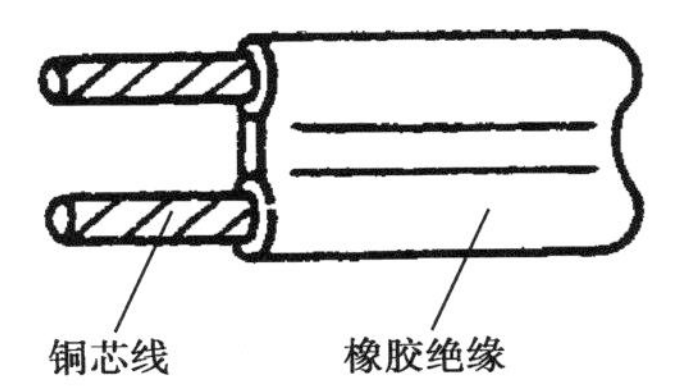

图 4-11　SBVD 带形线的结构

想一想

选用线材的选用时应考虑哪些因素？

3．导体材料

导体材料主要是导电性能好的铜线和铝线，大多制成圆形截面，少数根据特殊要求制成矩形或其他形状的截面。对于电子产品来说，几乎都使用铜线。纯铜线的表面很容易氧化，一般导线是在铜线表面镀耐氧化金属。

例如，普通导线——镀锡能提高可焊性；高频用导线——镀银能提高电性能；耐热导线——镀镍能提高耐热性能；后两种导线的成本较高，使用不如镀锡导线普遍。

导线的粗细标准称为线规，有线号和线径两种表示方法。

按导线的粗细排列成一定号码的称为线号制，线号越大，其线径越小，英、美等国家采用线号制；线径制则是用导线直径的毫米（mm）数表示线规，中国采用线径制。

4．绝缘外皮材料

导线绝缘外皮的作用除了有电气绝缘、能够耐受一定电压以外，还有增强导线机械强度、保护导线不受外界环境腐蚀的作用。

导线绝缘外皮的材料主要有塑料类（聚氯乙烯、聚四氟乙烯等）、橡胶类、纤维类（棉、化纤等）、涂料类（聚酯、聚乙烯漆）。它们可以单独构成导线的绝缘外皮，也能组合使用。常见的塑料导线、橡皮导线、纱包线、漆包线等，就是以外皮材料区分的。因绝缘材料不同，它们的用途也不相同。

5．常用线材的型号、主要用途见表 4-2、4-3、4-4、4-5。

表 4-2　常用裸线的型号和用途

分　类	名　称	型　号	主 要 用 途
裸单线	圆铝线（硬、半硬、软） 圆铜线（硬、软） 镀锡软圆铜单线	LY、LYB、LR TY、TR TRX	供电线电缆及电气设备制品用（如电机、变压器等），硬圆铜线可用于电力及通用架空线路
裸绞线	铝绞线 钢芯铝绞线	LT LGJ、LGJQ、LGJJ	供高低压输电线路用
软接线	铜电刷线（裸、软裸） 纤维编软电软线（铜、软铜）	TS、TSR TSX、TSXR	供电机、电器线路连接线用
	裸铜软绞线	TRJ、TRJ-124	供移动电器、设备连线连接线用

续表

分　类	名　称	型　号	主要用途
型线	扁铜线（硬、软） 铜带（硬、软） 铜母线（硬、软） 铝母线（硬、软）	TBY、TBR TDY、TDR TMY、TMR LMY、LMR	供电机、电器、安装配电设备及其他电工方面用
特殊线	空心导线（铜、铝）	TBRK、LBRK	供水内冷电机、变压器作为绕组线圈的导体

表 4-3　常用电磁线的型号和用途

分　类	名　称	型　号	主要用途
漆包线	油性漆包线	Q	中、高频线圈及仪表、电器的线圈
	缩醛漆包铜线（圆、扁）	QQ-1～3、QQB	普通中、小型电机绕组、油浸变压器线圈、电器仪表用线圈
	聚氨脂漆包圆铜线	QA-1～2	要求 Q 值稳定的高频线圈、电视用线圈和仪表用微细线圈
	聚脂漆包扁铜线	QZ-1～2	中、小型电器及仪表用线圈
	改性聚脂亚氨漆包圆、扁铜线	QZY-1～2、QZYHB	高温电机、制冷电机绕组、干式变压器线圈、仪表线圈
	耐冷冻剂漆包圆铜线	QF	空调设备和制冷设备电机的绕组
绕包线	纸包铜线（圆，扁）	Z、ZB	油浸变压器线圈
	双玻璃丝包铜线（圆，扁）	SBEC、SBECB	中、大型电机的绕组
	聚酰胺薄膜绕包线	Y、YB	高温电机和特种场合用电机绕组
特种电磁线	换位导线	QQLBH	大型变压器线圈
	聚乙烯绝缘尼龙护套湿式潜水电机绕组线	QYN、SYN	潜水电机绕组

表 4-4　常用通信电缆的型号和主要用途

名　称	型　号	主要用途
橡皮广播电缆	SBPH	用于无线广播、录音和留声机设备，固定安装或移动式电器设备连接。使用温度：-50～50℃
橡皮软电缆	YHR	
橡皮安装电缆	SBH、SBHP	
聚氯乙烯绝缘同轴射频电缆	SYV	用于固定式无线电装置。使用温度-40～60℃
空气-聚乙烯绝缘同轴射频电缆	SIV-7	
耐高温射频电缆	SFB	适用于耐高温的无线电设备连接线，可传输高频信号。使用温度：-55～250℃
铠装强力射频电缆	SJYYP	适用于传输高频电能。使用温度：-40～60℃
双芯高频电缆	SBVD	适用于电视接收天线引线（馈线）。使用温度：-40～60℃
聚氯乙烯安装电缆	AVV	适用于野外线路及仪表固定安装。使用温度：-40～60℃

表 4-5 常用绝缘电线电缆的型号和用途

分类	名称	型号	主要用途
固定敷设电线	橡皮绝缘电线	BXW、BLXW、BXY、BLXY	适用于交流500V以下的电气设备和照明装置，固定敷设。长期工作温度不超过65℃
	聚氯乙烯绝缘电线	BV、BLV、BVR、BLVV、BV-105	适用于交流电压450/750V及以下的动力装置的固定敷设
绝缘软电线	聚氯乙烯绝缘软电线	BV、RVB（平行连接软线）、RVS（双绞线）、RWB、RV-105	适用于交流额定电压450/750V及以下的家用电器、小型电动工具、仪器仪表及动力照明等装置，长期工作温度低于50℃，RV-105低于105℃
	橡皮绝缘编织软电线	RXS、RX、RXH	适用于交流额定电压为300V及以下的室内照明灯具、家用电器和工具等，长期工作温度不超过65℃
	橡皮绝缘平软型电线	RXB	适用于各种移动式的额定电压为250V及以下的电气设备、无线电设备、照明灯具等，长期工作温度不超过60℃
户外用聚氯乙烯绝缘电线	钢芯聚氯乙烯电线 铅芯聚氯乙烯绝缘电线	BVW BLVW	适用于交流额定电压450/750V以下的户外架空固定敷设电线，长期允许工作温度为-20～+70℃
铜芯聚氯乙烯绝缘安装电线	聚氯乙烯绝缘安装电线	AV	用于交流电压250V以下或直流电压500V以下的弱电流仪表或电信设备电路的连接，使用温度为-60～70℃
	聚氯乙烯绝缘软电线	AVR	
	纤维聚氯乙烯绝缘安装线	AVRP	
	纤维聚氯乙烯绝缘安装线	ASTV、ASTVR、ASTVRP	适用于电气设备、仪表内部及仪表之间固定安装用线。使用温度为-40～60℃
专用绝缘电线	绝缘低压电线	QVR、QFR	供汽车、拖拉机中电器、仪表连接及低压电线之用
	绝缘高压电线	QGV、QGXV、QGVY	用于汽车、拖拉机等发动机、高压点火器作的接线
	航空导与特殊安装线	FVL、FVLP、FVN、FVNP	用于飞机上的低压线的安装
电力电缆	油浸纸绝缘电缆	ZLL、ZL、ZLQ、ZLLF、ZLQQ、ZLDF、ZLCY	1～35kV级，电网中传输电能之用
	塑料绝缘电缆	VLV、VV、YLY	110kV级，防腐性能好
		YJLV	6～220kV级
	橡皮绝缘电缆	—	0.5～35kV级用于发电厂、变电站等连接线
	气体绝缘电缆 新型电缆（低湿超导）	—	220～500kV级电网中使用

6．线材的选用

线材的选用要从电路条件、环境条件和机械强度等多方面综合考虑。

1）电路条件

（1）允许电流。允许电流是指常温下工作的电流值，导线在电路中工作时的电流要小于允许电流值。

表 4-6 中列出的安全载流量是铜芯导线在环境温度为 25℃、载流芯温度为 70℃的条件下架空敷设的载流量。当导线在机壳内、套管内等散热条件不良的情况下，载流量应该打折扣，取表 4-6 中数据的 1/2 是可行的。一般情况下，载流量可按 5A/mm^2 估算，这在各种条件下都是安全的。

表 4-6　铜芯导线的安全载流量（25℃）

截面积（mm^2）	0.2	0.3	0.4	0.5	0.6	0.7	0.8
载流量（A）	4	6	8	10	12	14	17
截面积（mm^2）	1.0	1.5	4.0	6.0	8.0	10.0	—
载流量（A）	20	25	45	56	70	85	—

（2）电线电阻的压降。导线很长时，要考虑导线电阻对电压的影响。

（3）额定电压与绝缘性。使用时，电路的最大电压应小于额定电压，以保证安全。

随着所加电压的升高，导线绝缘层的绝缘电阻将会下降。如果电压过高，就会导致放电击穿。导线标识的试验电压是表示导线加电 1min 不发生放电现象的耐压特性。实际使用中，工作电压应该约为试验电压的 1/3～1/5。

（4）使用频率与高频特性。对不同的频率选用不同的线材，要考虑高频信号的趋肤效应。

（5）特性阻抗。在射频电路中选用同轴电缆馈线，应注意阻抗匹配，以防止信号的反射波。特性阻抗有 50Ω和 75Ω两种。

2）导线颜色的选用

为了整机装配及维修方便，导线和绝缘套管的颜色选用要符合习惯、便于识别，通常导线颜色按表 4-7 中的规定配置，以方便合理选用。

表 4-7　导线颜色的选用

电路种类		导线颜色
一般 AC 电路		①白　②灰
AC 电源线	相线 A	黄
	相线 B	绿
	相线 C	红
	工作零线	淡蓝
	保护零线	黄绿双色
DC 线路	+	①红　②棕　③黄
	GND	①黑　②紫
	−	①蓝　②白底青纹
晶体管	E	①红　②棕
	B	①黄　②橙
	C	①青　②绿
立体声	右声道	①红　②橙
	左声道	①白　②灰

3）环境条件

所选择的电线应具备良好抗拉强度、耐磨损性和柔软性，质量要轻，以适应环境的机械

振动等条件。所选线材应能适应环境温度的要求。因为环境温度会使电线的敷层变软或变硬，以至于变形、开裂，甚至短路。选用线材还应考虑安全性，防止火灾和人身事故的发生。易燃材料不能作为导线的敷层。

4）机械强度

所选择的电线应具有良好的拉伸、耐磨损和柔软性，质量要轻，以适应环境的机械振动等条件。具体选择使用条件可查有关手册。

做一做

判别下列导线的使用场合是否正确？并说明理由。

（1）家庭装修时，墙壁内走线选用 AVTVR 导线。

（2）在收音机、电视机及其他电子设备中选用 AV 导线。

（3）常见小变压器上选用普通光铜导线。

4.2.2　电子产品中的绝缘材料

绝缘材料具有高电阻率，是能够隔离相邻导体或防止导体间发生接触的材料，又称为电介质。它的作用是在电气设备中把电位不同的带电部分隔离开来。因此，绝缘材料应该有较高的绝缘电阻和耐压强度，能避免发生漏电、爬电或电击穿等事故。耐热性能要好（其中尤其以不因长期受热作用而产生性能变化最为重要）。还应有良好的导热性、耐潮、较高的机械强度及工艺加工方便等特点。绝缘材料是电气工程中用途很广、用量很大、品种很多的一类电工材料。

学习指南

熟悉绝缘材料的分类及用途。

1．绝缘材料的分类

绝缘材料在电工产品中占有极其重要的地位，由于其涉及面广、品种多，为了便于掌握和使用，通常根据其不同特征进行分类。

（1）按物质形态分类：可分为气体绝缘材料、液体绝缘材料和固体绝缘材料 3 种类型。

① 气体绝缘材料，如空气、氮气、氢气等。

② 液体绝缘材料，如电容油、变压器油、开关油等。

③ 固体绝缘材料，如电容器纸、聚苯乙烯、云母、陶瓷、玻璃等。

（2）绝缘材料按其用途分类：可分为介质材料、装置材料、浸渍材料和涂敷材料等类型。介质材料，如陶瓷、玻璃、塑料膜、云母、电容纸等；装置材料，如装置陶瓷、酚醛树脂等。

（3）绝缘材料按其来源分类：可分为天然绝缘材料、人工合成绝缘材料。

（4）常用绝缘材料按其化学性质不同分类：可分为有机绝缘材料、无机绝缘材料和混合绝缘材料 3 种类型。

① 有机绝缘材料有棉纱、麻、蚕丝、树脂、人造丝等。有机绝缘材料的特点是密度小、易加工、柔软，但耐热性不高、化学稳定性差、容易老化。

② 无机绝缘材料有石棉、陶瓷、大理石、硫黄、云母等，主要用作电机、电器的绕组绝缘及开头底板的制造材料等。无机绝缘材料的特点与有机绝缘材料相反。

③ 混合绝缘材料是由以上两种材料经加工后制成的各种成型绝缘材料，常用作电器底

座、外壳等。

想一想

在电子产品中有哪些常见的绝缘材料？

2．常用绝缘材料

1）气体绝缘材料

气体绝缘材料常用于电气绝缘、冷却、散热、灭弧等，在电机、仪表、变压器、电缆、电容器中得到广泛应用。在较低的电场强度和无外部电离因素的情况下，常温常压的干燥气体都是较好的电介质。电工设备常用的气体有空气、氮、六氟化硫等。

（1）空气。

空气是一种常见、常用的气体绝缘材料，即使使用其他绝缘材料时，也可能有部分空气绝缘的存在。空气的液化温度低，击穿后若去掉外加电压能自动恢复其绝缘性能，且电气性能和物理性能稳定，所以在开关中广泛应用空气作为绝缘介质。

增加气体压力或抽成真空可以提高气体的击穿电压。

（2）压缩氮气。

氮气是一种无色、无味、不燃和无毒的气体，但有窒息作用，它的热稳定性和化学稳定性良好，与惰性气体相比能溶于水和乙醇，与空气相比在化学惰性上要好，与其共存的材料很难与其起化学作用。所以，目前多以压缩氮气取代压缩空气作为介质用。

（3）六氟化硫。

六氟化硫是一种无色、无臭、不燃不爆、负电性很强的惰性气体。

六氟化硫具有较高的热稳定性和化学稳定性，同时具有良好的绝缘性能和灭弧性能，在均匀的电场中其击穿强度为空气或氮的2.3倍。它的灭弧能力好，为空气灭弧能力的100倍，也远比压缩空气强，尤其适用于切断高压大电流的断路器。近年已将六氟化硫用于断路器、避雷针、变压器、高压套管、电缆中。

2）绝缘漆

绝缘漆和胶都是以高分子聚合物为基础，能在一定条件下固化成绝缘膜或绝缘整体的重要绝缘材料。

绝缘漆主要由漆基、溶剂、稀释剂、填料、颜料组成。漆基是形成漆膜的物质，溶剂及稀释剂是用来溶解漆基，调节漆的黏度和固体含量，对漆膜质量影响很大。

绝缘漆主要用来浸渍多孔性绝缘零部件或涂敷在工件、材料表面。按用途绝缘漆可以分为浸渍漆和涂敷漆两大类。

① 浸渍漆主要用来浸渍电机、电器的线圈和绝缘零部件，以填充其间隙和微孔，并使线圈粘成一个结实的整体，提高绝缘结构的耐潮性、导热性、击穿强度和机械强度。

浸渍漆分为有溶剂漆和无溶剂漆两类。

② 涂敷漆主要用于涂刷工件表面，使其形成一层连续而均匀的漆膜，起到防护工件的作用。

3）绝缘纤维制品

（1）纤维制品及其分类。

绝缘纤维制品：指直接用于电器产品中的天然纤维和合成纤维组成的纸、管等绝缘材料。绝缘纤维制品分为天然纤维制品和合成纤维制品两大类，如纸、纸板、聚酯薄膜等。

天然纤维制品：具有一定的机械强度，但易吸潮且耐热性能差，故绝缘性能较差。

合成纤维一般为塑料纤维，有良好的耐热性、耐腐蚀性、抗拉强度高、介电性能好等优点，是一种有发展前途的新产品。

（2）绝缘纸。

电缆纸：由未漂白木材纤维经纸压机加工制成，分高压电缆纸、低压电缆纸和皱纹纸 3 种。

电话纸：也是由未漂白木材纤维制成，其表面光洁、无皱折、无眼空及无硬质块等外来杂质。主要用于通信电缆绝缘。

电容纸：由未漂白木材纤维浆制成。电容纸的特点是紧度大、厚度薄、尺寸偏差小。主要用作电子工业用电容器的极间介质或用作电力电容器的极间介质。

浸渍纸：由半漂白木材纤维浆制成。它的击穿强度和机械强度较电缆纸、电容纸低。主要用于电器、开关、无线装置的绝缘和结构的成型零部件。

聚酯纤维纸和耐高温合成纤维纸：都是塑料纤维，但成分不同，常做成复合薄膜制品，用于电机槽绝缘。

4）绝缘层压制品

绝缘层压制品是以有机纤维、无机纤维纸或布作为底材，浸涂不同的胶黏剂，经热压、卷制而成层状结构的绝缘材料。按成型工艺，层压制品可分为层压板、卷制制品（管、筒）和模压制品三类。

5）绝缘薄膜

电工用绝缘薄膜是由高分子化合物制得的一种薄而软的绝缘材料。其特点是厚度薄、柔软、耐潮、电气性能和机械性能好。其厚度范围大致为 0.006～0.5mm。根据需要，还可制成更薄或较厚的材料。薄膜主要用作电机、电器线圈和电线电缆绕包绝缘，以及作为电容器的介质。电工用薄膜主要有聚酯薄膜、聚丙烯薄膜、聚酰亚胺薄膜、聚四氟乙烯薄膜、聚乙烯薄膜等。

6）绝缘油

液体绝缘材料通常呈油状存在，所以液体绝缘材料又称为绝缘油。

（1）作用。在电工设备中，绝缘油可填充间隙、排除气体，以增强设备的绝缘能力，如高压充油电缆。绝缘油还可作为冷却剂，依靠液体的对流作用，改善设备的冷却散热条件，如油浸变压器。在断路器中用绝缘油作为灭弧介质。绝缘油可用作绝缘漆的稀释剂或膜物（保护层）。绝缘油用于油浸纸介质电容器以提高容量和击穿强度。

（2）分类。根据绝缘油的来源可以分为天然油和合成油两类。

天然的绝缘油有矿物油和植物油；合成油有氯化物、氟化物、硅化物等。

绝缘油中用量最大、用途最广的是矿物油，矿物油中变压器油用量最大，其他矿物油，如电容油都是从变压器油中进一步精炼而成。

3. 绝缘材料的电气性能

电介质在使用过程中会发生电导、极化、损耗、老化、击穿等现象，这些都是电介质的基本特性。

（1）绝缘材料（电介质）的极化和介电常数：绝缘材料在没有外电场作用时不呈现电的极性，在外电场作用下，绝缘材料中大多数被束缚的电荷将按其所受作用力的方向发生位移，其表面会出现净的正、负电荷，这称为电介质的极化。

极化的种类有电子式极化、离子式极化、偶极式极化、自持式极化、空间电荷极化、自发式极化等几种类型。

表征电介质极化程度的物理量称为介电常数（又称电容率，用ε表示，以法拉每米，即F/m 为单位表示）。中性电介质的介电常数一般小于 10，而极性电介质的介电常数一般大于 10，甚至达数千。影响绝缘材料介电常数因素有频率、温度、湿度。例如，电器设备受潮后，因为水的介电常数很大，致使绝缘材料的介电常数也要大大增加。

（2）电阻率。绝缘材料并不是绝对不导电的材料，在绝缘材料内部多少存在一些带电质点，在电场作用下总会有极微弱的电流流过，此电流称为漏导电流或漏导。绝缘材料的电导特性一般用电阻率ρ或电导率γ来定量地表示，其关系为$\gamma=1/\rho$。绝缘材料的电阻率ρ为

$$\rho = R\frac{S}{L}$$

其中，绝缘材料的电阻为R（Ω），截面积为S（m^2），长度为L，电阻率单位是Ω · m。

（3）介质损耗。在交变电场作用下，电介质的部分电能将转变成热能，这部分能量称为电介质的损耗，简称介质损耗。单位时间内消耗的能量称为介质损耗功率。介质损耗是绝缘材料的重要品质指标之一，作为绝缘材料，总希望介质损耗越小越好。介质损耗越大，介质发热就越严重，它是导致电介质发热击穿的根源，特别是用于电容器的介质，不容许有大量的能量损耗，否则会降低整个电路的工作质量，损耗严重时甚至会引起介质的过热而损坏绝缘。介质损耗的主要原因是漏导损耗和极化损耗。

（4）电介质的击穿。处于电场中的绝缘物质，当电场强度增大到某一临界值时，通过绝缘物质的电流剧烈增长，致使绝缘物质局部破坏或分解，丧失绝缘性能，这种现象称为电介质的击穿。使绝缘物质发生击穿的电场强度称为绝缘强度（或称绝缘耐压强度）。它反映绝缘材料在外施电压达到某一极限值时保持绝缘性能的能力。

气体在外加电压作用下的导电现象称为放电。纯净的液体电介质的击穿和气体的击穿原理相似，也是由电子引起撞碰游离，最后导致击穿。固体电介质的击穿主要有电击穿、热击穿和局部放电击穿等几种形式。

（5）电介质的老化。电介质在使用过程中，受各种因素的长期作用，会产生一系列缓慢的不可逆的物理、化学变化，从而导致其电气性能和机械性能的恶化，最后丧失绝缘性能。这一不可逆的变化称为电介质的老化。

影响电介质的老化的因素很多，如光、电、热、辐射、微生物等，但主要因素是过热和局部放电。在低压电器设备中促使电介质老化的主要因素是过热，而在高压设备中促使电介质老化的主要因素是局部放电。为了保证电介质的使用寿命，针对介质老化的各种形式，要采取不同的防老化措施。

4．常用绝缘材料的非电气性能

1）绝缘材料的热性能

（1）耐热性：表示绝缘材料在高温作用下，不改变介质的物理、化学、机械等特性的能力。绝缘材料的耐热性对电工产品的容量、体积、成本都有影响。采用耐热性能高的绝缘材料可使电机、电器在规定的范围内，缩小产品的体积、减轻重量和降低成本。耐热性的好坏是以材料所允许的最高工作温度的高低来评价的。国际上根据绝缘材料的耐热程度，将材料划分为下列 7 个耐热等级，各级的最高允许工作温度见表 4-8。

表 4-8　绝缘材料的耐热等级

耐热等级	Y	A	E	B	F	H	C
工作温度	90℃	105℃	120℃	130℃	150℃	180℃	180℃以上

选用绝缘材料时，必须根据设备的最高允许温度，选用相应等级的绝缘材料。

（2）热稳定性：是指材料在温度反复变化的情况下，不改变其物理、化学、机械、介电性能并能保持正常状态的能力。这个性能与材料本身的膨胀系数有很大的关系。热膨胀系数大的材料，因材料膨胀和收缩会使材料开裂，所以热稳定性对室外工作的设备和受温度频繁变化影响的设备的绝缘有着重要的意义。

绝缘涂层所具有的热稳定性能是指在规定温度和持续时间下，不改变外观色泽、无脱层、不剥落和无裂纹的性能。

（3）耐寒性：是指绝缘材料能保持正常的机械、物理性能的最低温度。

在低温下，固体绝缘材料的某些电性能往往会变好，但其机械性能却会变差，如因变硬、发脆等而出现断裂或缝隙，使介质不能继续使用。液体介质在低温时，黏度将增大，甚至发生凝结，从而降低其对流散热的能力和充填气隙的效能。

（4）导热性：表示绝缘材料的传热能力。导热性能的好坏以热导率（热导系数）的大小来表示。

（5）黏度：黏度是说明流体改变形状的难易程度，或说明液态材料内部质点移动时所受阻力的大小，以及别的物质在其中移动时受到的阻力程度。液体的黏度与其温度有关，当温度升高时，黏度随之下降；当温度降低时，材料收缩，黏度随之增大。

2）绝缘材料的物理、化学性能

（1）熔点：是材料由固体状态转变为液体状态的温度值。在选用绝缘材料时，一般要求绝缘材料具有较高的熔点或软化点，以保证绝缘结构的强度和硬度。

（2）吸湿性：绝缘材料都或多或少的具有从周围媒质中吸收水分的能力，称为绝缘材料的吸湿性。它是表示绝缘材料在温度为20℃和相对湿度为97%～100%的空气中的吸湿程度。

受到空气湿度的影响，引起电介质的介电常数增加、绝缘电阻下降、损耗增大和承受电场作用的能力降低。因此，提高电介质的防潮性能很重要。

（3）化学稳定性：是表示材料抵抗和它接触的物质（如氧、酸、碱等）的侵蚀能力。也就是材料在这些介质中，其表面颜色、重量和原有特性不发生或只有极微小变化的性能。

3）绝缘材料的机械性能

机械性能主要包括硬度和强度。

（1）硬度：表示材料表面受压后不变形的能力。

（2）抗拉、抗压、抗弯强度：它们分别表示在静态下单位面积的固体绝缘材料，承受逐步增大的拉力、压力、弯力直到破坏时的最大负荷。

（3）抗冲击强度：表示材料承受动负荷的能力。抗冲击强度大的材料称为韧性材料，抗冲击强度小的材料称为脆性材料。

（4）塑性及其衡量指标：塑性是材料的性能之一，表现为引起材料发生变形的应力消除后，变形不能完全消失，即发生塑性变形现象。材料在断裂前发生塑性变形的能力称为塑性。衡量材料塑性好坏的指标是延伸率（伸长率）和断面收缩率。

5. 绝缘材料的用途

缘材料在电子产品中主要有如下几方面的应用。

（1）介质材料。介质材料用作电容器的介质，要求介电常数大、损耗小。

（2）装置和结构材料。装置和结构材料用作开关、接线柱、线圈骨架、印制电路板及一些机械结构件，要求有高的机械强度。对作为高频应用的材料还要求介质损耗和介电常数小，以减小损耗和分布电容。

（3）浸渍、灌封材料。浸渍、灌封材料要求有良好的电性能，以及粘度小、化学稳定性高、吸水性小、阻燃性好、无毒等。

（4）涂敷材料。涂敷材料要求有良好的附着性。

常用绝缘材料的主要用途见表4-9。使用时应根据产品的电气性能和环境条件要求，合理选用绝缘材料。

表 4-9　常用绝缘材料的主要用途

名称及标准号	牌　　号	特性及用途
电缆纸 QB131-61	K-08，K-12，K-17	用作 35kV 的电力电缆、控制电缆、通信电缆及其他电缆绝缘纸
电容器纸 QB603-72	DR-III	在电子设备中用作变压器的层间绝缘
黄漆布与黄漆绸 JB879-66	2210	适用于一般电机电器衬垫或线圈绝缘
黄漆管 JB883-66	2710	有一定的弹性，适用于电器仪表、无线电元器件和其他电器装置的导线连接保护和绝缘
环氧玻璃漆布		适用于包扎环氧树脂浇注的特种电器线圈
软聚氯乙烯（带）HG2-64-65		用作电器绝缘及保护，颜色有灰、白、天蓝、紫、红、橙、棕、黄、绿等
聚四氟乙烯电容器薄膜、聚四氟乙烯电容器绝缘薄膜	SFM-1 SFM-3	用作电容器及电气仪表中的绝缘，适用温度-60～25℃
酚醛层压纸板 JB885-66	3021 3023	3023 具有低的介质损耗，适用于无线电电信
酚醛层压布板 JB886-66	3025	有较高的机械性能和一定的介电性能，适于用作电气设备中绝缘结构的零部件
环氧酚醛玻璃布板 JB887-66	3240	有较高的机械性能、介电性能和耐水性，适于用作潮湿环境下电气设备结构的零部件

做一做

上网查一下以下物品是用的什么绝缘材料？一般用在什么地方及特点。

（1）电工常用的电工胶布。

（2）家中常见的导线外表皮。

（3）电动机中的绕组。

任务 4.3　焊料与焊剂

任务引入

掌握焊料的分类及选用方法，重点学会锡铅焊料与焊膏的特点；掌握助焊剂与阻焊剂的分类及用途。

案例：某型号电视机在使用 5 年后出现大批量的各种故障，拆开返修时发现故障原因是印制电路板上许多焊点出现裂纹，稍一用力焊点就脱焊，分析其主要原因是由于焊料的质量及焊接工艺控制不好，给企业以后的产品销售造成了许多负面影响。

电子产品几乎都离不开焊接技术，在电子产品中，焊接不仅为了实现机械上的结合，更重要的是完成电的连接。焊接的好坏直接影响到产品的质量和可靠性。焊接就是采用适当的焊料，将两个以上相互分离的金属结合起来。焊料和焊剂是焊接时同时使用的一对性质完全不同的材料。焊料是一种合金，在焊接中起主要作用，是焊接的关键性材料。而焊剂是一种化工材料，它的作用是加速焊接和提高焊接质量，也是焊接中必不可少的材料。

4.3.1　焊料分类及选用依据

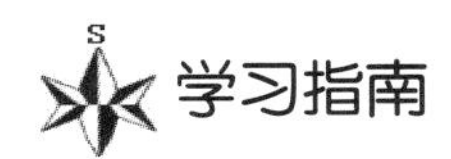

焊料在电子产品中无处不见，掌握常用焊料的选用方法。

1．概述

焊料是一种熔点比被焊金属熔点低的易熔金属。焊料熔化时，在被焊金属不熔化的条件下能润浸被焊金属表面，并在接触面处形成合金层而与被焊金属连接到一起。在一般电子产品装配中，俗称为焊锡。焊料的主要作用就是把多个被焊物件连接在一起，形成一个通路，保持电路的畅通。

用于电子组装的焊料都是软钎焊钎料，其主要的成分是锡、铅、银、铋、铟等元素。软铅焊接是一种古老的焊接方法，远在铁器时代，人类就已经采用这种钎焊方法了，当时的焊料就是锡铅合金。不论是纯锡或是纯铅都不宜用于电子组装，在实际生产中，多采用铅－锡合金作为钎料，由于 Sn63Pb37 合金是共晶合金，流动性好，熔点比组成合金中的任一种都低，故在电子组装中获得广泛得应用。

2．焊料的分类

1）按照焊料的熔化温度范围分类

（1）熔点低于 450℃的焊料称为软焊料，如镓基、铋基、铟基、锡基、铅基、锌基等合金。

（2）熔点高于 450℃的焊料称为硬焊料（俗称难熔焊料），如铝基、镁基、铜基、银基、锰基、金基、镍基、钯基、钛基等合金。

2）按照焊料的外形分类

焊料在使用中常按规定的尺寸加工成型，有片状、块状、棒状、带状和丝状等多种，下面就对各形状的使用范围进行一些简单的介绍。

（1）片状焊料，通常称为焊片，常用于硅片及其他片状焊料的焊接。

（2）丝状焊料，通常称为焊锡丝，常用的是松脂芯焊丝，手工电烙铁锡焊时常用，该种锡丝是中心包着松香助焊剂，如 kester245 无铅锡丝。这种焊丝的外径通常有 0.5mm、0.6mm、0.8mm、1.0mm、1.2mm、1.6mm、2.0mm、2.3mm、3.0mm 等规格。

（3）膏状焊料，通常称为锡膏，是将焊料与助焊剂搅拌在一起制成的，如 kester 的无铅、免洗及水溶性锡膏。在自动贴片工艺上已经被大量使用。在焊接时先将锡膏涂印在已印制完成的电路板上，然后再进行焊接。

（4）带状焊料，常用于自动装配的生产线上。用自动焊机从制成的带状焊料上冲切一段进行焊接，以此提高生产效率。

（5）棒状焊料，通常称为锡棒，常用于对焊点具有最高可靠性的焊接，尤其是表面贴装元器件。kester 无铅锡棒就是使用最高纯度的纯金属制造生产的。

3. 焊料的选用原则

（1）焊料的熔点要低于被焊工件的熔化或损坏温度几十摄氏度。

（2）焊料易于与被焊物连成一体，要具有一定的抗压能力。

（3）焊料要有较好的导电性能。

（4）焊料要有较快的结晶速度。

（5）焊料的经济性要好。应尽量少含或不含稀有金属和贵重金属，还应保证焊料的生产率要高。

想一想

日常我们常用的是哪些焊料？

4.3.2 锡铅焊料与焊膏

在电子产品装配中，常用的是软焊料（即锡铅焊料），简称焊锡。它是在锡中加入熔点为327℃的铅，即成为锡铅焊料，这是一种低温软焊料。因它具有熔点低、抗腐蚀性和导电性好、成本低操作方便等优点，所以被普遍使用。锡铅焊料广泛应用于电子工业、家电制造业、汽车制造业、维修业和日常生活中。

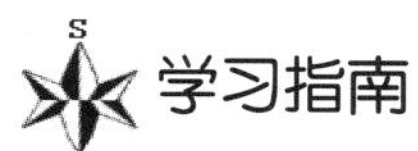

学习指南

焊料在电子产品中无处不见，掌握常用焊料与焊膏分类及特点。

1. 常用焊锡

焊锡主要的产品分为焊锡丝、焊锡条、焊锡膏三大类，如图 4-12 所示。焊锡应用于各类电子焊接上，适用于手工焊接、波峰焊接、回流焊接等工艺上。

焊锡丝

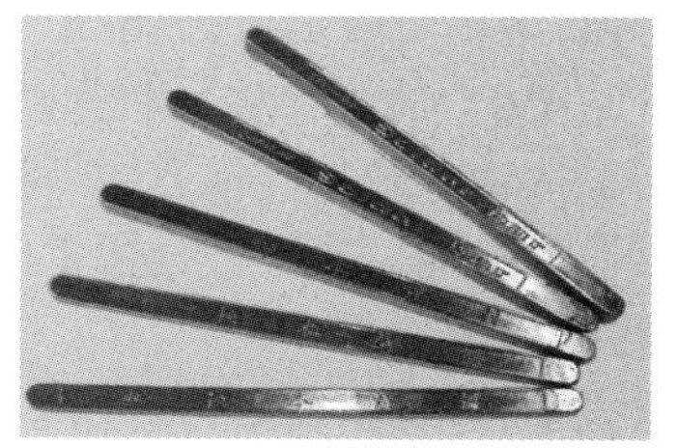

焊锡条

图 4-12　常见的焊锡丝及焊锡条

（1）管状焊锡丝。管状焊锡丝由助焊剂与焊锡制作在一起并成管状，在焊锡管中夹带固体助焊剂。助焊剂一般选用特级松香作为基质材料，并添加一定的活化剂。管状焊锡丝一般适用于手工焊接。管状焊锡丝的直径有 0.5mm、0.8mm、1.2mm、1.5mm、2.0mm、2.3mm、2.5mm、4.0mm、5.0mm。

（2）抗氧化焊锡。抗氧化焊锡由锡铅合金中加入少量的活性金属，能使氧化锡、氧化铅还原，并漂浮在焊锡表面形成致密覆盖层，从而保护焊锡不被继续氧化。这类焊锡适用于浸焊和波峰焊。

（3）含银焊锡。含银焊锡在锡铅焊料中加 0.5%～2.0%的银，可减少镀银件中银在焊料中的熔解量，并可降低焊料的熔点。

（4）焊膏。焊膏是表面安装技术中一种重要的贴装材料，由焊粉、有机物和溶剂组成，制成糊状物，能方便地用丝网、模板或点膏机印涂在印制电路板上。

（5）焊粉。焊粉是用于焊接的金属粉末，其直径为 15～20μm，目前已有 Sn-Pb、Sn-Pb-Ag、Sn-Pb-In 等。有机物包括树脂或一些树脂溶剂混合物，用来调节和控制焊膏的黏性。使用的溶剂有触变胶、润滑剂、金属清洗剂。

2．常用的焊锡特性及用途

常用的焊锡特性及用途见表 4-10。

表 4-10 常用的焊锡特性及用途

名　称	主要成分（%）			熔点℃	电阻率（$\Omega mm^2/m$）	抗拉强度（Mpa）	主 要 用 途
	锡	锑	铅				
10 锡铅焊料 HISnPb 10	89～91	<0.15	余量	220	—	43	用于钎焊食品器皿及医药卫生物品
39 锡铅焊料 HISnPb 39	59～61	<0.8	余量	183	0.145	47	用于钎焊无线电元器件等
58-2 锡铅焊料 HISnPb 58-2	39～41	1.5～2	余量	235	0.170	38	用于钎焊无线电元器件、导线、钢皮镀锌件等
68-2 锡铅焊料 HISnPb 68-2	29～31	1.5～2.2	余量	256	0.182	33	用于钎焊电金属护套、铝管
90-6 锡铅焊料 HISnPb 90-6	3～4	5～6	余量	256	—	59	用于钎焊黄铜和铜

3．常用锡膏特性及用途

锡膏也称焊锡膏，呈灰色或灰白色膏体，如图 4-13 所示，相对质量为 7.2～8.5，一般为 500g 密封瓶装，也有特别定做的其他包装，与传统焊锡膏相比，多了金属成分。它适宜保存的温度为 0～10℃（5～7℃最佳），目前也有常温保存锡膏面市，效果仍不甚理想。

20 世纪 70 年代的表面贴装技术（Surface Mount Technology，简称 SMT）是指在印制电路板焊盘上印刷、涂布焊锡膏，并将表面贴装元器件准确贴放到涂有焊锡膏的焊盘上，按照特定的回流温度曲线加热电路板，让焊锡膏熔化，其合金成分冷却凝固后在元器件与印制电路板之间形成焊点而实现冶金连接的技术。

图 4-13　焊锡膏

焊锡膏是伴随着 SMT 应运而生的一种新型焊接材料。焊锡膏是一个复杂的体系，是由焊锡粉、助焊剂及其他的添加物加以混合而形成的乳脂状混合物。焊锡膏在常温下有一定的黏度，可将电子元器件初粘在既定位置，在焊接温度下，随着溶剂和部分添加剂的挥发，将被焊元器件与印制电路焊盘焊接在一起形成永久连接。

1）锡膏组成

焊锡膏主要由助焊剂和焊料粉组成。各种锡膏中锡粉与助焊剂的比例也不尽相同，选择锡膏时，应根据所生产产品、生产工艺、焊接元器件的精密程度及对焊接效果的要求等方面，去选择不同的锡膏。

（1）助焊剂的主要成分及其作用。

① 活化剂（ACTIVATION）：该成分主要起去除 PCB 铜膜焊盘表层及零件焊接部位的氧化物质的作用，同时具有降低锡、铅表面张力的功效。

② 触变剂（THIXOTROPIC）：该成分主要是调节焊锡膏的黏度及印刷性能，在印刷中起到防止出现拖尾、粘连等现象的作用。

③ 树脂（RESINS）：该成分主要起加大锡膏黏附性，而且有保护和防止焊后 PCB 再度氧化的作用。该项成分对零件固定起到很重要的作用。

④ 溶剂（SOLVENT）：该成分是焊剂组成的溶剂，在锡膏的搅拌过程中起调节均匀的作用，对焊锡膏的寿命有一定的影响。

（2）焊料粉。焊料粉又称锡粉，主要由锡铅、锡铋、锡银铜合金组成，合金材料有 SN63/PB37、SN42BI58、SN96.5CU0.5AG3.0 和 SN99.7CU0.7AG0 等。

想一想

焊料与焊膏有什么相同点与不同点？

2）锡膏保存与使用

（1）保存方法。锡膏的保管要控制在 1～10℃的环境下；锡膏的使用期限为 6 个月（未开封）；不可放置于阳光照射处。

（2）使用方法。室内温度控制在 22～28℃、湿度控制在 30%～60%为最好的作业环境。开封前须将锡膏温度回升到使用环境温度以上，回温时间为 3～4h，并禁止使用其他加热器使其温度瞬间上升的做法；回温后须充分搅拌，使用搅拌机的搅拌时间为 1～3min，视搅拌机机种而定。

开封后将锡膏约 2/3 的量添加于钢网上，尽量保持不超过 1 罐的量用于钢网上。当天未使用完的锡膏，不可与尚未使用的锡膏共同放置，应另外存放在别的容器之中。锡膏开封后在室温下建议 24h 内用完。

判别下列说法是否正确？并说明理由。

（1）常用焊锡丝是实心的锡铅焊料。

（2）锡膏没用完可以回收下次再用。

（3）无铅焊料比有铅焊料焊接的质量更好。

4.3.3 助焊剂与阻焊剂

学习指南

掌握常用助焊剂与阻焊剂的分类及特点。

1．助焊剂

助焊剂通常是以松香为主要成分的混合物，是保证焊接过程顺利进行的辅助材料，如图 4-14 所示。焊接是电子装配中的主要工艺过程，助焊剂是焊接时使用的辅料，助焊剂的主要作用是清除焊料和被焊母材表面的氧化物，使金属表面达到必要的清洁度。它防止焊接时表面的再次氧化，降低焊料表面张力，提高焊接性能。助焊剂性能的优劣直接影响到电子产品的质量。

1）常用助焊剂的作用

（1）破坏金属氧化膜使焊锡表面清洁，有利于焊锡的浸润和焊点合金的生成。

（2）能覆盖在焊料表面，防止焊料或金属继续氧化。

（3）增强焊料和被焊金属表面的活性，降低焊料的表面张力。

（4）焊料和焊剂是相熔的，可增加焊料的流动性，进一步提高浸润能力。

（5）能加快热量从电烙铁头向焊料和被焊物表面传递。合适的助焊剂还能使焊点美观。

图 4-14 松香

2）常用助焊剂应具备的条件

（1）熔点应低于焊料。

（2）表面的张力、黏度、密度要小于焊料。

（3）不能腐蚀母材，在焊接温度下，应能增加焊料的流动性，去除金属表面氧化膜。

（4）焊剂残渣容易去除。

（5）不会产生有毒气体和臭味，以防对人体的危害和污染环境。

3）常用助焊剂的分类

助焊剂的种类很多，大体上可分为有机、无机和树脂三大系列，如图 4-15 所示。

树脂焊剂通常是从树木的分泌物中提取，属于天然产物，没有什么腐蚀性，松香是这类焊剂的代表，所以也称为松香类焊剂。

（1）无机类助焊剂。无机类助焊剂的化学作用强，腐蚀性大，焊接性非常好。这类助焊剂包括无机酸和无机盐。它的熔点约为 180℃，是适用于钎焊的助焊剂。由于其具有强烈的腐蚀作用，不宜在电子产品装配中使用，只能在特定场合使用，并且焊后一定要清除残渣。

松香膏助焊剂

无酸性 BGA 维修助焊剂

无铅液体助焊剂

图 4-15　常用的助焊剂

（2）有机类助焊剂。有机类助焊剂由有机酸、有机类卤化物及各种胺盐树脂类等合成。这类助焊剂由于含有酸值较高的成分，因而具有较好助焊性能，但具有一定程度的腐蚀性，且稳定性差，残渣不易清洗，焊接时有废气污染，限制了它在电子产品装配中的使用。

（3）树脂类助焊剂。这类助焊剂在电子产品装配中应用较广，其主要成分是松香。在加热情况下，松香具有去除焊件表面氧化物的能力，同时焊接后形成的膜层具有覆盖和保护焊点不被氧化腐蚀的作用。由于松脂残渣为非腐蚀性、非导电性、非吸湿性，焊接时没有什么污染，且焊后容易清洗，成本又低，所以这类助焊剂被广泛使用。松香助焊剂的缺点是酸值低、软化点低（55℃左右），且易氧化、易结晶、稳定性差，在高温时很容易脱羧碳化而造成虚焊。

目前出现了一种新型的助焊剂——氢化松香，它是用普通松脂提炼的。氢化松香在常温下不易氧化变色，软化点高，脆性小，酸值稳定，无毒，无特殊气味，残渣易清洗，适用于波峰焊接。

4）使用助焊剂应注意的问题。

常用的松香助焊剂在超过 60℃时，绝缘性能会下降，焊接后的残渣对发热元器件有较大的危害，所以要在焊接后清除焊剂残留物。另外，存放时间过长的助焊剂不宜使用。因为助焊剂存放时间过长时，助焊剂的成分会发生变化，活性变坏，影响焊接质量。

正确合理选择助焊剂，还应注意以下几点。

（1）在元器件加工时，若引线表面状态不太好，又不便采用最有效的清洗手段，可选用活化性强和清除氧化物能力强的助焊剂。

（2）在总装时，焊件基本上都处于可焊性较好的状态，可选用助焊剂性能不强、腐蚀性较小、清洁度较好的助焊剂。

5）常用助焊剂的配方及用途

常用助焊剂的配方及主要用途见表 4-11。

表 4-11　常用助焊剂的配方及主要用途

品种	配方（g）	酸值	浸流面积（m^2）	绝缘电阻（Ω）	可焊性	适用范围
盐酸二乙胺助焊剂	盐酸二乙胺 4、三乙醇胺 6、特级松香 20、正丁醇 10、无水乙醇 60	47.66	749	1.4×10^{11}	好	整机手工焊、元器件、零部件的焊接
盐酸苯胺助焊剂	盐酸苯胺 4.5、三乙醇胺 2.5、特级松香 23、无水乙醇 70、溴化水杨酸 10	53.4	418	2×10^{9}	中	浸焊及手工焊

续表

品种	配方（g）	酸值	浸流面积（m^2）	绝缘电阻（Ω）	可焊性	适用范围
HY-3A	溴化水杨酸 9.2、缓蚀剂 0.12、改性内烯酸 1.3、树脂 A2、X-3 过氯乙烯 9.2、特级松香 18、无水乙醇 61.4	53.76	351	1.2×10^{10}	中	浸焊、波峰焊
201 助焊剂	树脂 A20、溴化水杨酸 10、特级松香 20、无水乙醇 50	57.97	681	1.8×10^{10}	好	元器件引线浸锡、波峰焊
210-1 助焊剂	溴化水杨酸 7.9、丙稀酸树脂 101 3.5、特级松香 20.5、无水乙醇 60	—	551	—	好	印制电路板储存保护
SD 助焊剂	SD6.9、溴化水杨酸 3.4、特级松香 12.7、无水乙醇 77	38.49	529	4.5×10^{9}	好	浸焊、波峰焊
TH-1 预涂助焊剂	改性松香 29、活化剂 0.2、缓蚀剂 0.02、表面活化剂 1、无水乙醇 70	90	90%以上可焊率	1×10^{11}	—	印制电路板预涂防氧化

6）如何选择合适的助焊剂

对于使用厂商来说，助焊剂的成分是没有办法进行测试的。如果要想了解助焊剂溶剂是否挥发，可以简单地从比重上测量，如果比重增大很多，就可以断定溶剂有所挥发。

① 闻气味：初步断定是用何种溶剂，例如，甲醇味道比较小但很呛，异丙醇味道比较重一些，乙醇就有醇香味。如果是混合溶剂，要求供应商提供成分报告。

② 确定样品：这也是很多厂商选择助焊剂最根本的方法。在确认样品时，应要求供应商提供相关参数报告，并与样品对照。如果样品确认完成了，后续交货时应按原有参数对照，出现异常时应检查比重、酸度值等。

③ 目前助焊剂市场是良莠不齐，选择时对供应商的资质应该进行确切了解，如有必要可以去厂商实地考查。

2．阻焊剂

阻焊剂是一种耐高温的涂料，如图 4-16 所示。在焊接时，可将无须焊接的部位涂上阻焊剂保护起来，阻焊剂广泛用于浸焊和波峰焊。

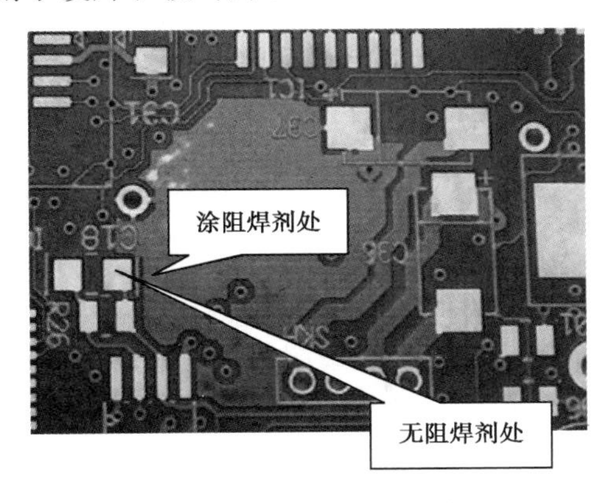

图 4-16　助焊剂及阻焊剂

人们在谈论印制电路板的发展趋势时，往往想到印制电路板正朝着高精度、高密度和高可靠性等方向发展。但另一方面，用户对印制电路板的外观要求也越来越严。阻焊剂就象是印制电路板的“外衣”，除要求其有一定的厚度和硬度、耐溶剂性试验和附着力试验符合标准外，还要求其表面颜色均匀、有光泽（目前国内客户一般要求越亮越好）。可以说，阻焊剂外观质量的好坏不仅是一个企业技术水平和管理水平的体现，而且还直接影响企业的订单。因此，如何提高印制电路板阻焊剂的外观质量就成了印制电路板制作需要解决的课题。要提高印制电路板阻焊剂的外观质量，要从工艺方法、原材料、设备、操作者的工艺纪律等方面进行综合控制，特别是要对丝印、曝光、显影、后固化等工序的各项参数严加监控。这样，印制电路板的阻焊外观质量就能完全让顾客满意。

想一想

助焊剂与阻焊剂在焊接中起什么作用？如果印制电路板上没有它们会有什么影响？

1）阻焊剂的优点

（1）可避免少浸焊时桥连、拉尖、虚焊和连条等弊病，使焊点饱满，大大减少板子的返修量，提高焊接质量，保证产品的可靠性。

（2）使用阻焊剂后，除了焊盘外，其余线条均不上锡，可节省大量焊料。另外，助焊剂受热少、冷却快、降低印制电路板的温度，起了保护元器件和集成电路的作用。

（3）由于板面部分为阻焊剂膜所覆盖，增加了一定硬度，是印制电路板很好的永久性保护膜，还可以起到防止印制电路板表面受到机械损伤的作用。

2）影响阻焊剂外观质量的因素

（1）丝印。感光阻焊油墨的丝印过程中，刮刀的平整度、丝印间环境的净化度、丝印时使用的封网胶带，以及油墨的配制丝印压力、丝印前的刷板等都会对外观质量造成影响。根据生产的实际情况，其中影响最大的因素是前 3 个。刮刀不平整容易在阻焊剂表面产生刮刀印记；丝印间净化度不够容易在阻焊剂表面产生垃圾；封网胶带使用不当，易使胶溶于油墨的溶剂中而产生表面胶粒。

（2）曝光。阻焊油墨曝光过程中，由于阻焊剂还没有完全固化，阻焊底片与阻焊剂粘在一起时容易产生印记，这是影响阻焊剂外观质量的主要原因。

（3）显影。目前阻焊油墨显影一般采用水平传递式显影，由于阻焊剂还没有完全固化，显影机的传动轮、压轮等易对其表面造成伤害，产生辊轮印记，从而影响阻焊剂外观质量。另外，不正确的曝光能量也会影响阻焊剂的光泽度，但这一点可以通过光楔表加以控制。

（4）后固化。阻焊剂后固化时温度不均匀容易造成阻焊剂颜色不均匀，温度过高时甚至造成局部变黄、变黑，影响阻焊剂外观。

3）阻焊剂的分类

阻焊剂的种类很多，一般分为干膜型焊剂和印料型阻焊剂。现广泛使用印料型阻焊剂，这种阻焊剂又可分热固化和光固化两种。

（1）热固化阻焊剂的优点是附着力强，能耐 300℃高温，缺点是要在 200℃高温下烘烤 2h，板子易翘曲变形，能源消耗大，生产周期长。

（2）光固化型（光敏阻焊剂）的优点是在高压汞灯照射下，只要 2～3min 就能固化，节约了大量能源，大大提高了生产效率，便于组织自动化生产。另外，它的毒性低，减少了环境污染。它的不足之处是溶于酒精，能和印制电路板上喷涂的助焊剂中的酒精成分相溶而影响印制电路板的质量。

单元小结

（1）本单元介绍了电子整机产品中常用 PCB 的各类特点及性能，选用 PCB 板材时，应考虑实际使用场合。它是所有电子元器件的载体，如计算机的主板、显卡、声卡、内存载板、CPU 载板再到硬盘控制电路板、光驱控制电路板等。

（2）电子产品中除使用电子元器件外，还离不开各种线材、绝缘材料和辅助材料，这些材料的种类繁多，用途各异，只有了解各种材料的分类、特点和性能参数，才能做到正确选择和合理使用。

（3）焊接材料和焊剂是实现两个及以上相互分离的金属之间形成合金，达到可靠焊接的重要材料，其质量优劣直接影响焊接质量和电子产品的质量和可靠性。焊料和焊剂是焊接时同时使用的一对性质完全不同的材料。焊料是一种合金，是焊接的关键性材料。而焊剂是一种化工材料，它的主要作用是清除焊料和被焊材料表面的氧化物，提高焊面清洁度、防止再次氧化、降低表面张力从而提高焊接性能，也是电子产品生产活动中必不可的材料。

习　　题

1．填空题

（1）导线的粗细标准称为________。有________制和________制两种表示方法。我国采用________制，而英、美等国家采用________制。

（2）使绝缘物质击穿的电场强度称为________。

（3）阻焊剂是一钟耐________温的涂料，广泛用于波峰焊和浸焊。

（4）表面没有绝缘层的金属导线称为________线。

（5）线材的选用要从________条件、________条件和机械强度等多方面综合考虑。

（6）常用线材分为________和________两类，它们的作用是________。

（7）绝缘材料按物质形态可分为________绝缘材料、________绝缘材料和________绝缘材料 3 种类型。

（8）硬磁材料主要用来储藏和供给________能。

（9）焊料按熔点不同可以分为________焊料和________焊料。在电子产品装配中，常用的焊料是________；常用的助焊剂是________类助焊剂，其主要成分是松香。

（10）磁性材料通常分为两大类：________材料和________材料。

（11）表征电介质极化程度的物理量称为________。中性电介质的介电常数一般________（填“大于”或“小于”）10，而极性电介质的介电常数一般________（填“大于”或“小于”）10。

（12）电缆线是由________、________、________和________组成。

（13）同轴电缆线的特性阻抗有________Ω和________Ω两种。

（14）绝缘材料都或多或少的具有从周围媒质中吸潮的能力，称为绝缘材料的________性。

（15）印制电路板按其结构可以分为________印制电路板，________印制电路板，________印制电路板，________印制电路板。

2．选择题

（1）绝缘材料又叫（　　）。

A．磁性材料　　B．电介质　　C．辅助材料

（2）（　　）剂可用于同类或不同类材料之间的胶接。

A．阻焊剂.　　B．黏合剂　　C．助焊剂

（3）软磁材料主要用来（　　）。

A．导磁　　B．储能　　C．供给磁能

（4）在绝缘基板覆铜箔两面制成印制导线的印制电路板称为（　　）

A．单面印制电路板　　B．双面印制电路板　　C．多层印制电路板

（5）具有挠性，能折叠、弯曲、卷绕，自身可端接并可三维空间排列的印制电路板称为（　　）印制电路板。

A．双面　　B．多层　　C．软性

（6）构成电线与电缆的核心材料是（　　）。

A．导线　　B．电磁线　　C．电缆线

（7）对不同频率的电路应选用不同的线材，要考虑高频信号的（　　）。

A．特性阻抗　　B．趋肤效应　　C．阻抗匹配

（8）覆以铜箔的绝缘层压板称为（　　）。

A．覆铝箔板　　B．覆铜箔板　　C．覆箔板

（9）硬磁材料的主要特点是（　　）。

A．高导磁率　　B．低矫顽力　　C．高矫顽力

（10）用于各种电声元器件的磁性材料是（　　）。

A．硬磁材料　　B．金属材料　　C．软磁材料

3．判断题

（　　）（1）屏蔽导线不能防止导线周围的电场或磁场干扰电路正常工作。

（　　）（2）如果受到空气湿度的影响，会引起电介质的介电常数增加。

（　　）（3）导线在电路中工作时的电流要大于它的允许电流值。

（　　）（4）介质损耗的主要原因是漏导损耗和极化损耗。

（　　）（5）SBVD 型电视引线的特性阻抗为 300Ω。

（　　）（6）当温度超过绝缘材料所允许的承受值时，将产生电击穿而造成电介质的损坏。

（　　）（7）电磁线主要用于绕制电机、变压器、电感线圈的绕组。

（　　）（8）电缆线的导体的主要材料是铜线或铝线，是采用多股细线绞合而成。

4．简述题

（1）电子整机中常用材料有哪些？常用线材分为几类？

（2）什么叫绝缘材料？绝缘材料分为几类？

（3）简述覆铜板的种类及选用方法。

（4）印制电路板是如何分类的？

（5）常用焊锡分为几类？助焊剂、阻焊剂在焊接装配过程中起何作用？

（6）使用助焊剂应注意哪些问题？

单元五

手工焊接工艺

在电子产品的维修、调试中不可避免地要用到手工焊接，手工焊接是传统的焊接方法，是一项实践性很强的技能，在了解常用的手工焊接工具、焊接技术后，要多练、多实践，才能有较好的焊接质量。

任务 5.1 常用手工焊接工具

任务引入

手工焊接的主要工具是电烙铁。电烙铁的种类很多，有内热式、外热式、恒温、吸锡电烙铁等。其功率也有 15W、20W、35W 等多种，主要根据焊件大小决定使用哪种电烙铁。应了解各种电烙铁的结构、使用方法，能根据实际需要选择合适的电烙铁。

1. 外热式电烙铁

外热式电烙铁如图 5-1 所示，由电烙铁头、电烙铁芯、外壳、手柄、电源线和插头等部分组成。电阻丝绕在薄云母片绝缘的圆筒上，组成烙铁芯，电烙铁头安装在电烙铁芯里面，电阻丝通电后产生的热量传送到电烙铁头上，使电烙铁头温度升高，故称为外热式电烙铁。

电烙铁的规格是用功率来表示的，常用的有 25W、75W 和 100W 等几种。功率越大，电烙铁的热量越大，电烙铁头的温度越高。

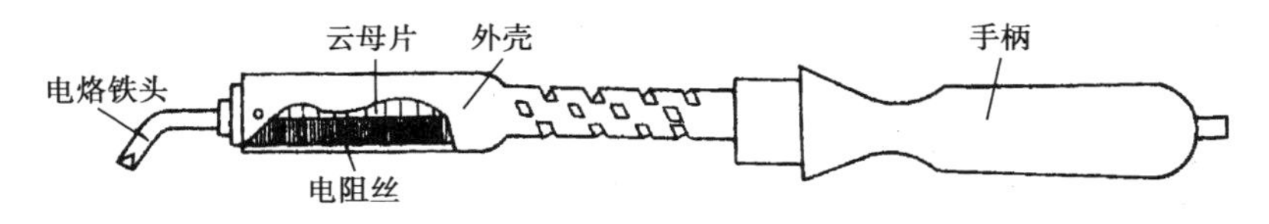

图 5-1 外热式电烙铁

外热式电烙铁烙铁头可以加工成不同形状，如图 5-2 所示。凿式和尖锥形电烙铁头的热量比较集中，温度下降较慢，适用于焊接一般焊点。斜面电烙铁头由于表面大、传热较快，适用于焊接布线不很拥挤的单面印制电路板焊接点。圆锥形电烙铁头适用于焊接高密度的线头、小孔及小而怕热的元器件。

电烙铁头插入电烙铁芯的深度直接影响电烙铁头的表面温度，一般焊接体积较大的物体时，电烙铁头插得深些，焊接小而薄的物体时可浅些。使用外热式电烙铁时应注意如下事项。

（1）装配时必须用三线的电源插头。电烙铁有三个接线柱，一个与电烙铁壳相通，是接地端；另两个与电烙铁芯相通，接 220V 交流电压。如果接错就会造成电烙铁外壳带电，人触及电烙铁外壳就会触电。

（2）电烙铁头一般用紫铜制作。温度较高时容易氧化，使用过程中其端部易被焊料浸蚀而失去原有形状，因此须及时修整。

（3）使用过程中不能任意敲击，应轻拿轻放。

（4）电烙铁在使用一段时间后，应及时将电烙铁头取出，去掉氧化物再重新装配使用。

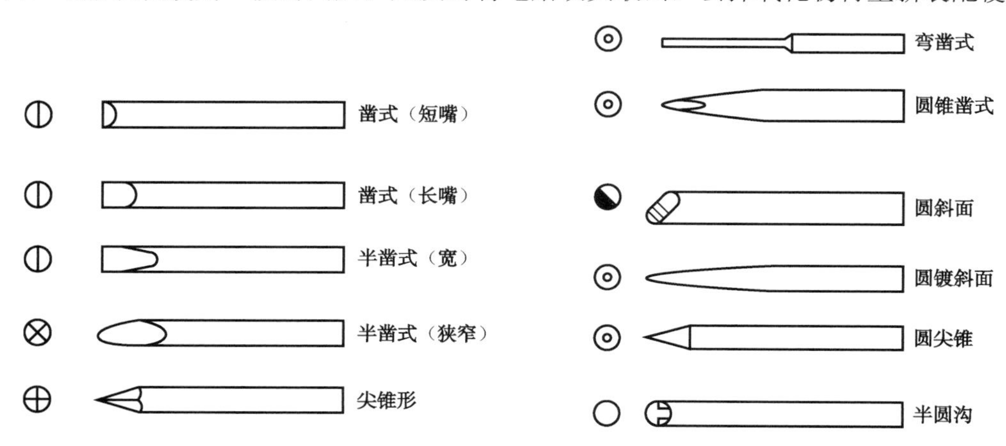

图 5-2　电烙铁头的不同形状

2. 内热式电烙铁

内热式电烙铁如图 5-3 所示。由于发热芯子装在电烙铁头里面，故称为内热式电烙铁。芯子是采用极细的镍铬电阻丝绕在瓷管上制成的，在外面套上耐高温绝缘管。电烙铁头的一端是空心的，套在芯子外面，用弹簧来紧固。

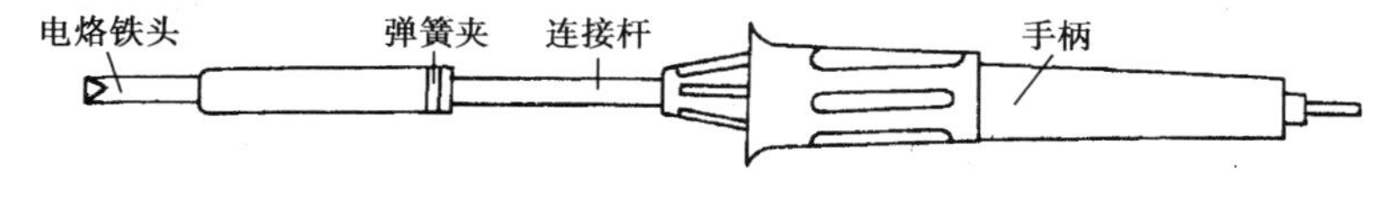

图 5-3　内热式电烙铁

由于芯子装在电烙铁头内部，热量能完全传到电烙铁头上，电烙铁头部温度可达 350℃左右。具有体积小、重量轻、发热快和耗电低等优点，因而得到广泛应用。但使用时应注意不要敲击或用钳子夹连接杆。

为延长电烙铁头的使用时间，在使用过程中应始终保持电烙铁头头部挂锡。擦拭时用浸水海绵或湿布，不得用砂纸或砂布打磨电烙铁头，也不要用锉刀锉，以免破坏镀层。

3. 恒温电烙铁

在要求较高的应用场合，通常采用恒温电烙铁，有电控和磁控两种。

磁控恒温电烙铁是在电烙铁头上装一个强磁性体传感器。升温时，通过磁力作用，带动机械运动的触点，闭合加热器的控制开关，电烙铁被迅速加热。当电烙铁头达到预定温度时，强磁性体传感器由于到达居里点而失去磁性，使得开关触点断开，加热器断电，电烙铁头的温度下降。当温度又低于强磁性体传感器的居里点时，强磁性体恢复磁性，又继续给电烙铁供电加热。如此不断地循环，达到控制电烙铁温度的目的。

电烙铁头的工作温度可在 260～450℃内任意选取。不同温度的电烙铁头装有不同规格的强磁性体传感器，其居里点不同。恒温电烙铁如图 5-4 所示。居里点控制电路如图 5-5 所示。

1—热敏传感器；2—控制电路；3—调温装置

图 5-4 恒温电烙铁　　图 5-5 居里点控制电路

4．吸锡电烙铁

在检修无线电整机时，经常要拆下某些元器件或部件。使用吸锡电烙铁能方便吸附焊接点上的焊锡，使焊接件与印制电路板脱离。吸锡电烙铁如图 5-6 所示。它由电烙铁体、烙铁头、橡皮囊和支架等几部分组成。使用时先缩紧橡皮囊，然后将电烙铁头的空心口子对准焊点，稍微用力。待焊锡熔化后放松橡皮囊，焊锡就被吸入电烙铁头内。移开电烙铁头，再按下橡皮囊，焊锡便被挤出。

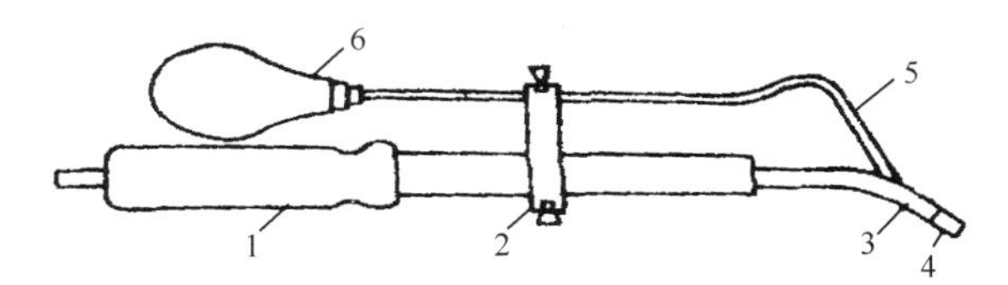

1—电烙铁手柄；2—固定支架；3—结合点；4—空心口；5—吸管；6—橡皮囊

图 5-6 吸锡电烙铁

5．半自动电烙铁

手枪式半自动电烙铁如图 5-7 所示，它增加了焊锡丝送料机构。按动扳机，带动枪内齿轮转动，借助于齿轮和焊锡丝之间的摩擦力，把焊锡丝向前推进，焊锡丝通过导向嘴到达电烙铁头尖端，从而实现半自动送料。这种电烙铁的优点是用单手进行焊接操作，灵活方便，被广泛应用于流水生产线。

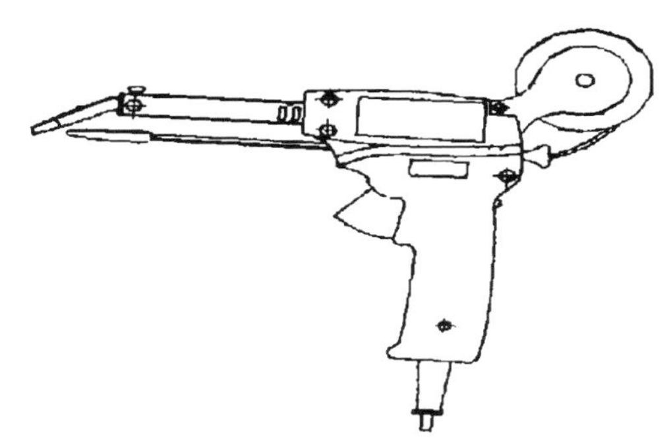

图 5-7 手枪式半自动电烙铁

此外，在焊接过程中，还要使用剪切工具，如尖嘴钳、平嘴钳、圆嘴钳等。

尖嘴钳如图 5-8 所示。它主要用在焊点上网绕导线和元器件引线，以及元器件引线成型、布线等。

平嘴钳如图 5-9 所示。它主要用于拉直裸导线，将较粗的导线及较粗的元器件引线成型。

圆嘴钳如图 5-10 所示。由于钳子口呈圆锥形，可以方便地将导线端头、元器件的引线弯绕成圆环形，并将其安装在螺钉及其他部件上。

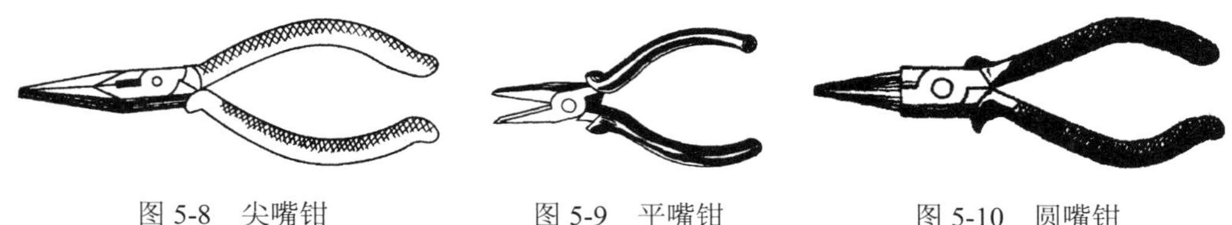

图 5-8　尖嘴钳　　图 5-9　平嘴钳　　图 5-10　圆嘴钳

镊子有两种，如图 5-11 所示。端部较宽的医用镊子可夹持较大的物体，而头部尖细的普通镊子适合夹细小物体。

偏口钳又称斜口钳，如图 5-12 所示，它主要用于剪切导线，尤其适合用来剪除网绕后元器件多余的引线。

剪刀有普通剪刀和剪切金属线材用剪刀两种，后者如图 5-13 所示，其头部短而宽，刃口角度较大，能承受较大的剪切力。

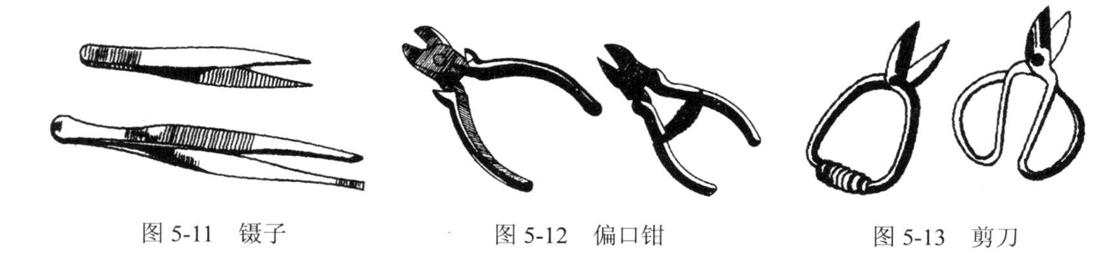

图 5-11　镊子　　图 5-12　偏口钳　　图 5-13　剪刀

任务 5.2　手工焊接技术

任务引入

焊接是通过加热或加压，或两者并用，使工件产生原子间结合的一种连接工艺方法。了解焊接的种类，掌握手工焊接的基本步骤及元器件的拆焊方法。

5.2.1　焊接的种类

焊接技术又称为连接工程，是一种重要的材料加工工艺。按焊接过程可分为三大类：熔焊、压焊和钎焊。按热源的不同可分为气焊、电弧焊、电阻焊、摩擦焊、火焰钎焊、感应钎焊等。

熔焊是一种直接熔化母材的焊接技术。钎焊是一种母材不熔化，焊料熔化的焊接技术。压焊是一种不要焊料和焊剂即可获得可靠连接的焊接技术。

在电子产品制造过程中，几乎各种焊接方法都要用到，但使用最普遍、最有代表性的是锡焊方法。其主要特征有以下几点。

（1）焊料熔点低于焊件。

（2）焊接时将焊料与焊件共同加热到锡焊温度，焊料熔化而焊件不熔化。

（3）焊接的形成依靠熔化状态的焊料浸润焊接面，由于毛细作用使焊料进入焊件的间隙，形成一个合金层，从而实现焊件的结合。

除了含有大量铬、铝等元素的一些合金材料不宜采用锡焊焊接外，其他金属材料大都可以采用锡焊焊接。锡焊方法简便，只要使用简单的工具（如电烙铁）即可完成焊接、焊点整修、元器件拆换等工艺过程。此外，锡焊还具有成本低、易实现自动化等优点，在电子工程技术里，它是使用最早、最广、占比重最大的焊接方法。

5.2.2　引线与导线加工、成型

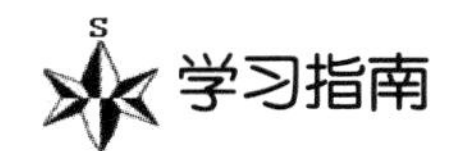

导线在电子产品整机中是必不可少的材料，起着电气连接与传递信号的作用。应掌握导线加工、元器件引线成型方法。

在电子整机装配之前，先要对整机所需的各种导线、元器件、零部件等进行预先加工处理，这些准备工作称为装配准备工艺。装配准备通常包括导线和电缆的加工、元器件引线成型等工艺。

想一想

日常生活中，常见的导线有哪些？元器件引线成型有什么方法？

1．绝缘导线加工工艺

绝缘导线加工工序：剪裁→剥头→清洁→捻头（对多股线）→浸锡。

1）剪裁

导线应按先长后短的顺序，用斜口钳、自动剪线机进行剪切。剪裁时要拉直再剪，并按工艺文件的要求进行，长度应符合公差要求（如无特殊公差要求可按表 5-1 选择公差）。导线绝缘层不允许损伤，导线的芯线应无锈蚀。

表 5-1　导线长度与公差要求

导线长度（mm）	50	50～100	100～200	200～500	500～1000	1000 以上
公差（mm）	+3	+5	+5～+10	+10～+15	+15～+20	+30

2）剥头

将绝缘导线的两端去掉一段绝缘层而露出芯线的过程称为剥头。在生产中，剥头长度应符合工艺文件的要求，还应根据芯线截面积和接线端子的形状来确定。表 5-2 是根据一般电子产品所用的接线端子列出了剥头长度及调整范围。

表 5-2　剥头长度及调整范围

连接方式	剥头长度（mm）	
	基本尺寸	调整范围
搭焊	3	+2.0
勾焊	6	+4.0
绕焊	15	±5.0

剥头时不应损伤芯线，多股芯线应尽量避免断股，一般可按表 5-3 进行检查。剥头常用的方法有刃截法和热截法两种。

表 5-3　芯线股数与允许损伤芯线的股数关系

芯 线 股 数	允许损伤芯线的股数
＜7	0
7～15	1
16～18	2
19～25	3
26～36	4
37～40	5
＞40	6

（1）刃截法。刃截法就是用专用剥线钳进行剥头，也可使用自动剥线机或剪刀、电工刀等。其优点是操作简单易行，只要把导线端头放进钳口并对准剥头距离，握紧钳柄，然后松开，取出导线即可。

（2）热截法。热截法就是使用热控剥皮器进行剥头，热控剥皮器如图 5-14 所示。先将剥皮器预热一段时间，待电阻丝呈暗红色时便可进行截切。当导线四周绝缘层均被切断后用手边转动导线边向外拉，即可剥出端头。其优点是操作简单，不损伤芯线，但加热绝缘层时会放出有害气体，因此要求有通风装置。操作时应注意调节温控器的温度。温度过高易烧焦导线，温度过低则不易切断绝缘层。

3）清洁

绝缘导线在空气中长时间放置，导线端头易被氧化，故在浸锡前应进行清洁处理，以提高导线端头的可焊性。清洁的方法有两种：一是用小刀刮去芯线的氧化层和油漆层；二是用砂纸清除掉芯线上的氧化层和油漆层。

4）捻头

多股芯线经过清洁后，芯线易松散开，因此必须进行捻头处理，以防止浸锡后线端直径太粗。捻头时应按原来合股方向扭紧。捻线角一般在 30°～45°之间，如图 5-15 所示。大批量生产时可使用捻头机。

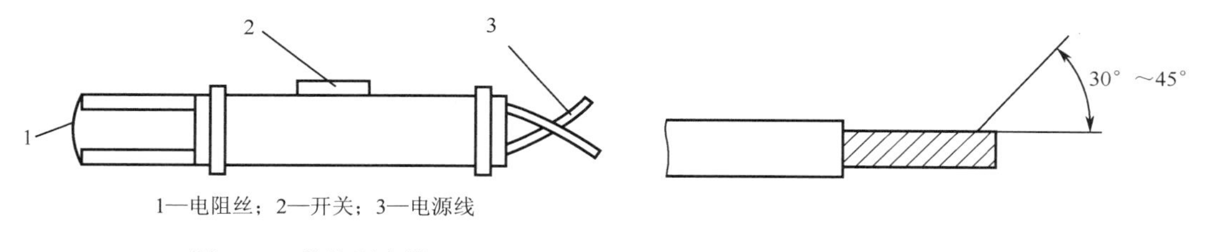

图 5-14　热控剥皮器

图 5-15　多股导线的捻头角度

5）浸锡

经过剥头和捻头的导线应及时浸锡，以防止氧化。通常使用锡锅浸锡。待锡锅中的焊料熔化后，将导线端头蘸上助焊剂垂直插入锅中 1～3s 后取出。注意浸锡时锡层与绝缘层之间应有 1～2mm 间隙，而且锡锅应随时清除残渣，确保浸锡层均匀、光亮。

2．屏蔽导线端头的加工工艺

为了防止导线周围的电场或磁场干扰电路正常工作而在导线外加上金属屏蔽层，这就构成了屏蔽导线。去除的长度应根据导线的工作电压而定，通常可按表 5-4 中所列的数据进行选取。

表 5-4　去除屏蔽层长度

工 作 电 压	去除屏蔽层长度
600V 以下	10～20mm
600～3000V	20～30mm
3000V 以上	30～50mm

（1）屏蔽导线不接地端的加工如图 5-16 所示。

图 5-16（a）剥去一段屏蔽导线的外绝缘层。

图 5-16（b）松散屏蔽层的铜编织线，用左手拿住屏蔽导线的外绝缘层，用右手推屏蔽铜编织线，成为图 5-16（b）所示形状后，再剪断屏蔽铜编织线，如图 5-16（c）所示。

图 5-16（d）、（e）将屏蔽铜编织线翻过来，套上热收缩套并加热，使套管套牢。

图 5-16（f）根据要求截去芯线外绝缘层，然后给芯线浸锡。

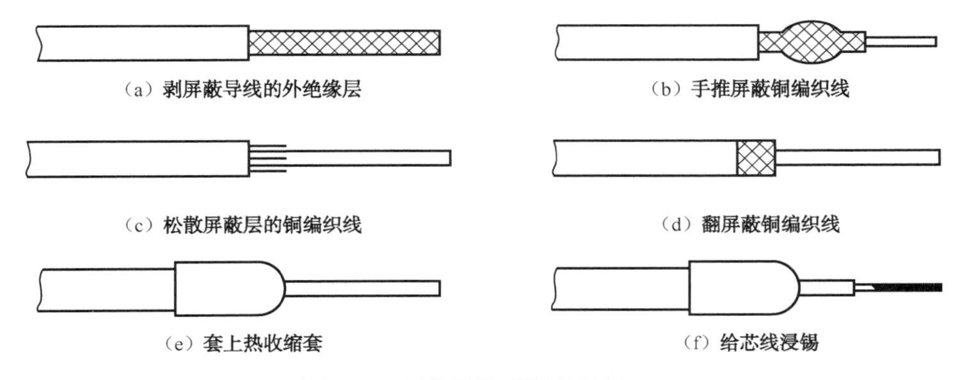

图 5-16　屏蔽导线不接地端的加工

（2）屏蔽导线接地端的加工如图 5-17 所示。

图 5-17（a）剥去一段屏蔽导线的外绝缘层。

图 5-17（b）、（c）用钻针或镊子在屏蔽铜编织线上拨开一个小孔，弯曲屏蔽层，从小孔中取出导线。

图 5-17（d）将屏蔽铜编织线拧紧，或将屏蔽铜编织线剪短并去掉一部分，然后焊上一段引出线，作为接地线使用。

图 5-17（e）去掉一段芯线绝缘层，并将芯线和屏蔽铜编织线进行浸锡。对较粗、较硬屏蔽导线接地端的加工，采用镀银金属导线缠绕引出接地端的方法。

经过加工的屏蔽导线，一般要在线端套上绝缘导管，以保证绝缘和便于使用。线端加绝缘导管的方法如图 5-18 所示。用热收缩导管时，可用灯泡或电烙铁烘烤，收缩套紧即可。用稀释剂软化导管时，可将套管泡在香蕉水中半个小时后取出套上，待香蕉水挥发尽后便可套紧。

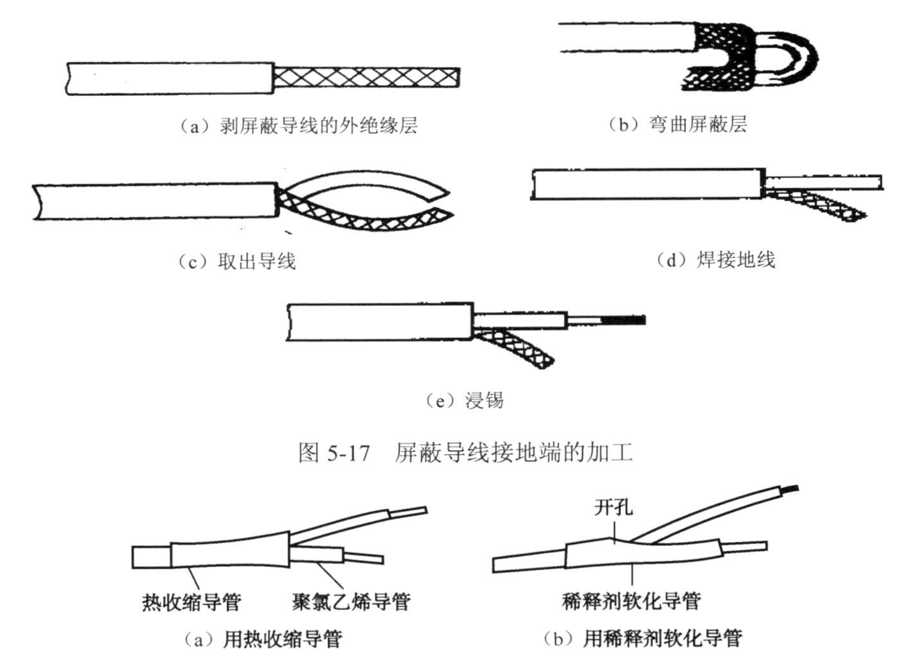

图 5-17　屏蔽导线接地端的加工

图 5-18　线端加绝缘导管的方法

3．元器件引线成型

为了便于安装和焊接，提高装配质量和效率，加强电子设备的防震性和可靠性，在安装前，根据安装位置和技术要求，应预先把元器件引线弯曲成一定的形状，这就是元器件的引线成型。

想一想

元器件引线成型是不是简单地把引线进行弯折？

1）元器件引线成型的技术要求

元器件引线成型分为手工焊接的形状和自动焊接的形状两种，如图 5-19（a）、（b）所示。对元器件引线成型的要求如下。

（1）引线成型后，元器件本体不应产生破裂，表面封装不应损坏，引线弯曲部分不允许出现模印、压痕和裂纹。

（2）成型时，引线弯折处距离引线根部尺寸应大于 2mm，以防止引线折断或被拉出。

（3）线弯曲半径 R 应大于两倍引线直径 d，以减小弯折处的机械应力。对立式安装，引线弯曲半径 R 应大于元器件的外形半径。

（4）引线成型后，元器件上的标志符号应在查看方便的位置。

（5）引线成型后，两引出线要平行，应与印制电路板两焊盘孔的距离相同，而且引线左右弯折要对称，以便于插装。

（6）对于自动焊接方式，宜采用具有弯弧形的引线。

（7）晶体管或对热敏感的元器件，其引线可加工成圆环形，以加长引线，减小热冲击。

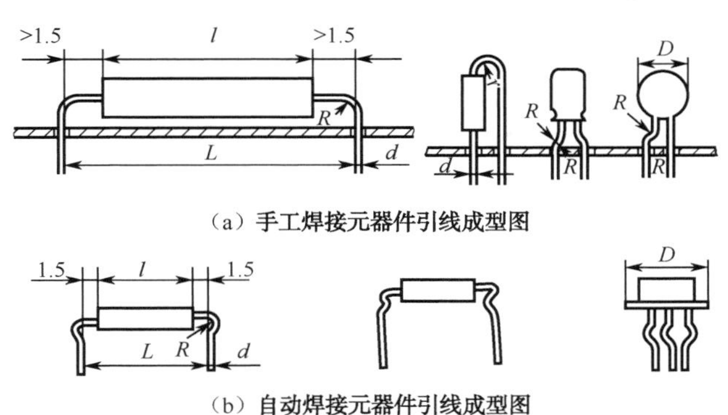

（a）手工焊接元器件引线成型图

（b）自动焊接元器件引线成型图

图 5-19 元器件引线成型图

2）元器件引线成型方法

元器件引线弯折可采用专用模具弯折和手工弯折。手工弯折方法如图 5-20 所示。用带圆弧的长嘴钳或医用镊子靠近元器件的引线根部，按弯折方向弯折引线即可。

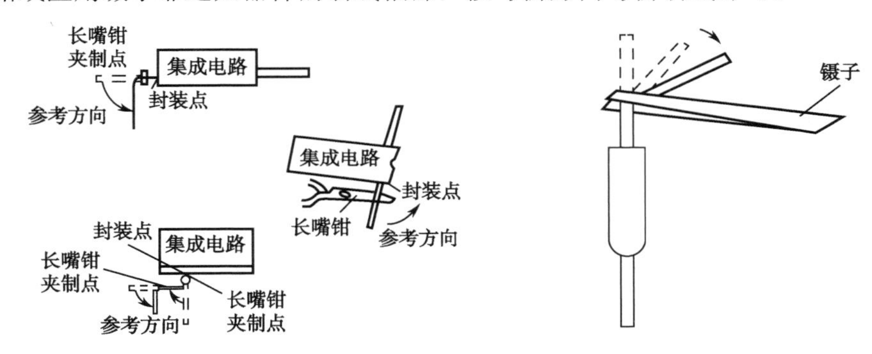

图 5-20 手工弯折方法

专用模具引线成型如图 5-21 所示。在模具的垂直方向上开有供插入元器件引线的长条形孔，在水平方向开有供插杆插入的圆形孔。元器件的引线从上方插入成型模的长孔后，水平插入插杆，引线即可成型。然后拔出插杆，将元器件从水平方向移出。

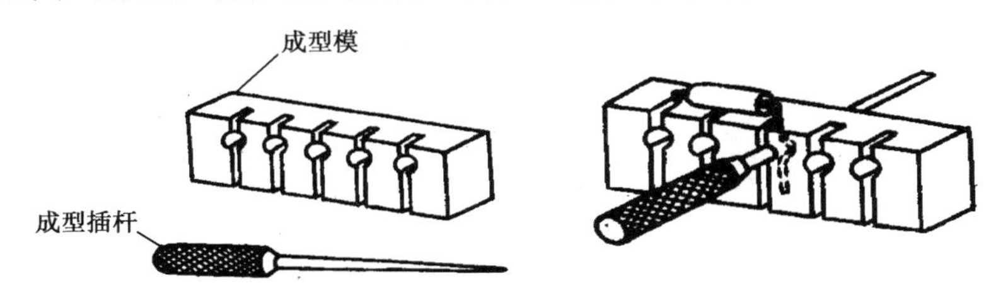

图 5-21 专用模具引线成型

5.2.3 手工焊接

手工焊接适合于产品试制、电子产品的小批量生产、电子产品的调试与维修及某些不适合自动焊接的场合。

1. 正确的手工焊接姿势

一般采用坐姿焊接，工作台和座椅的高度要合适。焊接操作者握电烙铁的方法如图 5-22 所示。

（1）反握法：适用于较大功率的电烙铁（>75W）对大焊点的焊接操作。

（2）正握法：适用于中功率的电烙铁及带弯头的电烙铁的操作。

（3）笔握法：适用于小功率的电烙铁焊接印制电路板上的元器件。

焊锡丝的拿法如图 5-23 所示。

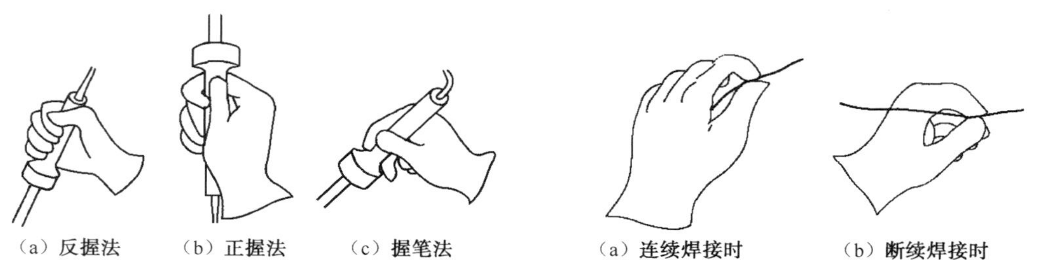

图 5-22　握电烙铁的方法　　　　图 5-23　焊锡丝的拿法

2．手工焊接的基本操作步骤

正确的手工焊接操作过程可以分成五个步骤，如图 5-24 所示。

1）步骤一：准备施焊

左手拿焊丝，右手握电烙铁，进入备焊状态。要求电烙铁头保持干净，无焊渣等氧化物，并在表面镀有一层焊锡。

2）步骤二：加热焊件

电烙铁头靠在两焊件的连接处，加热整个焊件，时间为 1～2s，要注意使电烙铁头同时接触两个被焊接物。例如，图 5-24 中的导线与接线柱、元器件引线与焊盘要同时均匀受热。

3）步骤三：送入焊丝

焊件的焊接面被加热到一定温度时，焊锡丝从电烙铁对面接触焊件。注意不要用电烙铁头运送焊锡丝。

4）步骤四：移开焊丝

当焊丝熔化一定量后，立即向左上 45°方向移开焊丝。

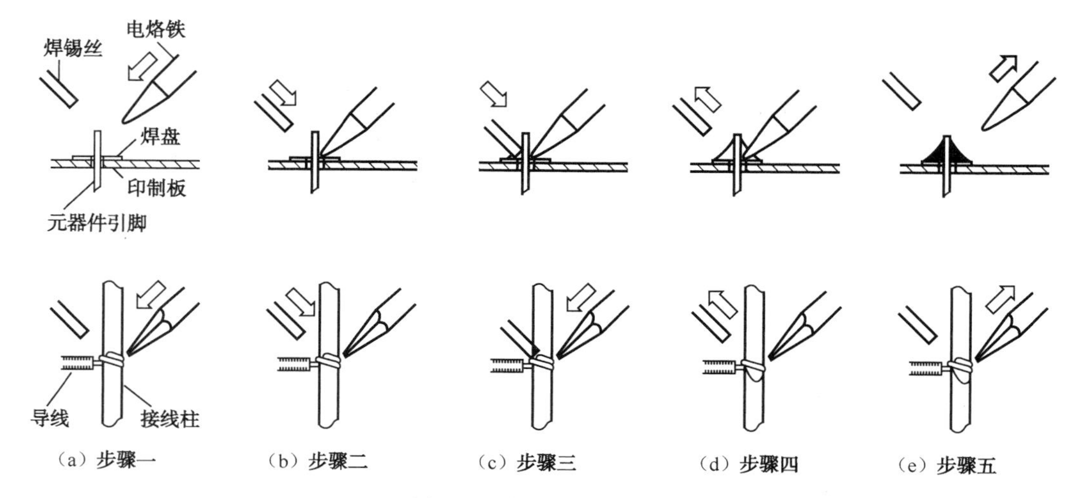

图 5-24　锡焊五步操作法

5）步骤五：移开电烙铁

焊锡浸润焊盘和焊件的施焊部位以后，向右上 45° 方向移开电烙铁，结束焊接。从第三步开始到第五步结束，时间也是 1～2s。

对于热容量小的焊件，如印制电路板上较细导线的连接，可以简化为三步操作。

（1）准备：同以上步骤一。

（2）加热与送丝：电烙铁头放在焊件上后即放入焊丝。

（3）去丝移烙铁：焊锡在焊接面上浸润扩散达到预期范围后，立即拿开焊丝并移开电烙铁，并注意移去焊丝的时间不得滞后于移开电烙铁的时间。

想一想

手工焊接元器件时，怎样使焊点饱满、光亮？

3. 手工焊接的工艺要求

1）焊前准备

根据被焊物的大小，准备好电烙铁、焊剂、镊子、尖嘴钳等。

焊接前将元器件引脚镀锡，被焊物表面的氧化物、锈斑、油污、灰尘、杂质等要清理干净。

2）焊剂的用量要合适

使用焊剂时，必须根据被焊件的面积大小和表面状态而适量施用。用量过少影响焊接质量，用料过多时，焊剂残渣将会腐蚀零件，使线路的绝缘性能变差。

3）焊接的温度和时间要掌握好

焊接时，若温度过低，易形成虚焊。若温度过高，焊点不易存锡，也容易导致印制电路板上的焊盘脱落。

4）焊料的施加方法

焊料的施加方法可根据焊点的大小及被焊件的多少而定，如图 5-25 所示。

先将电烙铁头放在接线端子上和引线上。当被焊件达到一定温度时，先给①点少量焊料。而当几个被焊件温度都达到了焊料熔化的温度时，应立即将焊锡丝加到②处，即距电烙铁加热部位最远的地方，直到焊料润湿整个焊点时便可撤去焊锡丝，再将电烙铁撤走。

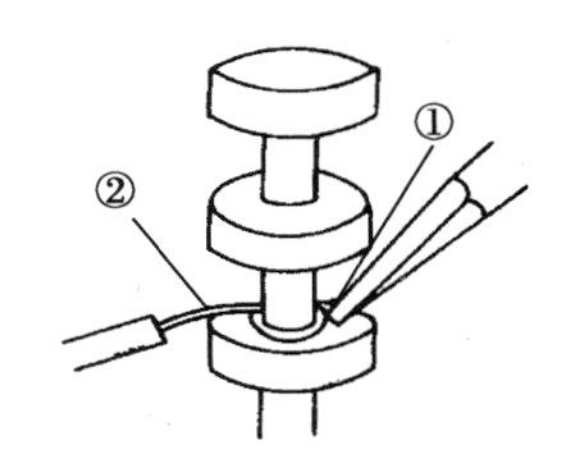

图 5-25　焊料的施加方法

撤电烙铁时，为使焊点光亮、饱满，电烙铁的撤离要及时，撤离时的角度和方向与焊点的形状有关。电烙铁不同的撤离方向对焊点锡量的影响如图 5-26 所示。

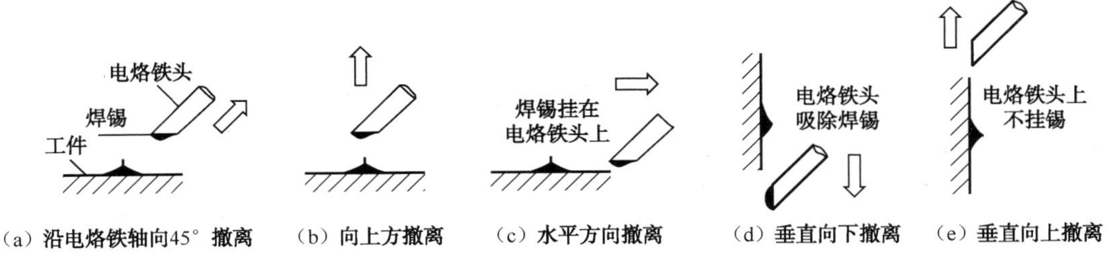

图 5-26　电烙铁不同的撤离方向对焊点锡量的影响

5）焊接时手要扶稳

在焊接过程中，特别是在焊锡凝固过程中不能晃动被焊元器件引线，否则将造成虚焊。

6）焊接时电烙铁头的位置

焊接时，电烙铁头与引线、印制电路板的铜箔之间的接触位置如图 5-27 所示。图 5-27（a）中，烙铁头与引线接触而与铜箔不接触。图 5-27（b）中，电烙铁头与铜箔接触而与引线不接触，这两种情况将造成热的传导不均衡。图 5-27（c）中，电烙铁头与引线和铜箔同时接触，这是正确的焊接加热法。

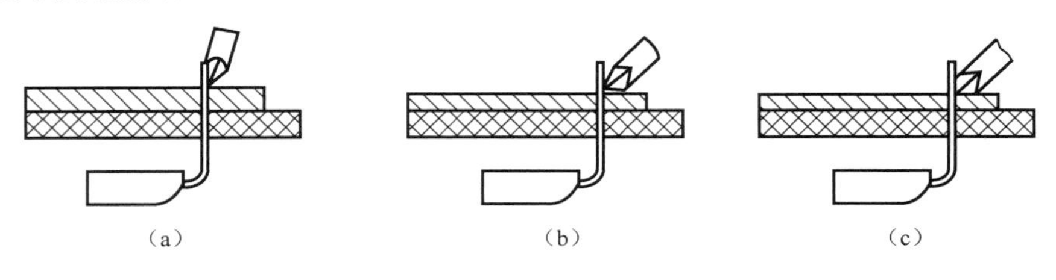

图 5-27　焊接时电烙铁头的位置

7）焊接后的处理

焊接完后，应将焊点周围的焊剂清洗干净，并检查电路有无漏焊、错焊、虚焊等现象。可用镊子将每个元器件拉一拉，看有无松动现象。

4．焊点质量分析

对焊点的质量要求，应该包括电气接触良好、机械结合牢固和美观三个方面。

1）对焊点的要求

可靠的电气连接。如果焊锡仅仅是堆在焊件的表面或只有少部分形成合金层，电路会产生时通时断或者干脆不工作的情况，但观察焊点外表，依然连接如初。这是电子产品工作中最头疼的问题，也是产品制造中必须十分重视的问题。

足够的机械强度。焊接不仅起到电气连接的作用，同时也是固定元器件，保证机械连接的手段。常用铅锡焊料抗拉强度只有普通钢材的 10%，要想增加强度，就要有足够的连接面积。另外，在元器件插装后把引线弯折，实行钩接、绞合、网绕后再焊，也是增加机械强度的有效措施。

光洁整齐的外观。外表是焊接质量的反映，好的焊点要求焊料用量恰到好处，表面圆润，金属光泽。同时，还要检查整块印制电路板有无漏焊、焊料拉尖、桥接、焊料飞溅等情况。

2）典型焊点的形成及其外观

如图 5-28（a）所示，单面板上的焊点仅形成在焊接面的焊盘上方。如图 5-28（b）所示，双面板或多层板上焊点形成的区域包括焊盘上方、金属化孔内和元器件面上的部分焊盘。

典型焊点的外观如图 5-29 所示，要求如下。

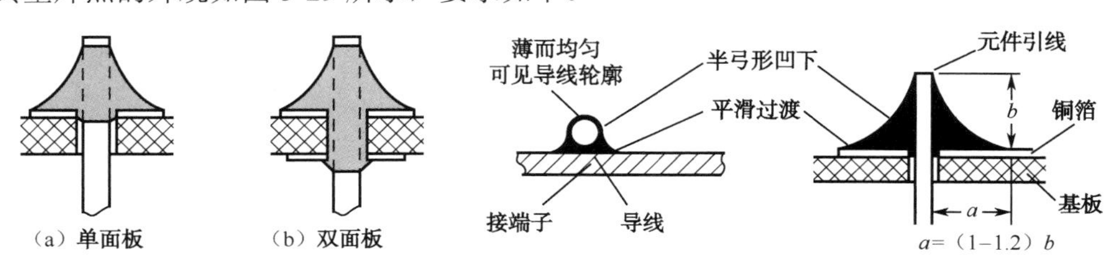

图 5-28　焊点的形成　　图 5-29　典型焊点的外观

（1）形状为近似圆锥而表面稍微凹陷，呈慢坡状，以焊接导线为中心，对称成裙形展开。

（2）焊点上，焊料的连接面呈凹形自然过渡，焊锡和焊件的交界处平滑，接触角尽可能小。

（3）表面平滑，有金属光泽。

（4）无裂纹、针孔、夹渣。

3）焊点常见缺陷及原因分析

保证焊点质量最重要的一点，就是必须避免虚焊。

（1）虚焊产生的原因及其危害。虚焊会导致电路工作不正常，给电路的调试、使用和维护带来重大隐患，所以必须避免。进行手工焊接操作的时候，尤其要加以注意。

一般来说，造成虚焊的主要原因：焊锡质量差；助焊剂的还原性不良或用量不够；被焊接处表面未预先清洁好；电烙铁头的温度过高或过低，表面有氧化层；焊接时间掌握不好，太长或太短；焊接中焊锡尚未凝固时，焊接元器件松动等。

（2）通电检查。在外观检查后认为连线无误，才可进行通电检查，这是检验电路性能的关键。如果不经过严格的外观检查，通电检查不仅困难较多，而且可能损坏设备仪器，造成安全事故。通电检查焊接质量的结果及原因分析见表 5-5。

表 5-5　通电检查焊接质量的结果及原因分析

通电检查结果		原因分析
元器件损坏	失效	过热损坏、电烙铁漏电
	性能降低	电烙铁漏电
导通不良	短路	桥连、焊料飞溅
	断路	焊锡开裂、松香夹渣、虚焊、插座接触不良等
	时通时断	导线断丝、焊盘剥落等

5.2.4　SMT 元器件的手工焊接

焊接 SMT 元器件时，无论采用手工焊接，还是采用波峰焊或再流焊设备进行自动焊接，都希望得到可靠、美观的焊点。图 5-30 画出了 SMT 焊点的理想形状。图 5-30（a）是 SMD 元器件的焊点形状；图 5-30（b）是翼形电极引脚元器件 SO/SOL/QFP 的焊点形状，图 5-30（c）是 J 形电极引脚元器件 PLCC 的焊点形状。

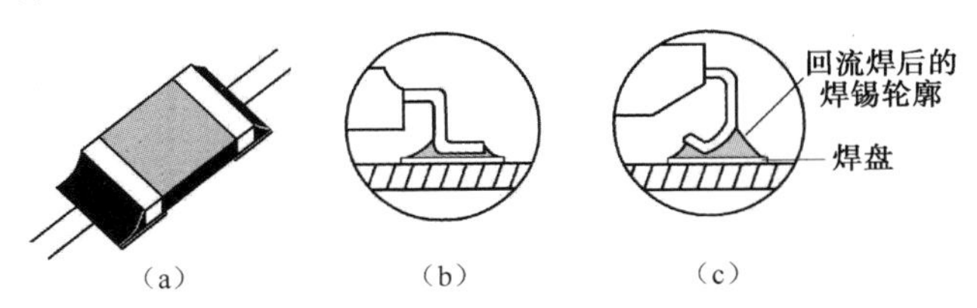

图 5-30　SMT 焊点的理想形状

1. 片式小元器件的焊接

片式小元器件主要包括电阻、电容、电感、晶体等。对这些小元器件，一般使用 936 型电烙铁和 852 型热风枪进行焊接。焊接步骤如下。

（1）用镊子夹住欲焊接的小元器件放置到焊接的位置，注意不可偏离焊点。若焊点上焊锡不足，可以用电烙铁加上少许焊锡。

（2）打开热风枪电源开关，调节热风枪温度开关，使喷头热风温度保持在270℃左右，风速开关调到1～2挡。

（3）使热风枪的喷头离欲焊接的小元器件保持垂直，距离为 2～3cm。给小元器件均匀加热。

（4）待小元器件周围焊锡熔化后移走热风枪。

（5）焊锡冷却后移走镊子。

（6）用无水酒精将小元器件周围松香清理干净。

2．片式集成电路的焊接

（1）将焊接点用 936 型电烙铁整理干净，必要时对焊锡较少焊点进行补锡。然后用酒精清洗干净焊点周围的杂质。

（2）打开热风枪开关，调节热风枪温度为300～350℃，风速开关调到2～3挡。

（3）将集成电路和电路板上的焊接位置对好，用带灯放大镜进行反复调整，使之完全对正。

（4）选用 936 型电烙铁焊好集成块的四周脚，将集成块固定。然后再用热风枪喷头垂直对准集成块，距离为2～3cm，慢速旋转，均匀加热集成块四周引脚，待焊锡熔化后，移开热风枪。

（5）冷却后，用带灯放大镜检查集成块的电路有无虚焊。若有虚焊，应用尖头电烙铁936进行焊接，直到全部正常为止。

（6）用无水酒精将集成电路周围的松香清洗干净。

3．BGA芯片的焊接

1）清除焊盘上多余的焊锡

在电路板上加上足量的助焊剂膏，用恒温电烙铁将板上多余的焊锡去掉，并且可以适当上锡，用香蕉水或无水酒精清洗干净。

2）植锡

固定好芯片，将相应型号的植锡板和芯片对准，植锡板用手或镊子按牢不动，再用另一手刮浆上锡。上锡时，用橡皮擦刮适量、干稀适度的锡浆到植锡板上，边刮边压，使锡浆均匀地填充于植锡板的小孔中。

锡浆上好后吹锡成球。将热风枪的风嘴去掉，将风量调至最小，温度调至 300～340℃。将风嘴对着植锡板缓缓地均匀加热，使锡浆慢慢熔化。当看见植锡板的个别小孔已有锡球生成时，说明温度已经到位，这时应提高热风枪的风嘴，避免温度继续上升。待每个小孔中都有锡球形成时，移开热风枪，冷却后用镊子取下IC。注意锡球应大小均匀才符合要求。

3）安装

将芯片有焊脚的那一面涂上适量助焊膏，用热风枪轻吹一吹，使助焊膏均匀分布于芯片的表面。再将植好锡球的芯片放到电路板上，用手或镊子将芯片前后左右移动并轻轻加压直到对准。

4）焊接

把热风枪的风嘴去掉，将风量调到 1～2 挡，温度调节到 340℃，让风嘴对准芯片缓慢加热，当看到芯片往下一沉且四周有助焊膏溢出时，说明锡球已和焊点熔合在一起，这时再轻轻晃动热风枪使加热均匀充分。焊接完成后用香蕉水将电路板洗干净即可。

4．MOSFET晶体管的焊接

由于MOSFET输入阻抗很高，焊接这类元器件时应该注意以下事项。

（1）引线如果采用镀金处理或已经镀锡的，可以直接焊接。

（2）对于 CMOS 电路，若事先已将各引线短路，焊前不要拿掉短路线。

注意保证电烙铁良好接地，必要时还要采取人体接地的措施。

（3）使用低熔点的焊料，熔点一般不要高于 180℃，焊接时间一般不要超过 2s。

（4）使用的内热式电烙铁功率不超过 20W，外热式的功率不超过 30W，且电烙铁头应该尖一些。

（5）工作台最好铺上防静电胶垫。

（6）集成电路安全焊接的顺序是：地端→输出端→电源端→输入端。

现代的元器件在设计、生产的过程中，都考虑了静电及其他损坏因素，只要按照规定操作，一般不会损坏。

5.2.5 拆焊

在焊接过程中，有时会误将一些导线、元器件焊错位置。在产品调试或维修过程中也会遇到更换元器件和导线的情况，这就需要拆焊。拆焊中容易损坏元器件或造成印制电路板上的焊盘、印制导线剥落，因此要严格控制拆焊的温度和时间。

1. 一般焊接点的拆焊

可先将元器件的引线剪掉，再进行拆焊。拆焊钩焊焊点时，首先用电烙铁头去掉焊锡，然后撬起引线，并将其抽出，如图 5-31 所示。

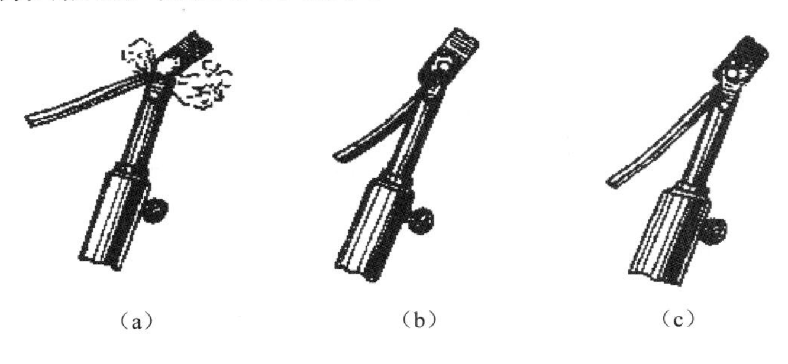

（a）　（b）　（c）

图 5-31 一般焊接点拆焊

2. 印制电路板上元器件的拆焊

拆焊时，印制电路板上的铜箔在受热的情况下极易剥离，要加以注意。拆焊印制电路板上的元器件方法如下。

（1）分点拆焊。先拆除一端焊接点上的引线，再拆除另一端焊接点上的引线，最后将元器件拔出。适用于两个焊点距离较大的情况。

（2）集中拆焊。若焊接点之间的距离都比较小，用电烙铁同时加热几个焊接点，待焊锡熔化后一次拔出元器件。集中拆焊要求操作时加热迅速、动作快，如图 5-32 所示。专用电烙铁头的外形如图 5-33 所示。

（3）间断加热拆焊。一些带有塑料骨架的元器件，如中频变压器、线圈等，其骨架不耐高温，其接点既集中又比较多。拆焊这类元器件时，应先除去焊点上的焊锡，然后用划针挑开焊盘与引线的残留焊料。最后用电烙铁头对个别未清除焊锡的接点加热并取下元器件。

不论用哪种拆焊方法，操作时都应先将焊接点上的焊锡去掉。拆焊过程中不要使焊料或焊剂飞溅或流散到其他元器件及导线的绝缘层上，以免烫伤这些元器件。

图 5-32　集中拆焊法

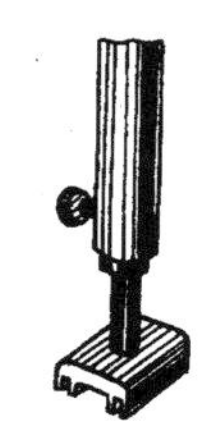

图 5-33　专用电烙铁头的外形

3．片式元器件的拆焊

1）小元器件的拆卸

（1）将线路固定在平台上，打开带灯放大镜，仔细观察欲拆卸的小元器件的位置。

（2）用小刷子将小元器件周围的杂质清理干净，往小元器件上加注少许松香水。

（3）安装好热风枪的细嘴喷头，打开热风枪电源开关，调节热风枪温度为 270℃。

（4）一只手用镊子夹住小元器件，另一只手拿稳热风枪手柄，使喷头离欲拆卸的小元器件保持垂直，距离为 2～3cm，沿小元器件上均匀加热，喷头不可接触小元器件。

（5）待小元器件周围焊锡熔化后用手指钳将小元器件取下。

2）片式集成电路的拆卸

（1）将线路板固定在平台上，打开带灯放大镜，仔细观察欲拆卸集成电路的位置和方位，并做好记录，以便焊接时恢复。

（2）用小刷子将贴片集成电路周围的杂质清理干净，往贴片集成电路周围加注少许松香水。

（3）调好热风枪的温度和风速，温度开关一般调至 300～350℃，风速开关调节 2～3 挡。

（4）用单喷头拆卸时，应注意使喷头和所拆集成电路保持垂直，并沿集成电路周围引脚慢速旋转，均匀加热，喷头不可触及集成电路及周围的外围元器件，吹焊的位置要准确，且不可吹跑集成电路周围的外围小元器件。

（5）待集成电路的引脚焊锡全部熔化后，用医用针头或手指钳将集成电路掀起或镊走，且不可用力，否则，极易损坏集成电路的锡箔。

3）BGA 芯片的拆卸

（1）定位。在拆卸芯片之前，一定要清楚芯片的准确位置。若线路板上没有芯片的定位框，可采取画线法、贴纸法、目测法进行定位。

（2）拆卸。

① 认清 BGA 芯片位置之后，在芯片上面放适量助焊剂，既可防止干吹，又可以帮助芯片底下的焊点均匀熔化。

② 去掉热风枪前面的套头用大头，一般将热量开关调至 3～4 挡，风速开关调至 2～3 挡，在芯片上方约 2.5cm 处做螺旋状吹，直到芯片底下的锡珠完全熔解，用镊子轻轻托起整个芯片。

图 5-34（a）中，加热器在元器件上方 5mm 处，对准元器件喷射热风；图 5-34（b）中，用镊子夹住元器件做轻微的摇动；图 5-34（c）中，约 7s 后稍用力即可把元器件拆除。

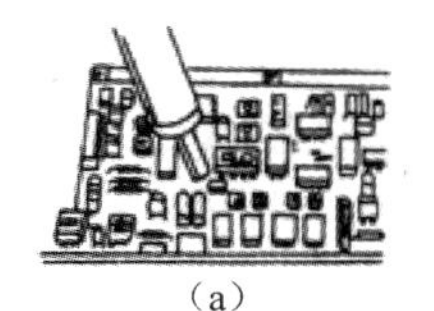
（a）

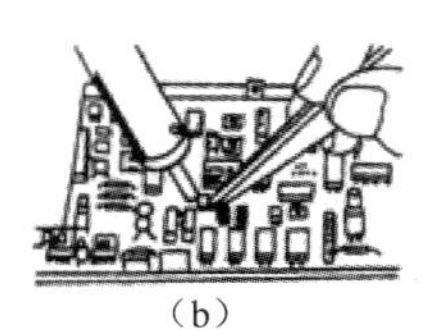
（b）

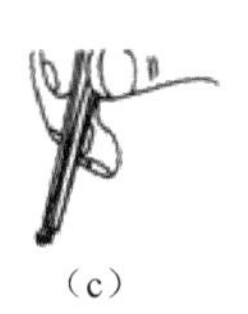
（c）

图 5-34　片式元器件的拆焊件喷射热风

做一做

（1）什么叫焊接？锡焊有哪些特点？
（2）手工焊接的基本操作步骤是哪些？
（3）焊接中为什么要用助焊剂？
（4）焊接的操作要领是什么？
（5）什么是虚焊、堆焊？如何防止虚焊、堆焊？
（6）焊点形成应具备哪些条件？
（7）焊点质量的基本要求是什么？
（8）表面安装工艺的焊接方法有几种？它们各有什么特点？

任务 5.3　电子装联工艺

电子装联技术是电子信息技术和电子行业的支撑技术，是衡量一个国家综合实力和科技发展水平的重要标志之一，是电子产品实现小型化、轻量化、多功能化、智能化和高可靠性的关键技术。

电子装联过程就是把各种元器件、零部件、整件等按照设计的要求，准确无误地安装到规定的位置上，并且符合标准规定的物理特性和电特性的要求。

任务引入

电子装联是电子或电气产品在形成过程中所采用的电连接和装配的工艺过程。它包括机械装配和电气安装，这里应掌握装联的方法和工艺过程。

5.3.1　搭接、绕接与压接工艺

搭接、绕接、压接是属于无锡焊技术，其特点是不需要焊料和助焊剂即可获得可靠的连接，解决了被焊件清洗困难和焊接面易氧化的问题。

1．搭接

搭接如图 5-35 所示，这种连接最方便，但强度及可靠性最差。图 5-35（a）是把经过镀锡的导线搭到接线端子上进行连接，仅用在临时连接或不便于缠、钩的地方以及某些接插件上。

对调试或维修中导线的临时连接，也可以采用图 5-35（b）所示的搭接办法。这种搭焊连接不能用在正规产品中。

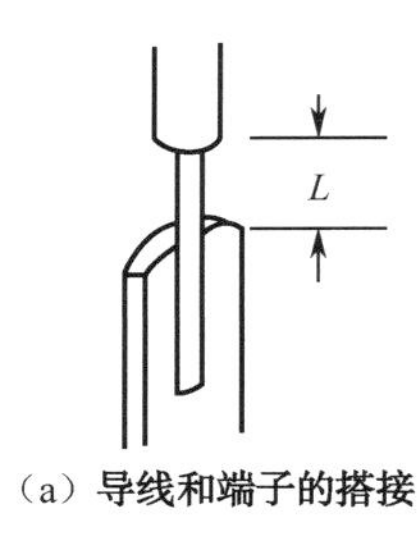

(a)导线和端子的搭接

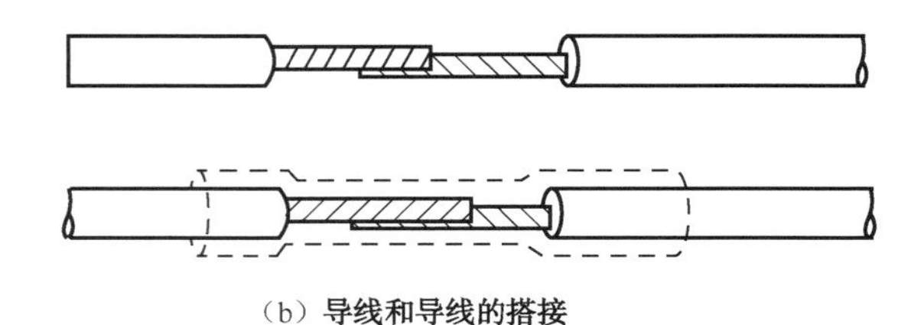

(b)导线和导线的搭接

图 5-35　搭接

2. 压接

压接有冷压接和热压接两种，目前冷压接使用较多。冷压接是借助较大的挤压力和金属间的位移，使连接器触脚或接线端子与电线间实现机械和电气连接。压接的主要特点如下。

(1) 操作简便。将导线端头放入压接触脚或端头焊片，用压接钳或其他工具用力夹紧即可。

(2) 适宜在任何场合进行操作。

(3) 生产效率高、成本低、无污染。

(4) 维护简便。压接点损坏后，只要剪断导线重新脱头后再压接即可。

压接的缺点是接触电阻比较大。手工压接时，难于保证压接力一致，因而造成质量不够稳定。此外，很多接点不能采用压接方法。

3. 绕接

绕接的基本原理是对两个金属表面施加足够的压力，使之产生塑性变形，因而在两金属表面引起金属扩散作用，像焊接一样也产生合金层，使两金属间完全结合。

(1) 绕接用的材料。绕接用的接线端子（又称缠绕柱、缠绕杆）是用铜或铜合金制成的，其截面为正方形、矩形或梯形等带棱角的形状。接线端子通常焊接在绝缘板上。

绕接用的导线一般是采用单股硬质绝缘线，芯线直径为 0.4～1.3mm。为保证连接性能良好，接线端子或导线均应镀金或银。

(2) 绕接器的构造。绕接通常是在绕接器上进行的。绕接器由旋转驱动部分和绕线机构两部分组成。绕线机构又由绕线轴和套筒构成，如图 5-36 所示。在绕线轴端面的稍偏中心部位开有接线端子插入孔，在绕线轴和套筒之间开有芯线孔，在套筒的端部开有凹槽。导线从芯线孔插入，从凹槽引出。

(3) 绕接器的操作。绕接前，将导线的芯线插入芯线孔，绕线轴套在接线端子上，转动绕接器即可，如图 5-37 所示。

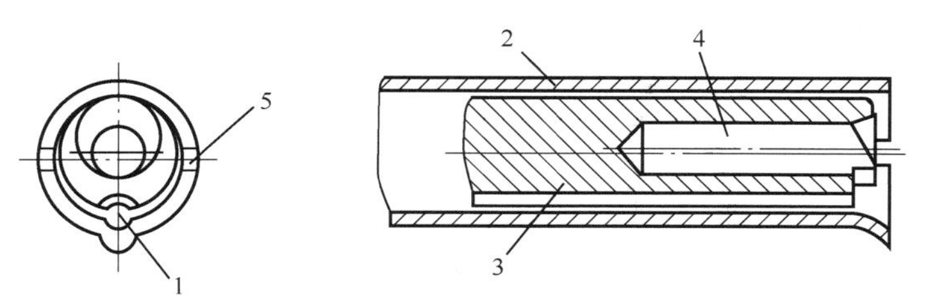

1—芯线孔；2—套筒；3—绕线轴；4—缠绕柱孔；5—凹槽

图 5-36　绕接器的结构图

绕接的具体操作步骤及注意事项如下。

① 准备导线。根据线材规格、端子的截面积和绕接圈数（不少于 5 圈），确定导线剥头

长度。最好采用热剥离法进行剥头。

② 插入芯线。将剥头后的芯线全部插入芯线孔。如果芯线不直，可让芯线轴旋转，同时将芯线插入。

③ 打弯导线。利用套筒上的凹槽将导线折弯，并用手压住剩余导线。

④ 插入接线端子。将接线端子插入孔对准接线端子，并插入。

⑤ 绕接芯线。握紧拉块，开启电源，待绕线轴转动时松开拉块。

⑥ 取下绕接器。沿接线端子轴向取下绕接器。

正确的绕接如图 5-38 所示。图 5-38（a）为第一类绕接。导线的绝缘层不接触接线端子。图 5-38（b）为第二类绕接。导线的绝缘层在接线端子上缠绕一圈，以防止芯线从颈部折断。

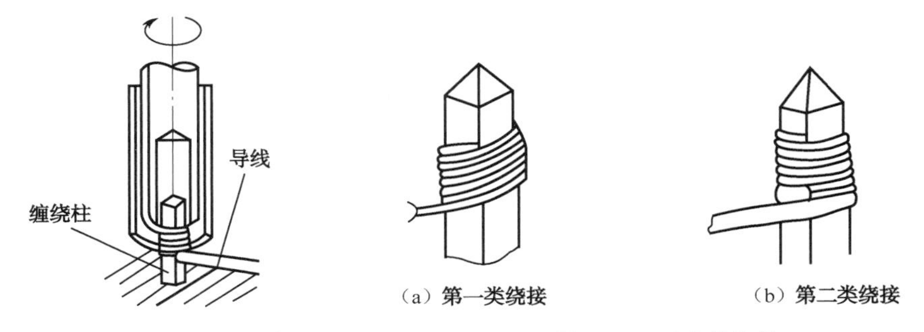

图 5-37 绕接器的操作　　图 5-38 正确的绕接

（4）绕接不良实例。绕接不良实例如图 5-39 所示。

图 5-39（a）中，导线绝缘部分绕接少于一圈；图 5-39（b）、（c）中，线匝间出现间隙，这是由于操作时绕接器移动造成的；图 5-39（d）为叠绕，接触面减少，抗拉强度低，电气连接差；图 5-39（e）中，末端未绕紧，绕接少于一圈，即有留尾，这主要是由于芯线未全部插入芯线孔造成的。

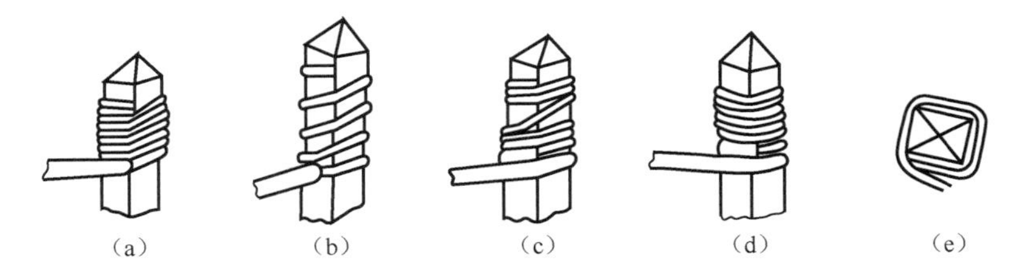

图 5-39 绕接不良实例

绕接与焊锡焊接相比具有可靠性高、操作简单、无虚焊、无热损伤、易于掌握等优点。但不足之处是必须使用单股导线和特殊形状接线端子，连接方向受接线端子的限制。目前，绕接主要用于电子产品机内的互连。

5.3.2 胶接、铆接与螺纹连接

整机的机械安装通常是指用紧固件或胶黏剂将产品的零部件、整件和各种元器件按设计文件的要求安装在规定的位置上。

对安装的总要求是牢固可靠，不损伤元器件，不损伤涂敷层，不破坏元器件的绝缘性能，安装件的位置、方向正确。

1．胶接

用胶黏剂将各种材料粘接在一起的安装方法称为胶接（黏结）。在装配中常用来对轻型元器件及不便于螺接和铆接的元器件（材料）进行胶接。

胶接与铆接、焊接及螺接相比，具有如下优点。

（1）应用范围广。任何金属、非金属几乎都可以用胶黏剂来连接，也可以连接很薄的材料或厚度相差很大的材料。

（2）胶接变形小。常用于金属薄板、轻型元器件和复杂零件的连接。

（3）胶接处应力分布均匀，避免了应力集中现象，具有较高的抗剪、抗拉强度。

（4）具有良好的密封、绝缘、耐腐蚀的特性。

（5）用胶黏剂对设备和零部件进行修复，工艺简便，成本低。

但是胶接的缺点是胶接接头抗剥离和抗冲击能力差等。

2．铆接

通过机械方法，用铆钉将两个以上的零部件连接起来的操作称为铆接。有冷铆和热铆两种方法。在电子产品装配中，通常是用铜或铝制作铆钉，采用冷铆法进行铆接。

1）对铆接的要求

（1）铆接后不应出现铆钉杆歪斜和被铆件松动的现象。

（2）用多个铆钉连接时，应按对称交叉顺序进行。

（3）沉头铆钉铆接后应与被铆平面保持平整，允许略有凹下，但不得超过 0.2mm。

（4）空心铆钉铆紧后扩边应均匀、无裂纹，管径不应歪扭。

2）铆钉长度和铆钉直径

铆钉长度应等于被铆件总厚度与留头长度之和。半圆头铆钉的留头长度为铆钉直径的 1.25～1.5 倍，沉头铆钉的留头长度为铆钉直径的 0.8～1.2 倍。

铆钉直径应大于铆接厚度的 1/4，一般应取板厚的 1.8 倍。

铆孔直径与铆钉直径的配合必须适当。若孔径过大，铆钉杆易弯曲，孔径过小，铆钉杆不易穿过，若强行打进，又容易损坏被铆件。

3）铆装工具

（1）手锤通常使用的是圆头手锤，其大小应按铆钉直径的大小来选定。

（2）压紧冲头如图 5-40 所示，当铆钉插入铆钉孔后，用它来压紧被铆接件。

（3）半圆头冲头如图 5-41 所示，用于铆接铆钉的圆头。其工作部分是凹形半圆球面，按半圆头铆钉头部尺寸，用钢料车制后经淬火和抛光制成。

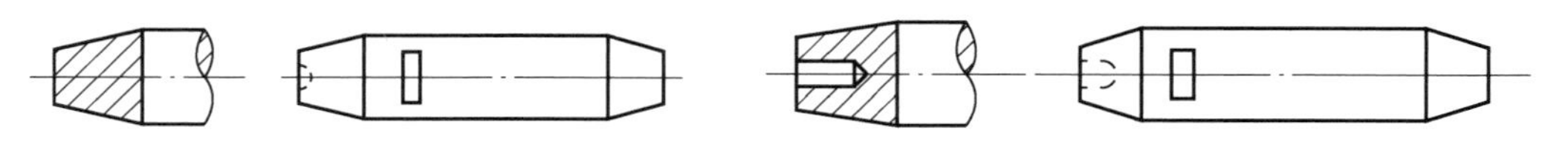

图 5-40　压紧冲头　　　　图 5-41　半圆头冲头

（4）垫模。用作垫板，其凹孔与铆钉头的形状一致。在铆接时把铆钉头放在垫模凹孔使之受力均匀，并可防止铆钉头变形。

（5）平头冲头。铆接沉头铆钉时使用。

（6）尖头冲头。又称样冲，用于空心铆钉扩孔。

（7）凸心冲头。用于空心铆钉扩边的成型及轧紧。

3. **螺纹连接**

用螺纹连接件（如螺钉、螺栓、螺母）及垫圈将元器件和零、部件紧固地连接起来，称为螺纹连接，简称螺接。这种连接方式结构简单，便于调试，装卸方便，工作可靠，因此在电子产品装配中得到广泛的应用。

1）紧固件的选用

（1）十字槽螺钉紧固强度高，外形美观，有利于采用自动化装配。

（2）面板应尽量少采用螺钉紧固，必要时可采用半沉头螺钉，以保持平面整齐。

（3）当要求结构紧凑、连接强度高、外形平滑时，应尽量采用内六角螺钉。

（4）安装部件全是金属件时采用钢性垫圈，对瓷件、胶木件等易碎零件应使用软垫圈。

2）拧紧方法

拧紧长方形工件的螺钉组时，须从中央开始逐渐向两边对称扩展。拧紧方形工件和圆形工件的螺钉组时，应按交叉顺序进行。无论哪一种螺钉组，应先按顺序列装上螺钉，然后分步逐渐拧紧，以免发生结构件变形和接触不良的现象。

3）螺纹连接的质量标准

（1）螺钉、螺栓紧固后，螺尾外露长度一般不得少于 1.5 扣，螺纹连接有效长度一般不得少于 3 扣。

（2）沉头螺钉紧固后，其头部应与被紧固的表面保持平整，允许略微偏低，但不应超过 0.2mm。

（3）螺纹连接要求拧紧，不能松动。但对非金属件拧紧要适度。

（4）弹簧垫圈四周要均被螺帽压住，工件要压平。

（5）螺纹连接要牢固、防震和不易退扣。

（6）被装元器件上的标志应尽量露在看得见的一面。

（7）为便于检修拆卸，应无滑帽现象。

（8）装配紧固后的螺钉，必须在螺钉末端涂上紧固漆，以表示产品属原装配，并防止螺钉松动。

4）螺纹连接时的注意事项

（1）要根据不同情况合理使用螺母、平垫圈和弹垫圈。弹簧垫圈应装在螺母与平垫圈之间。

（2）装配时，螺钉旋具的规格要选择适当。操作时应始终保持垂直于安装孔表面的方位旋转，避免摇摆。

（3）拧紧或拧松螺钉、螺帽或螺栓时，应尽量用扳手或套筒使螺母旋转，不要用尖嘴钳松紧螺母。

（4）最后用力拧紧螺钉时，切勿用力过猛，以防止滑帽。

5）自动连接的防松动

螺纹连接一般都具有自锁性，在静态和工作温度变化不大时，不会自行松脱。但当受到振动、冲击和变载荷作用时，或在工作温度变化很大时，螺纹间的摩擦力就会出现瞬时减小的现象，如果这种现象多次重复，就会使连接逐渐松脱。

为了防止紧固件松动和脱落，可采用图 5-42 所示的几种措施。

图 5-42（a）所示为双螺母防松动。它利用两个螺母互锁起到止动作用，一般在机箱接线板上用得较多。

图 5-42（b）所示为弹簧垫圈防松动。特点是结构简单，使用方便，常用于紧固部位为金

属的元器件。

图 5-42（c）所示为蘸漆防松动。安装紧固螺钉时，先将螺纹连接处蘸上硝基磁漆再拧紧螺纹。通过漆的粘合作用，增加螺纹间的摩擦阻力，防止螺纹松动。

图 5-42（d）所示为点漆防松。它是靠露出的螺钉尾上涂紧固漆来止动的。涂漆处不少于螺钉半周及两个螺钉高度。常用于电子产品的一般安装件上。

图 5-42（e）所示为开口销钉防松动。所用的螺母是带槽螺母，在螺杆末端钻有小孔，螺母拧紧后槽应与小孔相对，然后在小孔中穿入开口销钉，并将其尾部分开，使螺母不能转动。这种方法多用于有特殊要求元器件的大螺母上。

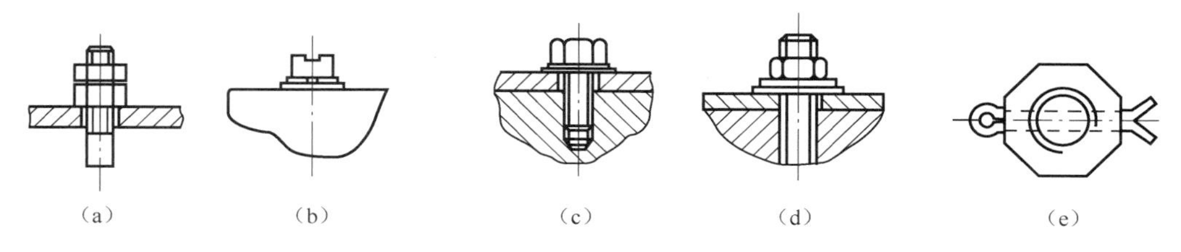

图 5-42　防止紧固件松动的措施图解

4．销接

销接是利用销钉将零件或部件连接在一起，使它们之间不能互相转动或移动，其优点是便于安装和拆卸，并能重复使用。按用途分销钉有紧固销和定位销两种；按结构形式不同可分为圆柱销、圆锥销和开口销。在电子产品装配中，圆柱销和圆锥销较常使用。销钉连接时应注意以下几方面。

（1）销钉的直径应根据强度确定，不得随意改变。

（2）销钉孔配做前，应将连接件的位置精确地调整好，保证性能可靠，然后再一起钻铰。

（3）销钉多是靠过盈配合装入销孔中的，但不宜过松或过紧。圆锥销通常采用 1 : 50 的锥度，装配时如能用手将圆锥销塞进孔深 80%～85%，可获得正常过盈。

（4）装配前应将销孔清洗干净，涂油后再将销钉塞入，注意用力要垂直、均匀，不能过猛，防止头部镦粗或变形。

（5）对于定位要求较高或较常装卸的连接，宜选用圆锥销连接。

单元小结

（1）常用手工焊接工具包括外热式电烙铁、内热式电烙铁、恒温电烙铁、吸锡电烙铁、半自动电烙铁及各种剪切工具。使用时根据不同的使用场合选择恰当的工具。

（2）绝缘导线加工工序：剪裁、剥头、清洁、捻头（对多股线）、浸锡。

（3）手工焊接操作过程可以分成五步：准备施焊、加热焊件、送入焊丝、移开焊丝、移开电烙铁。也可以采用三步：准备施焊、加热与送丝、去丝移电烙铁。

（4）印制电路板上元器件拆焊的方法有分点拆焊法、集中拆焊法、间断加热拆焊法。

（5）电子装联是电子或电气产品在形成过程中所采用的电连接和装配的工艺过程，包括机械装配和电气安装。

（6）搭接、绕接、压接属于无锡焊技术，其特点是不需要焊料和助焊剂即可获得可靠的

电气连接。

（7）整机的机械安装通常是指用紧固件或胶黏剂将产品的零部件、整件和各种元器件按设计文件的要求安装在规定的位置上，采用的工艺有胶接、铆接、螺纹连接、销接。

习　　题

1．填空题

（1）常见的电烙铁有________、________、________等几种。

（2）内热式电烙铁由________、________、________、________等四部分组成。

（3）手工烙铁焊接的五步法为________、________、________、________、________。

（4）印制电路板上的元器件拆焊方法有________、________、________。

（5）无锡焊接的工艺方法有________、________、________。

2．选择题

（1）无线电装配中的手工焊接，焊接时间一般以（　　）为宜。

A．3s 左右　　B．3min 左右　　C．越快越好　　D．不定时

（2）电烙铁头的锻打预加工成型的目的是（　　）。

A．增加金属密度，延长使用寿命　　B．为了能较好地镀锡

C．在使用中更安全

（3）无锡焊接是一种（　　）的焊接。

A．完全不需要焊料　　B．仅需少量的原料　　C．使用大量的焊料

（4）用绕接的方法连接导线时，对导线的要求是（　　）。

A．单芯线　　B．多股细线　　C．多股硬线

（5）片式元器件的装插一般是（　　）。

A．直接焊接　　B．先用胶粘贴再焊接　　C．仅用胶粘贴　　D．用紧固件装接

（6）在设备中为防止静电或电场的干扰，防止寄生电容耦合，通常采用（　　）。

A．电屏蔽　　B．磁屏蔽　　C．电磁屏蔽　　D．无线电屏蔽

（7）将绝缘导线的两端去掉一段绝缘层而露出芯线的过程称为（　　）。

A．剥头　　B．剪裁　　C．捻头　　D．浸锡

（8）元器件引线成型时，引线弯折处距离引线根部尺寸应大于（　　）mm。

A．10　　B．1　　C．2　　D．0.2

（9）电烙铁的规格用（　　）表示。

A．功率　　B．长短　　C．大小　　D．粗细

（10）使用（　　）电烙铁能够方便吸附焊接点上的焊锡。

A．外热式　　B．吸锡　　C．内热式　　D．恒温

3．判断题

（　　）（1）由于无锡焊接的优点，所以在设备中无锡焊接可以取代锡焊料。

（　　）（2）压接有冷压接和热压接两种，目前冷压接使用较多。

（　　）（3）绕接与焊锡焊接相比具有可靠性高、操作简单、无虚焊、无热损伤、易于掌握等优点。

(　　)(4)拆焊元器件时，可以不用将焊接点原来的焊锡去掉。

(　　)(5)绕接也可以对多股细导线进行连接，只是将接线柱改用棱柱形状即可。

(　　)(6)元器件安插到印制电路板上应遵循先大后小、先重后轻、先低后高的原则。

(　　)(7)片式元器件安接的一般工艺过程是用导电胶黏剂将元器件粘贴在印制板上，烘干后即可正常使用，无须再进行焊接。

(　　)(8)搭焊连接最方便，而且强度及可靠性强。

(　　)(9)现代电子设备的功能越强、结构越复杂、组件越多，对环境的适应性就越差，如计算机等高科技产品。

(　　)(10)所有金属材料都可以采用锡焊焊接。

4. 问答题

(1)电烙铁有几种？常见的是哪一种？

(2)什么叫焊接？锡焊有哪些特点？

(3)焊接的操作要领是什么？

(4)焊接中为什么要用助焊剂？

(5)什么是虚焊、堆焊？如何防止？

(6)焊点形成应具备哪些条件？

(7)手工焊接的基本步骤是什么？

(8)焊点质量的基本要求是什么？

(9)常用的钳口工具有哪几种？

(10)对安装具体要求是什么？

(11)什么是压接、绕接？它们各有什么特点？

单元六

自动焊接工艺

焊接是通过加热、加压，或两者并用，使两工件产生原子间结合的加工工艺和连接方式。焊接技术应用广泛，是现代工业不可缺少、日益重要的加工工艺技术。随着科技的进步及发展，不论从焊接质量还是成本控制上来看，自动焊接技术取代手工焊接已成为必然的趋势。自动焊接技术焊接速度快，质量一致性好，表面美观，没有手工焊接的焊锡不均匀现象。采用自动焊接设备焊接可以避免人工焊接时的各种人为因素的影响，如操作工情绪的影响、身体状况的影响、熟练程度的影响等，保证焊接的一致性、可靠性。采用自动焊接可减少操作人员及检验人员数量，降低管理难度及产品成本，提高产品竞争力。自动化的焊接技术不仅标志着更高的焊接生产效率和更好的焊接质量，而且还大大改善了生产劳动条件。

任务 6.1　自动焊接工具与设备

任务引入

随着电子产品的高速发展，以提高生产效率、降低成本、保证质量为目的的机械化、自动化锡焊技术不断发展，先后出现了浸焊、波峰焊、回流焊等自动焊接技术。通过本任务的学习，了解自动焊接技术所用工具与设备的结构、分类，掌握自动焊接设备的功能和工作原理。

6.1.1　浸锡机

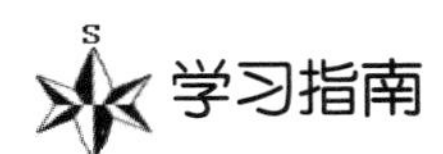

学习指南

理解不同类型浸锡机的工作原理。

浸锡是继手工电烙铁焊接技术之后最早发展起来的自动焊接技术，它以直插件为主，对于批量大、规格多的生产，浸锡焊接效率高、成本低、质量有保证。

想一想

生产中，什么情况下会使用浸锡机？

1. 普通浸锡机

普通浸锡机是在一般锡锅的基础上加焊锡滚动装置和温度调节装置构成的，如图 6-1 所

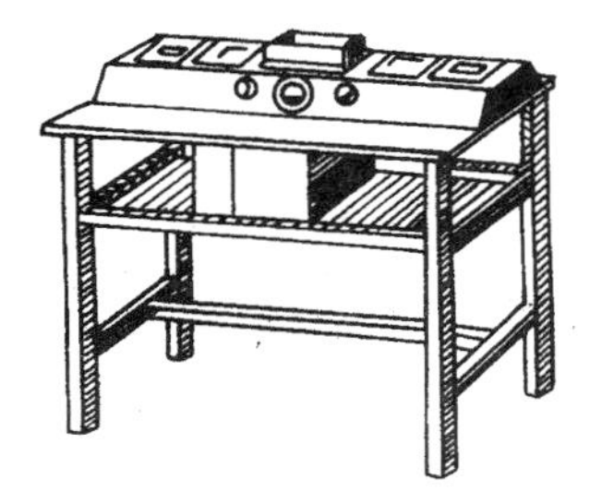
图 6-1 普通浸锡机

示。它既可用于对元器件引线、导线端头、焊片等进行浸锡，也适用于小批量印制电路板的焊接。由于锡锅内的焊料不停地滚动，增强了浸锡效果。

使用浸锡炉时要注意调整温度。锡锅一般设有加温挡和保温挡。开关调至加温挡时，炉内两组电阻丝并联，温度较高，便于熔化焊料。当锅内焊料已充分熔化后，应及时转向保温挡。此时电阻丝从并联改为串联，电炉温度不再继续升高，维持焊料的熔化，供浸锡用。

为了保证浸锡质量，应根据锅内焊料消耗情况，及时增添焊料，并及时清理锡渣和适当补充焊剂。

2. 超声波浸锡机

超声波浸焊机是通过向锡锅内辐射超声波来增强浸锡效果的，适于一般浸锡较困难的元器件焊接。超声波浸焊机一般由超声波发生器、换能器、水箱、焊料槽、加温设备等几部分组成。超声波浸焊机在焊接双面印制电路板时，能使焊料浸润到焊点的金属化孔里，使焊点更加牢固，还能振动掉粘在板上的多余焊料。

3. 自动浸锡机

自动浸锡机具有自动翻转、升降、平移、自动浸助焊剂功能，可实现直焊、斜焊、划行、翻转等动作，满足多种小型变压器及小型线路板的浸锡需求。该机既能减轻劳动强度，又能提高工作效率。在使用上，采用了触摸屏、PLC 自动控制系统，操作简单、方便，具有较强的可操作性和通用性，真正做到了一机多用。

做一做

判别下列生产场合下适宜选择哪种浸锡机进行浸锡操作，并说明理由。

（1）小批量少品种。

（2）大批量多品种。

（3）浸锡较困难的元器件焊接。

6.1.2 波峰焊接机

理解波峰焊接机的结构、工作原理及主要技术指标。

波峰焊接是采用波峰焊接设备，利用熔融焊料循环流动的波峰与装有元器件的 PCB 焊接面相接触，以一定速度相对运动，实现群焊的焊接工艺。波峰焊接机是自动焊接中较为理想的焊接设备，发展较快，是通孔插装技术和混合安装技术印制电路板的主要焊接设备。

想一想

生产中，波峰焊接机与浸焊机的区别是什么？

1. 波峰焊接机的结构

波峰焊接机的主要结构是一个温度能自动控制的熔锡缸，缸内装有机械泵和具有特殊结

构的喷嘴。机械能根据焊接要求，连续不断地从喷嘴压出液态锡波，当印制电路板由传送机以一定速度进入时，焊锡以波峰的形式不断地溢出至印制电路板面进行焊接。波峰焊接机通常由涂助焊剂装置、预热装置、焊料槽、冷却风扇和传送装置等部分组成，其结构形式有圆周式和直线式两种，如图 6-2 所示。

如图 6-2（a）所示，圆周式波峰焊接机的有关装置沿圆周排列，台车运行一周完成一块印制电路板的焊接任务。这种焊接机的特点是台车能连续循环使用。如图 6-2（b）所示，通常传送带安装在直线式波峰焊接机的两侧，印制电路板可用台车传送，也可直接挂载传送。

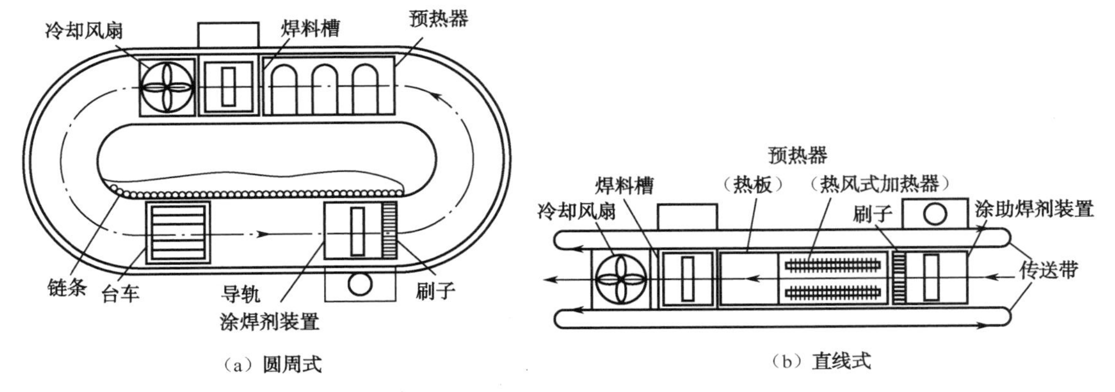

图 6-2　波峰焊接机的结构

2. 波峰焊接机工位组成

波峰焊接机是进行波峰焊的主要设备，常见的波峰焊机由图 6-3 所示的工位组成。

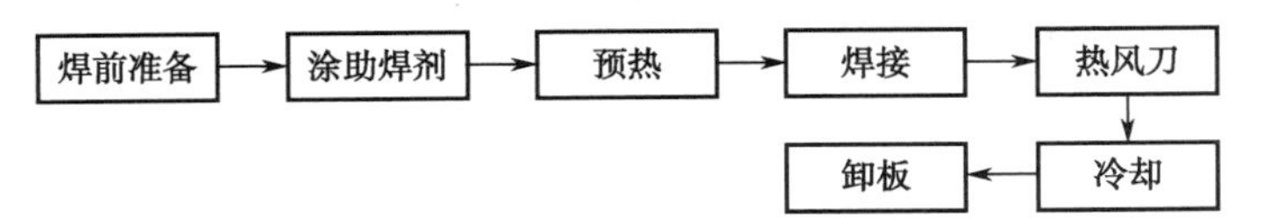

图 6-3　波峰焊机工位图

波峰焊机操作的主要工位是焊料波峰与 PCB 接触工位（即焊接工位），其余都是辅助工位，但波峰焊机是一个整体，辅助工位不可缺少。

（1）焊前准备。焊前准备主要是对印制电路板进行去油污处理，去除氧化膜和涂阻焊剂。

（2）涂助焊剂。涂敷焊剂可利用波峰机上的涂敷焊剂装置，把焊剂均匀涂敷到印制电路板上，涂敷的形式有发泡式、喷流式、浸渍式、喷雾式等，其中发泡式是最常用的形式。涂敷的焊剂应注意保持一定的浓度，焊剂浓度过高，印制电路板的可焊性好，但焊剂残渣多，难以清除；焊剂浓度过低，则可焊性变差，容易造成虚焊。

（3）预热。由于助焊剂在焊接时必须要达到并保持一个活化温度来保证焊点的完全润湿，因此线路板在进入波峰槽前要先经过一个预热区。预热可以逐渐提升 PCB 的温度并使助焊剂活化，这个过程还能减小组装件进入波峰时产生的热冲击。它还可以用来蒸发掉所有可能吸收的潮气或稀释助焊剂的载体溶剂，如果这些东西不被去除的话，它们会在过波峰时沸腾并造成焊锡溅射，或者产生蒸汽留在焊锡里面形成中空的焊点或砂眼。

（4）波峰焊接。印制电路板经涂敷焊剂和预热后，由传送带送入焊料槽，焊料槽中焊锡流动的方向和板子的行进方向相反，可在元器件引脚周围产生涡流，将上面所有助焊剂和氧化膜的残余物去除，在焊点到达润湿温度时形成润湿，完成焊接。

（5）热风刀。热风刀工序的目的是去除桥连并减轻组件的热应力。

（6）冷却。强制冷却的作用是减轻热滞留带来的不利影响。因为印制电路板焊接后，板面温度很高，焊点处于半凝固状态，轻微的震动都会影响焊接的质量，另外印制电路板长时间承受高温也会损伤元器件。因此，焊接后必须进行冷却处理，一般是采用风扇冷却。

3．波峰焊接机的类型

早期的单波峰焊机在焊接时容易造成焊料堆积、焊点短路等现象，用人工修补焊点的工作量较大。并且，在采用一般的波峰焊机焊接 SMT 电路板时，有两个技术难点，即气泡遮蔽效应和阴影效应。

表面安装使用的波峰焊接机是在传统单波峰焊接机的基础上进行重大革新，以适应高密度组装的需要。其外形如图 6-4 所示，主要改进在波峰上，新型的波峰焊机主要有斜坡式波峰焊机、双波峰焊机、高波峰焊机、电磁泵喷射波峰焊机等。

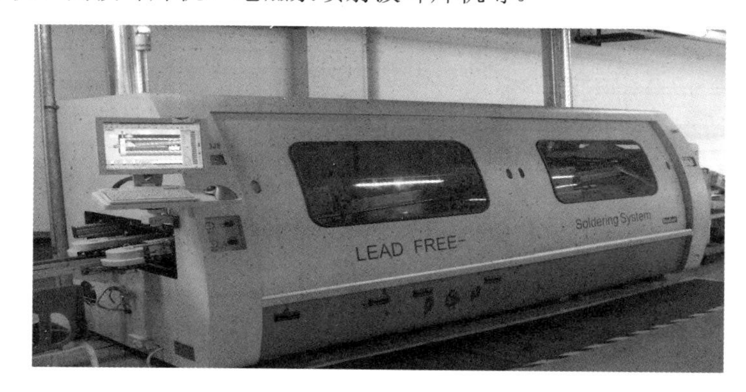

图 6-4　波峰焊接机外形

1）斜波式波峰焊机

斜波式波峰焊机的传送导轨以一定角度的斜坡方式安装，并且斜坡的角度可以调整，如图 6-5 所示，好处是增加了电路板焊接面与焊锡波峰接触的长度。假如电路板以同样速度通过波峰，等效增加了焊点润湿的时间，从而可以提高传送导轨的运行速度和焊接效率。不仅有利于焊点内的助焊剂挥发，避免形成夹气焊点，还能让多余的焊锡流下来。

2）双波峰焊机

双波峰焊机是 SMT 时代发展起来的改进型波峰焊设备，特别适合焊接那些 THT+SMT 混合元器件的电路板。双波峰焊机的焊料波形如图 6-6 所示。

双波峰焊接时，焊接部位先接触第一个波峰，然后接触第二个波峰。第一个波峰是由高速喷嘴形成的窄波峰，它流速快，具有较大的垂直压力和较好的渗透性，同时对焊接面具有擦洗作用，提高了焊料的润湿性，克服了因元器件的形状和取向复杂带来的问题。另外，高速波峰向上的喷射力足以使焊剂气体排出，大大地减少了漏焊、桥接和焊缝不充实的焊接缺陷，提高了焊接的可靠性。第二个波峰是一个平滑的波峰，流动速度慢，有利于形成充实的焊缝，同时可有利于去除引线上过量的焊料，修正焊接面，消除桥接和虚焊，确保焊接的质量。

适用于表面贴装元器件的波峰焊设备主要是双波峰焊接工艺，以避免采用单波峰焊接时出现的质量问题，如漏焊、连焊、焊缝不充实等缺陷。适合波峰焊的表面贴装元器件有矩形和圆柱形片式元器件、SOT 及较小的 SOP 等元器件。

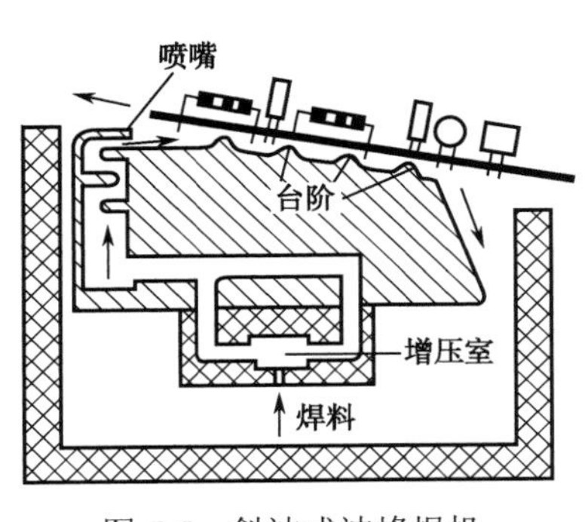

图 6-5 斜波式波峰焊机

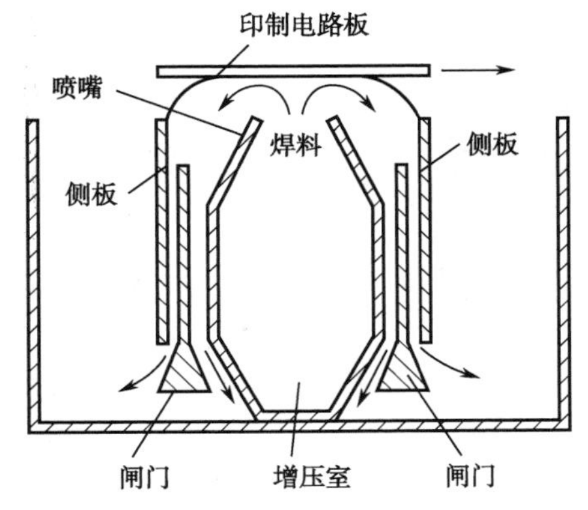

图 6-6 双波峰焊机的焊料波形

3）高波峰焊机

高波峰焊机适用于 THT 元器件“长脚插焊”工艺，其特点是焊料离心泵的功率比较大，从喷嘴中喷出的锡波高度比较高，并且其高度可以调节，保证元器件的引脚从锡波里顺利通过。一般，在高波峰焊机的后面配置剪腿机，用来剪短元器件的引脚。

4）电磁泵喷射波峰焊机

在电磁泵喷射空心波峰焊接设备中，通过调节磁场与电流值，可以方便地调节特制电磁泵的压差和流量，从而调整焊接效果。这种泵控制灵活，每焊接完成一块电路板后，自动停止喷射，减轻了焊料与空气接触的氧化作用。这种焊接设备多用在焊接贴片、插装混合组装的电路板中。

表面安装使用的波峰焊接机工作原理和性能见表 6-1。表面安装用波峰焊机主要技术指标有焊剂容量、焊料量、带速、带宽、焊料温度（220～250℃）和焊接时间（3～4s）。

表 6-1 表面安装使用的波峰焊接机工作原理和性能

方 式	工作原理	特 点
双峰波峰焊		（1）适用于混装 SNT 的焊接 （2）工艺成熟，生产效率高 （3）易桥接与漏焊，漏焊率达 18% （4）AP 承受焊料冲剂 （5）SMD 须预先固定
Ω波波峰焊		
喷射式波峰焊	中空	（1）适用于混装 SNT、细线的焊接 （2）工艺成熟，生产效率高 （3）易桥接与漏焊，漏焊率达 20% （4）AP 承受焊料冲剂 （5）SMD 须预先固定
气泡波峰焊	发泡器	漏焊率 2%

波峰焊接除了使用波峰焊设备外，还要使用辅助工具，如图 6-7 所示。

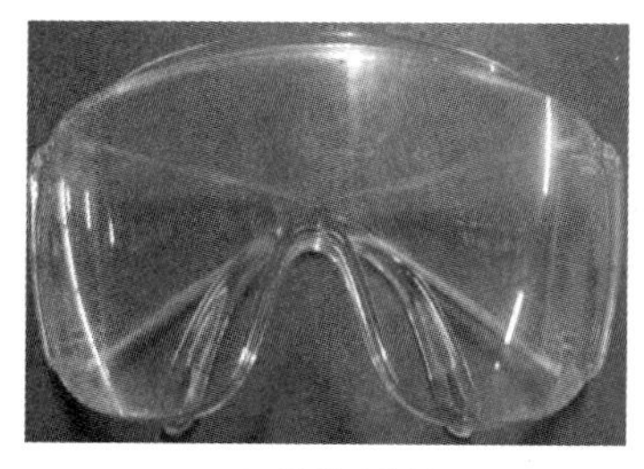

（a）防护眼镜

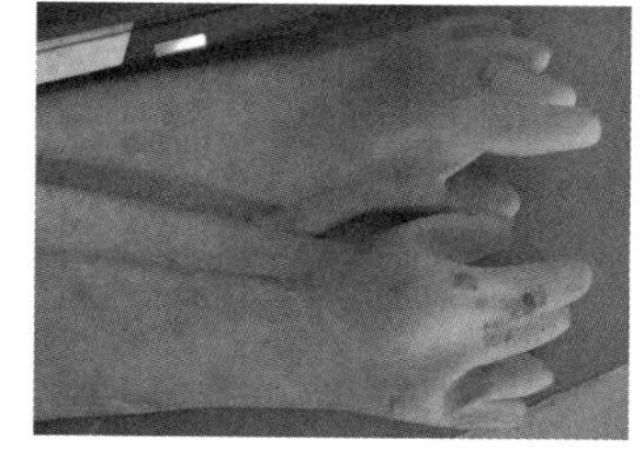

（b）塑胶防护手套

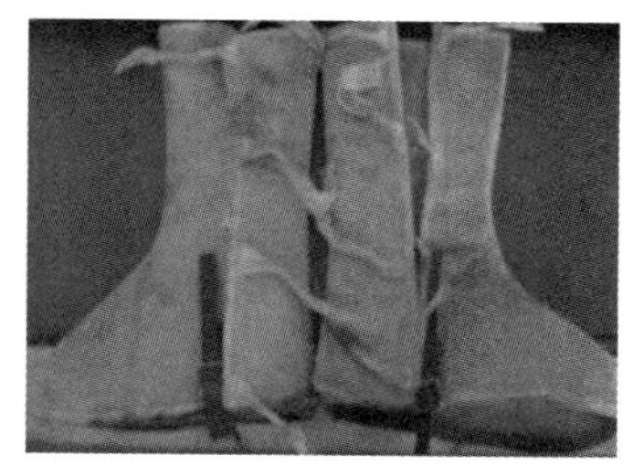

（c）防护靴

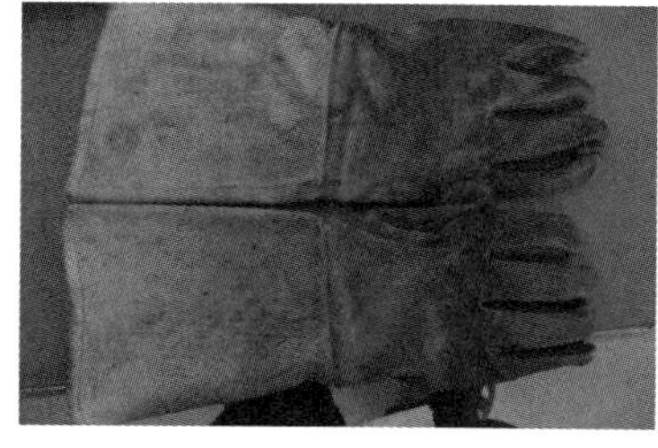

（d）耐高温防护手套

（e）防护口罩

图 6-7　波峰焊常用辅助工具

做一做

（1）什么是波峰焊接？波峰焊接机由哪几部分构成？

（2）表面安装用波峰焊接机是在传统波峰焊接机的基础上，进行了重大革新，以适应高密度组装的需要，其主要改进在什么方面？

（3）表面安装用波峰焊机主要技术指标有哪些？

6.1.3　回流焊接机

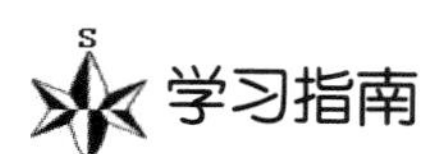

学习指南

理解回流焊接机的结构、工作原理及主要技术指标。

锡膏回流焊接又称为再流焊（Reflow soldering），是采用回流焊接设备，通过重新熔化预先分配到印制电路板焊盘上的膏状软钎焊料，实现表面组装元器件焊端或引脚与印制电路板盘之间机械与电气连接的软钎焊。

想一想

生产中，回流焊接机与波峰焊接机的区别有哪些？

回流焊接机是一种提供加热环境，使预先分配到印制电路板焊盘上的膏状软钎焊料重新熔化，再次流动浸润，从而让表面贴装的元器件和 PCB 焊盘通过焊膏合金可靠地结合在一起的焊接设备。

1．回流焊接机的组成

回流焊接机主要由以下几大部分组成：加热系统、传动系统、顶盖升起系统、冷却系统、氮气装备、抽风系统、助焊剂回收系统、控制系统等。下面对各部分的功能及结构进行简要介绍。

1）外部结构

回流焊接机如图 6-8 所示。

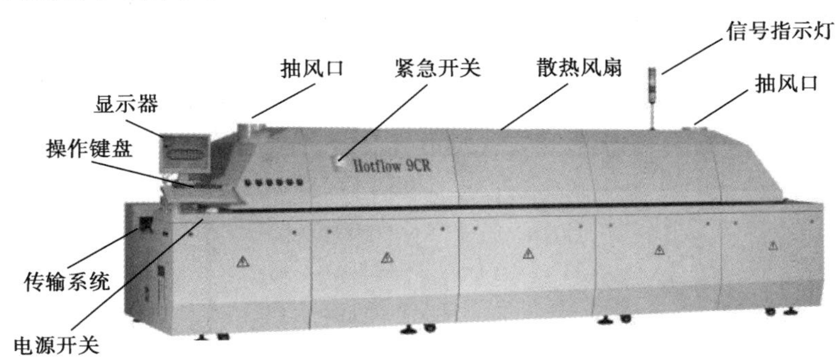

图 6-8　回流焊接机

回流焊接机主要由以下几部分组成。

（1）电源开关。一般为 380V 三相四线制电源。

（2）传输系统。一般有传输链和传输网两种。

（3）信号指示灯。指示设备当前状态。绿色灯亮表示设备各项检测值与设定值一致，可以正常使用；黄色灯亮表示设备正在设定中或尚未启动；红色灯亮表示设备有故障。

（4）抽风口。生产过程中将助焊剂烟雾等废气抽出，以保证炉内再流气体干净。

（5）显示器、键盘。设备操作接口。

（6）散热风扇。

（7）紧急开关。按下紧急开关，可关闭各电动机电源，同时关闭发热器电源，设备进入紧急停止状态。

2）内部结构

回流焊接机内部结构如图 6-9 所示。

（1）加热器。一般为石英发热管组，提供炉温所必需的热量。

（2）热风电动机。驱动风泵将热量传输至 PCB 表面，保持炉内热量均匀。

（3）冷却风扇。冷却焊后 PCB。

（4）传输带驱动电动机。给传输带提供驱动动力。

（5）传输带驱动轮。传输带驱动轮起传动网链作用。

（6）UPS。在主电源突然停电时，由 UPS 提供电能，驱动网链运动，将 PCB 运输出炉。

2．回流焊接机的分类

根据加热区域不同，回流焊接机可分为对 PCB 整体加热和对 PCB 局部加热两大类。

1）对 PCB 整体加热的回流焊接机

对 PCB 整体加热的回流焊接机根据加热方式不同，又可分为红外回流焊接机、红外加热风回流焊接机和气相回流焊接机。

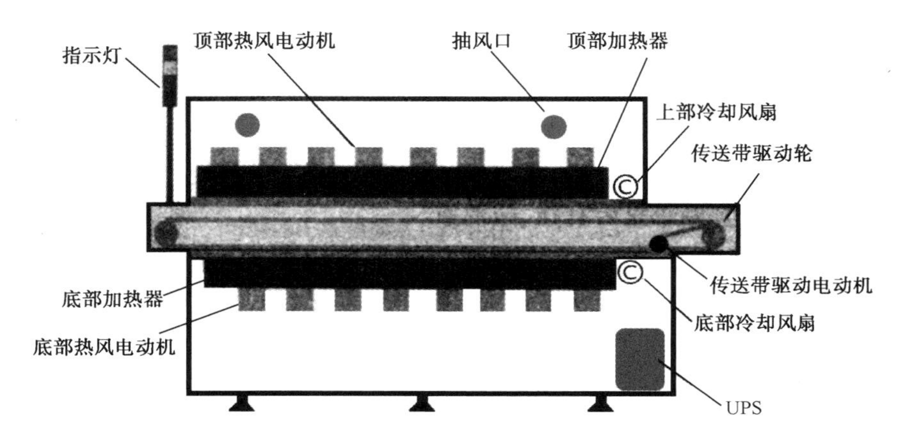

图 6-9　回流焊接机内部结构

（1）红外回流焊接机。

红外回流焊接机内部结构如图 6-10 所示。红外回流焊接以红外辐射源产生的红外线，照射到元器件上转换成热能，通过数个温区加热焊件，然后冷却，完成焊接，具有较好的焊接可靠性。

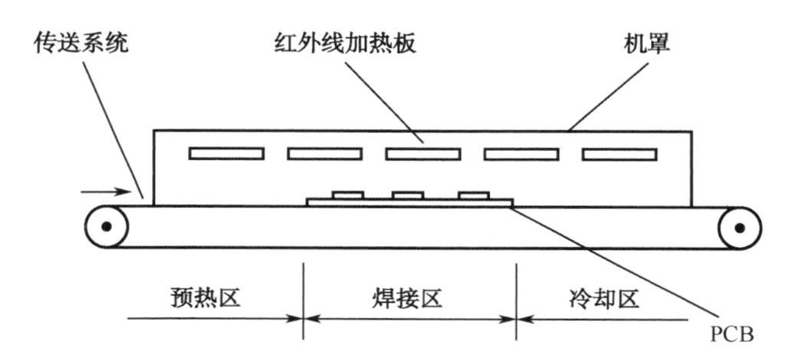

图 6-10　红外回流焊接机内部结构

红外线有远红外线和近红外线两种，一般前者多用于预热，后者多用于回流加热。整个加热炉分成几段分别进行控温。这种设备成本低，适用于低密度产品的组装。缺点是因为元器件表面颜色深浅不同，材质差异，所吸收的热量也有所不同，且体积大的元器件会对体积小的元器件造成阴影，使之受热不足，温度的设定难以兼顾周全，所以多用于胶水的固化。

（2）红外加热风回流焊接机。

红外线辐射加热的效率高，但加热不均匀，先进的再流焊技术结合了热风对流与红外线辐射两者的优点，用波长稳定的红外线（波长约 8μm）发生器作为主要热源，加上热风强制对流可以使加热更均匀。

利用对流的均衡加热特性以减小元器件与电路板之间的温度差别。目前多数大批量 SMT 生产中的再流焊炉都是采用这种大容量循环强制对流加热的工作方式。这种工作方式使回流焊炉内各温区能独立调节热量，还可以在电路板下面采取制冷措施，从而保证加热温度均匀稳定，电路板表面和元器件之间的温差小，温度曲线容易控制。

（3）气相回流焊接机。

气相回流焊接机内部结构如图 6-11 所示。气相回流焊是加热传热媒介质 FC-70 氯氟烷系

溶剂，沸腾产生饱和蒸汽，遇到温度低的待焊 PCB 组件放出汽化加热，使焊膏熔化后焊接待焊件。

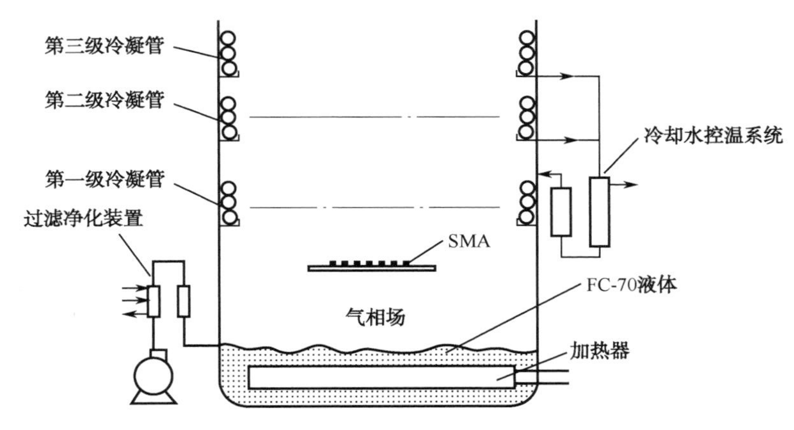

图 6-11　气相回流焊接机内部结构

气相焊接的特点是整体加热，蒸汽可以达到每个角落，热传导均匀，所以焊接效果与元器件和 PCB 的外形无关。可以精确控制温度（取决于溶剂沸点），不会发生过热的现象，热转化效率很高，而且蒸汽中氧气含量低，能获得高质量的焊点。缺点是溶剂成本高，而且容易对臭氧层有破坏，所以在应用上受到了很大的限制。

2）对 PCB 局部加热的回流焊接机

对 PCB 局部加热的回流焊接机可分为激光回流焊接机、聚焦红外回流焊接机、光速回流焊接机等。

激光回流焊接机结构如图 6-12 所示。激光回流焊是利用激光束直接照射焊接部位，焊点吸收光能转变成热能，使焊接部位加热，导致焊料熔化，光照停止后焊接部位迅速冷却，焊料凝固。

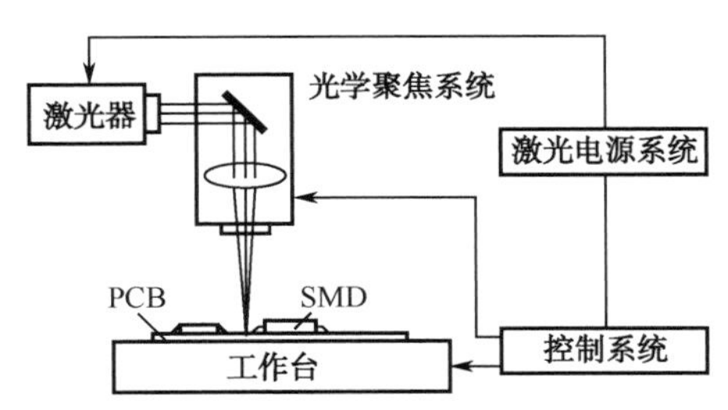

图 6-12　激光回流焊接机结构

目前比较流行的和使用较多的是红外加热风回流焊和全热风回流焊。尤其是全热风强制对流的回流焊技术及设备已不断改进与完善，拥有其他方式所不具备的特点，从而成为 SMT 焊接的主流设备。

各种回流焊的原理和性能见表 6-2。

表 6-2　回流焊的原理和性能

加热方式		原理	焊接形式（典型）	焊接温度	备注
整体加热方式	红外线炉	由红外线的辐射加热	 红外线加热	225～235℃ 调节范围 3～10℃ 预热：远红外 焊接：近红外	适合于不需要部分加热场合，可大批量生产
	气相焊	利用惰性气体的汽化潜热	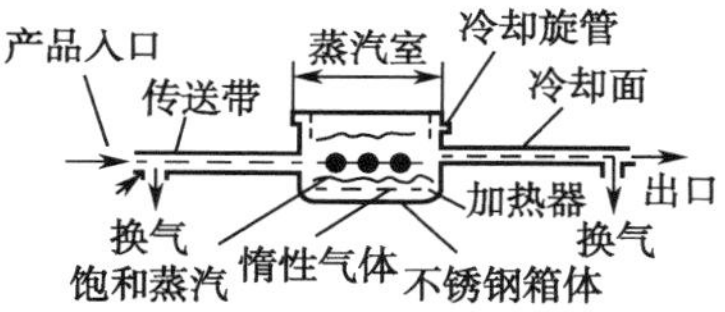 产品入口 传送带 蒸汽室 冷却旋管 冷却面 加热器 出口 换气 饱和蒸汽 惰性气体 不锈钢箱体 换气 （排列式VPS装置）	215℃ 调节范围 10～30℃	
	热板（加热板）	利用芯板的热传导加热	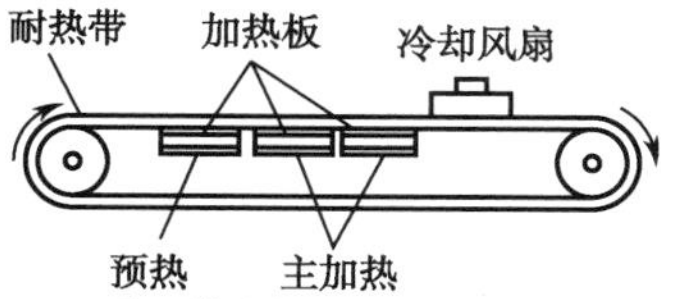 耐热带 加热板 冷却风扇 预热 主加热 （传送带式焊接炉）隧道炉	215～235℃ 调节范围 3～10℃	
局部加热方式	专用加热工具	利用热传导进行焊接	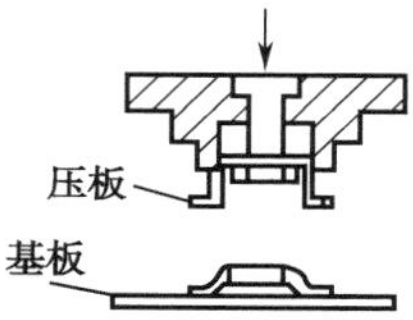 压板 基板	100～260℃ 调节范围 5～10℃ 加压： 78.5～274.6N	焊接时对其他元器件不产生热应力，损坏性小
	激光	利用激光进行焊接 CO_2，YAG 激光	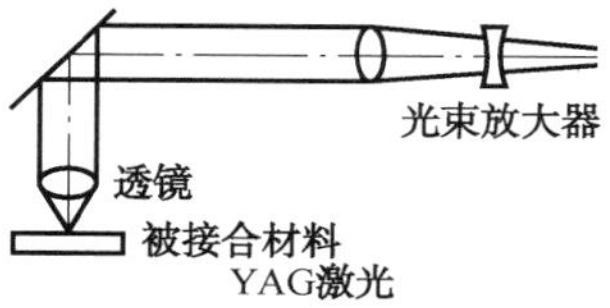 光束放大器 透镜 被接合材料 YAG激光	—	
	光束	红外线高温光点焊接	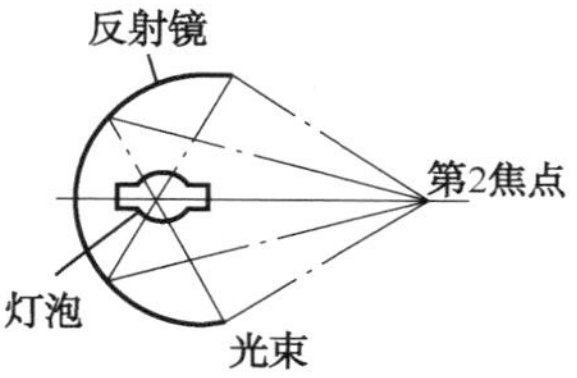 反射镜 第2焦点 灯泡 光束	同激光焊接相比较，成本低	
	热气流	通过热气喷嘴加热焊接	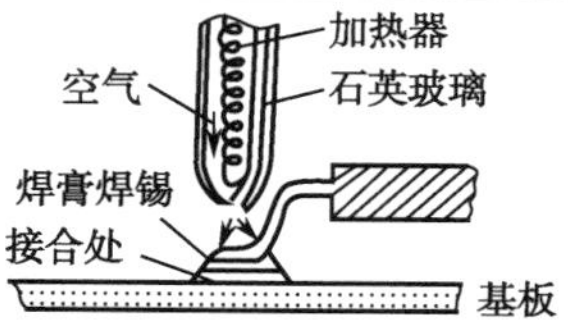 加热器 空气 石英玻璃 焊膏焊锡 接合处 基板	230～260℃ 调节范围 3～10℃	

做一做

（1）什么是回流焊接？回流焊接机由哪几部分构成？

（2）简述回流焊接机的分类及特点。

任务 6.2　常用自动焊接工艺

任务引入

自动焊接设备——浸焊机、波峰焊接机和回流焊接机的操作要点、规范与技巧的掌握是做好生产、保证产品质量的前提。通过本任务的学习，掌握各种自动焊接技术的工作原理、工艺流程；掌握波峰焊接和回流焊接的温度曲线设置，能够进行波峰焊接和回流焊接的温度曲线设置与调整；掌握波峰焊接和回流焊接的焊接效果检查标准及焊接缺陷与解决措施。

自动焊接工艺按 PCB 的安装方式可归纳为一次焊接和二次焊接两类。

1．一次焊接

一次焊接主要用于单面 PCB 的焊接，包括单面混合安装 PCB 和单面全表面安装 PCB 的焊接，不同的单面安装方式其工艺流程不同。

一次焊接工艺简单，设备成本低，操作和维修容易，适用于批量不大、品种较多的电子产品的生产。

2．二次焊接

为了提高整机产品的质量，采取二次焊接来提高焊接的可靠性和焊点的合格率。二次焊接主要用于双面 PCB 的焊接，包括双面混合安装 PCB 和双面全表面安装 PCB 的焊接，不同的双面安装方式其工艺流程不同。

二次焊接是一次焊接的补充，采用二次焊接可对一次焊接中存在的缺陷进行完善和弥补，焊接可靠性高但焊料的消耗较大，由于经过二次焊接加热，对印制电路板的要求也较高。

6.2.1　浸焊工艺

理解手工浸焊工艺流程及自动浸焊工作原理。

浸焊是最早替代手工焊接的大批量机器焊接方法。

所谓浸焊，就是将安装好元器件的印制电路板浸入有熔融状态焊料的锡锅内，一次完成印制电路板上所有焊点的焊接。浸焊比手工烙铁焊接生产效率高，操作简单，适用于批量生产。

想一想

生产中，什么情况下会使用浸锡机？

1．手工浸锡

手工浸焊的工艺流程如下。

（1）锡锅加热。浸焊前应先将装有焊料的锡锅加热，焊接温度控制在 240～260℃为宜，温度过高，会造成印制电路板变形，损坏元器件；温度过低，焊料的流动性较差，会影响焊接质量。为去掉焊锡表面的氧化层，可随时添加松香等焊剂。

（2）涂敷焊剂。在需要焊接的焊盘上涂敷助焊剂，一般是在松香酒精溶液中浸一下。

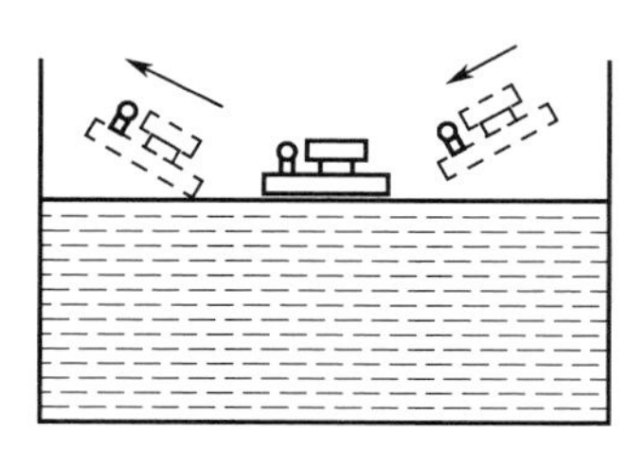

图 6-13　浸焊示意图

（3）浸焊。用简单夹具夹住印制电路板的边缘，浸入锡锅时让印制电路板与锡锅内的锡液成 30°～45°的倾角，然后将印制电路板与锡液保持平行浸入锡锅内，浸入的深度以印制电路板厚度的50%～70%为宜，浸焊时间为 3～5s，浸焊完成后仍按原浸入的角度缓慢取出，如图 6-13 所示。

（4）冷却。刚焊接完成的印制电路板上有大量余热未散，如不及时冷却可能会损坏印制电路板上的元器件，所以一旦浸焊完毕应马上对印制电路板进行风冷。

（5）检查焊接质量。焊接后可能出现一些焊接缺陷，常见的缺陷有：虚焊、假焊、桥接、拉尖等。

（6）修补。浸焊后如果只有少数焊点有缺陷，可用电烙铁进行手工修补。若有缺陷的焊点较多，可重新浸焊一次。但印制电路板只能浸焊两次，超过这个次数，印制电路板铜箔的粘接强度就会急剧下降，或使印制电路板翘曲、变形，元器件性能变坏。

2．自动浸锡

1）全自动浸锡机操作工艺流程

自动浸焊工艺流程如图 6-14 所示。

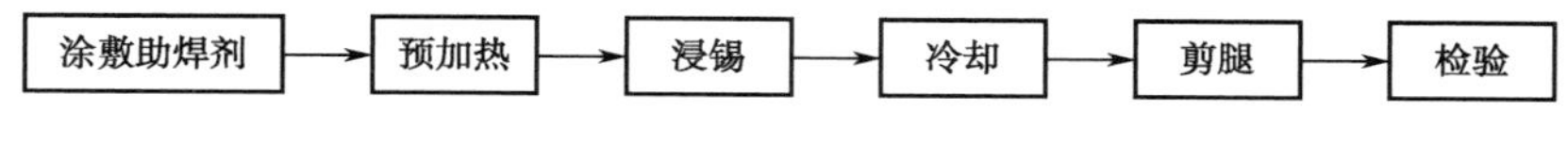

图 6-14　自动浸焊工艺流程

流程说明：欲焊接的且已插、贴完元器件的 PCB 线路板，可由入口送入连续自动运输链运转的浸焊机装置中，按焊锡的工艺流程，依次自动完成涂敷助焊剂、预加热、浸锡、冷却和切脚的工艺工序。最后，由运输皮带将已焊接完的 PCB 送出。

2）全自动浸锡机操作说明

（1）通电前检查。

① 检查供给电源是否为本机额定的三相五线制电源。

② 检查设备是否良好接地。

③ 检查锡炉内锡容量是否达到要求。

④ 检查松香比重、容量是否适宜。

⑤ 检查气压是否调整为需要值。

⑥ 检查紧急掣是否已弹起。

⑦ 检查切脚机的安装位置与高度。

⑧ 检查整机调整是否已完成。

（2）界面操作与设置。

① 按电源开关，系统通电，系统处于待机状态。

② 按人机界面“电源”按键，人机界面启动。启动正常后对相应项目进行开关操作。手触设定值，可修改相应项目的参数。操作前需确认操作方式，方可进入操作员界面及技术员界面。当发生故障时，进入故障查询界面，了解及排除故障。如需进入自动界面，单击主界

面按钮，由主界面进入。

3．浸锡注意事项

（1）锡炉温度是由专门人员负责测量和调节的，若锡炉温度过低漆皮线去不干净，不易上锡，使用时造成假焊；锡炉温度过高会使浸锡后的产品在漆皮线与浸锡交界处有许多黑色的杂质，即氧化物，浸锡也不光亮，很容易造成断线、假焊，端子会被烧软，所以操作者若发现锡炉温度过高或过低应及时向组长及有关人员反映，不得将就操作。

（2）浸锡一段时间后，锡炉内若含有杂质及助焊剂内含有杂质，应及时清除干净，才可继续浸锡操作，否则影响浸锡质量。

（3）根据锡炉锡面情况来添加抗氧化剂。

4．影响浸锡效果的主要因素

影响浸锡效果的主要因素有锡炉温度、助焊剂、浸锡时间和工人的操作手法。总之，浸锡操作时一定要按照“MI（Manufacturing Instruction的简称，中文解释为制作指示）”的要求去操作。制作指示，顾名思义是作为制作的一种规范性文件或资料来指导生产当中的一切行为，以提高产品的质量。

做一做

（1）全自动浸锡机通电前应做哪些准备工作？

（2）浸锡操作有哪些注意事项？

6.2.2　波峰焊接工艺

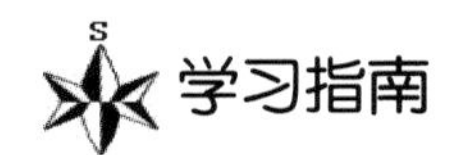

理解波峰焊接工作原理及波峰焊接操作要领。

波峰焊接是采用波峰焊接机一次完成印制电路板上全部焊点的焊接，具有生产效率高、焊接质量好、可靠性高等优点，比利用浸焊机进行焊接操作前进了一大步，更适合于大批量生产。

想一想

进行波峰焊接生产的温度曲线应如何设置？

1．波峰焊接的特点

波峰焊机是在浸焊机的基础上发展起来的自动焊接设备，两者最主要的区别在于设备的焊锡槽。波峰焊利用焊锡槽内的机械式或电磁式离心泵，将熔融焊料压向喷嘴，形成一股向上平稳喷涌的焊料波峰并源源不断地从喷嘴中溢出。装有元器件的印制电路板以平面直线匀速运动的方式通过焊料波峰，在焊接面上形成润湿点而完成焊接。

与浸焊机相比，波峰焊设备具有如下优点。

（1）熔融焊料的表面漂浮一层抗氧化剂隔离空气，只有焊料波峰暴露在空气中，才能减少氧化的机会，可以减少氧化渣带来的焊料浪费。

（2）电路板接触高温焊料时间短，可以减轻电路板的翘曲变形。

（3）浸焊机内的焊料相对静止，焊料中不同比重的金属会产生分层现象。波峰焊机在焊料泵的作用下，整槽熔融焊料循环流动，使焊料成分均匀一致。

（4）波峰焊机的焊料充分流动，有利于提高焊点质量。

波峰焊适宜成批、大量地焊接一面装有分立元器件和集成电路的印制电路板。

2. 插装元器件波峰焊接工艺

插装元器件典型波峰焊接工艺流程如图 6-15 所示。

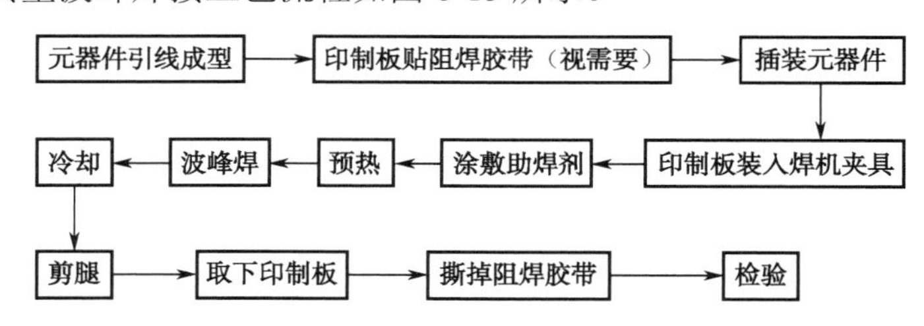

图 6-15　插装元器件典型波峰焊接工艺流程

波峰焊机操作的主要工位是涂敷助焊剂、预热、波峰焊、冷却，为了获得更好的波峰焊接效果，在进行波峰焊接之前，还应对焊接的印制电路板组件进行烘干处理。

1）上机前的烘干处理

为了消除在制造过程中就隐蔽于 PCB 内残余的溶剂和水分，特别是在焊接中当 PCB 上出现气泡时，建议对 PCB 进行上线前的预烘干处理，预烘干的温度和时间见表 6-3。

表 6-3　PCB 上线前的烘干温度

烘干设备	温度（℃）	时间（h）
循环干燥箱	107～120	1～2
	70～80	3～4
真空干燥箱	50～55	1.5～2.5

表 6-3 中所列温度和时间，对 1.5mm 以下的薄 PCB 可选用较低的温度和较短的时间，而对多层 PCB 而言，建议的预烘干温度是 105℃，持续 2～4h。烘干时，不要将电路板叠放在一起，否则内层的 PCB 就会被隔热，达不到预烘干的效果。建议将 PCB 放在一个对流炉内，每块 PCB 之间最少相距 3mm。

PCB 在上线之前进一步预烘干处理对消除 PCB 制板过程中所形成的残余应力，减小波峰焊接时 PCB 的翘曲和变形也是极为有利的。

2）预热温度

预热温度是随时间、电源电压、周围环境温度、季节及通风状态的变化而变化的。当加热器和 PCB 间的距离及夹送速度一定时，调控预热温度的方法通常是通过改变加热器的加热功率来实现的。

表 6-4 为我国电子工业标准 SJ/T 10534—94 给出的预热温度（是指在 PCB 焊接机上的温度）。

表 6-4　我国电子工业标准 SJ/T 10534—94 的 PCB 预热温度

PCB 种类	温度（℃）
单面板	80～90

续表

PCB 种类	温度（℃）
双面板	100～120
四层以下的多层板	105～120
四层以上的多层板	110～130

3）焊接温度

为了使熔化的焊料具有良好的流动性和润湿性，较佳的焊接温度应高于焊料熔点温度50～60℃。

4）夹送速度

焊接时间往往可以用夹送速度来反映。波峰焊接中最佳夹送速度的确定，要根据具体的生产效率、PCB 基板和元器件的热容量、预热温度等综合因素，通过工艺测试来确定。

3．表面贴装组件（SMA）的波峰焊接技术

表面贴装组件典型波峰焊接工艺流程如图 6-16 所示。

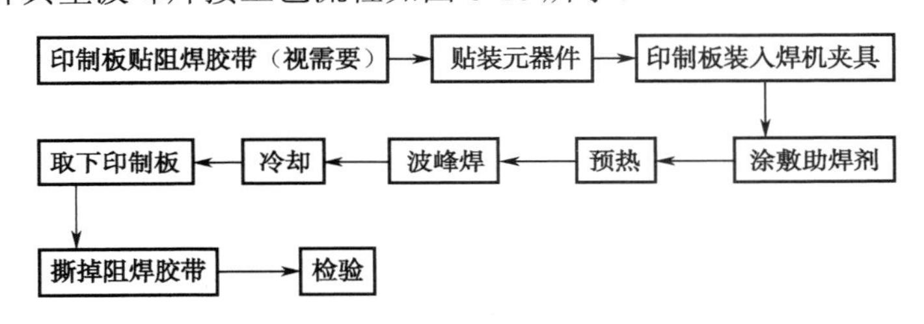

图 6-16 表面贴装组件典型波峰焊接工艺流程

1）SMA 波峰焊接工艺的特殊问题

SMA 波峰焊接工艺既有与传统的 THT 波峰焊接工艺共性的方面，也有其特殊性之处。对元器件来说，最大的不同在于 SMA 波峰焊接属于浸入方式。这种浸入式波峰焊接工艺带来了新问题。

（1）由于波峰焊存在气泡遮蔽效应及阴影效应易造成局部跳焊。

（2）SMA 的组件密度愈来愈高，元器件间的距离愈来愈小，故极易产生桥连。

（3）由于焊料回流不好易产生拉尖。

（4）对元器件热冲击大。

（5）焊料中溶入杂质的机会多，焊料易污染。

（6）气泡遮蔽效应。

（7）阴影效应。包括背流阴影和高度所形成的阴影。

2）SMA 波峰焊接工艺要素的调整

（1）在波峰焊机工作的过程中，焊料和助焊剂被不断消耗，需要经常对这些焊接材料进行监测，并根据监测结果进行必要的调整。

焊料。波峰焊一般采用 Sn63-Pb37 的共晶焊料，熔点为 183℃，Sn 的含量应该保持在 61.5%以上，并且 Sn-Pb 两者的含量比例误差不得超过±1%。

应该根据设备的使用频率，一周到一个月定期检测焊料的 Sn-Pb 比例和主要金属杂质含量，如果不符合要求，应该更换焊料或采取其他措施。例如，当 Sn 的含量低于标准时，可以添加纯 Sn 以保证含量比例。

助焊剂。波峰焊使用的助焊剂，要求表面张力小，扩展率大于 85%；焊接后容易清洗。一般助焊剂的比重为 0.82～0.84g/ml，可以用相应的溶剂来稀释调整。假如采用免清洗助焊剂，要求比重小于 0.8g/ml，固体含量小于 2.0wt%，不含卤化物，焊接后残留物少，不产生腐蚀作用，绝缘性好，绝缘电阻大于 $1\times10^{11}\Omega$。

应该根据设备的使用频率，每天或每周定期检测助焊剂的比重，如果不符合要求，应更换助焊剂或添加新助焊剂保证比重符合要求。

（2）焊料添加剂。在波峰焊的焊料中，还要根据需要添加或补充一些辅料，如防氧化剂可以减少高温焊接时焊料的氧化，不仅可以节约焊料，还能提高焊接质量；锡渣减除剂能让熔融的铅锡焊料与锡渣分离，起到防止锡渣混入焊点、节省焊料的作用。

（3）焊接温度和时间。SMA 波峰焊接所采用的最高温度和焊接时间的选择原则是：除了要对焊缝提供热量外，还必须提供热量去加热元器件，使其达到焊接温度。当使用较高的预热温度时，焊料槽的温度可以适当降低些，而焊接时间可酌情延长些。例如在 250℃时，单波峰的最长浸渍时间或双波峰中总的浸渍时间之和约为 5s，但在 230℃时，最长时间可延至 7.5s。

（4）PCB 夹送速度与角度。在 THT 波峰焊接中，较好的角度是 6°～8°。而 SMA 的波峰焊接面一般不如 THT 的波峰焊接面平整，这是导致拉尖、桥连、漏焊的一个潜在因素。因此，SMA 波峰焊接中夹送角度选择宜稍大些。夹送速度的选择必须使第二波峰有足够的浸渍时间，以使较大的元器件能够吸收到足够的热量，从而达到预期的焊接效果。

（5）浸入深度。SMA 波峰焊接中 PCB 浸入波峰焊料的深度，第一波峰的深度要比较深，以获得较大的压力克服阴影效应，而通过喷口的时间要短，这样有利于剩余的助焊剂有足够的剂量供给第二波峰使用。

（6）冷却。在 SMA 波峰焊接中，焊接后采用 2min 以上的缓慢冷却，这对减小因温度剧变所形成的应力，避免元器件损坏是有重要意义的。

3）典型的表面组装元器件波峰焊工艺温度曲线

双波峰焊接理论温度曲线如图 6-17 所示。从图中可以看出，整个焊接过程被分为三个温度区域：预热、焊接、冷却。实际的焊接温度曲线可以通过对设备的控制系统编程进行调整。

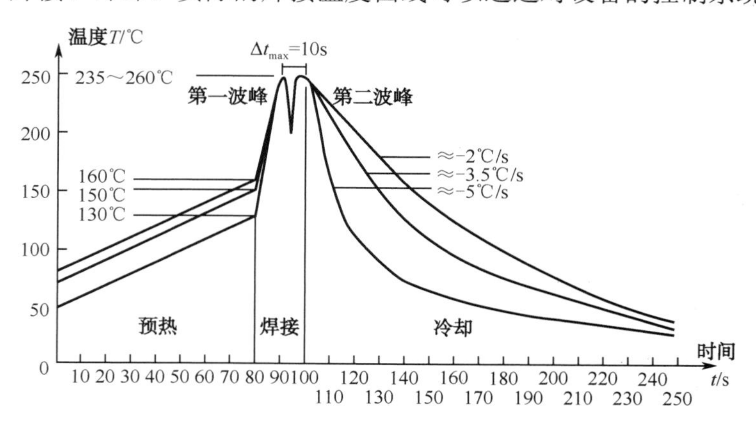

图 6-17　双波峰焊接理论温度曲线

在预热区内，电路板上喷涂的助焊剂中的水分和溶剂挥发，同时，松香和活化剂开始分解活化，去除焊接面上的氧化层和其他污染物，并且防止金属表面在高温下再次氧化。印制

电路板和元器件被充分预热，可以有效地避免焊接时急剧升温产生的热应力损坏。电路板的预热温度及时间，要根据印制电路板的大小、厚度、元器件的尺寸和数量，以及贴装元器件的多少而确定。

预热时应严格控制预热温度：预热温度高，会使桥接、拉尖等不良现象减少；预热温度低，对插装在印制电路板上的元器件有益。但如果预热温度偏低或预热时间过短，助焊剂中的溶剂挥发不充分，焊接时就会产生气体引起气孔、锡珠等焊接缺陷；如预热温度偏高或预热时间过长，焊剂被提前分解，使焊剂失去活性，同样会引起毛刺、桥接等焊接缺陷。所以，应控制好预热的时间和温度，这样印制电路板在预热后可提高焊接质量，防止虚焊、漏焊。一般预热温度为 90～130℃，预热时间约为 40s。预热时间由传送带的速度来控制。

焊接过程是焊接金属表面、熔融焊料和空气等之间相互作用的复杂过程，同样必须控制好焊接温度和时间。如焊接温度过高，会导致焊点表面粗糙，形成过厚的金属间化合物，导致焊点的机械强度下降；元器件及印制电路板过热损伤。焊接温度过低，会导致假焊及桥连缺陷。波峰焊接温度一般应在（250±5）℃的范围之内。波峰焊的焊接时间可以通过调整传送系统的速度来控制，传送带的速度，要根据不同波峰焊机的长度、预热温度、焊接温度等因素统筹考虑，进行调整。以每个焊点接触波峰的时间来表示焊接时间，一般焊接时间为 2～4s。

综合调整控制工艺参数，对提高波峰焊质量非常重要。焊接温度和时间，是形成良好焊点的首要条件。焊接温度和时间，与预热温度、焊料波峰的温度、导轨的倾斜角度、传输速度都有关系。

4．焊接效果检查

1）标准焊点

标准焊点见表 6-5。

表 6-5　标准焊点

类　型	图　示	焊点质量标准
手插单面板	焊盘面积F；S；焊锡覆盖面积S；$S \geq 75\% \cdot F$；AC	整个焊锡点，焊锡覆盖铜片焊接面≥75%，元器件脚四周完全上锡，且上锡良好 焊点浸润角度：10°<θ<30°
金属化孔	θ	焊锡将两面的 Pad 位及通孔内面 100%覆盖，焊点浸润角度：10°<θ<30°

2）插装元器件焊接缺陷及不良缺陷判定标准

插装元器件焊接缺陷及不良缺陷判定标准见表 6-6。

表 6-6　焊接缺陷及不良缺陷判定标准

缺陷类型	缺陷图示	不良缺陷判定标准
焊料不足	F 未完全上锡，且锡与焊盘有间隙 S $S \leq 75\% \cdot F$ RE	焊锡不能完全覆盖铜片焊接面<75%
连焊	RE	焊料将不应连接起来的焊点、引线、导线连接起来
拉尖	$h \geq 1.0$mm 焊锡与焊盘焊接不良 RE	锡尖高度或长度 $h \geq 1.0$mm，且焊锡与元器件脚、铜片焊接面焊接不好
元器件脚太短或太长	$h<0.5$mm $h \geq 2.0$mm RE	元器件脚在基板上的高度 $h<0.5$mm 或 $h>2.0$mm，造成整个锡点为少锡、多锡或大锡点等不良现象

3）贴片焊接缺陷及解决办法

（1）最佳的焊接质量是焊点无虚焊、漏焊、桥接、飞溅、立片等缺陷。

（2）连焊是贴片波峰焊常见缺陷之一。连焊的发生原因大多是焊料过量或焊料印刷后严重塌边，或是基板焊区尺寸超差、SMD 贴装偏移等引起的，在 SOP、QFP 电路趋向微细化阶段，桥接会造成电气短路，影响产品使用。

解决办法：要防止焊膏印刷时塌边不良；SMD 的贴装位置要在规定的范围内；制定合适的焊接工艺参数，防止焊机传送带的机械性振动。

（3）吊桥（曼哈顿）是贴片波峰焊常见缺陷之二。吊桥产生的原因与加热速度过快、加热方向不均衡、焊膏的选择问题、焊接前的预热，以及焊区尺寸、SMD 本身形状、润湿性有关。

解决办法：SMD 的保管要符合要求；基板焊区长度的尺寸要适当；减小焊料熔融时对 SMD 端部产生的表面张力；焊料的印刷厚度尺寸要设定正确；采取合理的预热方式，实现焊接时的均匀加热。

（4）焊料球是贴片波峰焊常见缺陷之三。焊料球的产生大多是在焊接过程中的加热急速而使焊料飞散所致，另外与焊料的印刷错位、塌边污染等也有关系。

解决办法：避免焊接加热中的过急不良现象，按设定的升温工艺进行焊接；对焊料的印刷塌边、错位等不良品要删除；焊膏的使用要符合要求，无吸湿不良；按照焊接类型实施相应的预热工艺。

5．波峰焊接的工艺要求

为提高焊接质量，进行波峰焊接时应注意以下工艺要求。

（1）要设置合理的温度曲线。波峰焊接是生产中的关键工序，假如温度曲线设置不当，会引起焊接不完全、虚焊、连焊、锡珠飞溅等焊接缺陷，影响产品质量。

（2）波峰的高度。焊料波峰的高度最好调节到印制电路板厚度的 1/2～2/3 处，波峰过低会造成漏焊，过高会使焊点堆锡过多，甚至烫坏元器件。

（3）焊接速度和焊接角度。传送带传送印制电路板的速度应保证印制电路板上每个焊点在焊料波峰中的浸渍有必须的最短时间，以保证焊接质量；同时又不能使焊点浸在焊料波峰里的时间太长，否则会损伤元器件或使印制电路板变形。焊接速度可以调整，一般控制在 0.3～1.2m/min 为宜。印制电路板与焊料波峰倾角约为 6°。

（4）按时清除锡渣。熔融的焊料长时间与空气接触，会生成锡渣，从而影响焊接质量，使焊点无光泽，所以要定时（一般为 4h）清除锡渣；也可在熔融的焊料中加入防氧化剂，这不但可防止焊料氧化，还可使锡渣还原成纯锡。

做一做

（1）简述波峰焊接的工艺过程。

（2）波峰焊接过程中有哪些工艺因素需要调整？

（3）波峰焊接温度曲线如何设定？

6.2.3　回流焊接工艺

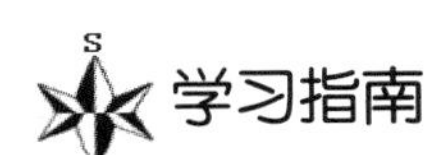

理解回流焊接工作原理及回流焊接操作要领。

双波峰焊接的优点是对传统的印制电路板焊接工艺有一定的继承性，但在高密度组装中，双波峰焊接仍无法完全消除桥接等焊接缺陷，特别是不适合热敏元器件和一些大而多引脚的 SMD，因此波峰焊接在 SMT 的应用中也有一定的局限性。回流焊是今天的主流，呈现强劲的发展势头。

想一想

进行回流焊接生产的温度曲线应如何设置？

1．回流焊工艺特点

回流焊是先将焊料加工成粉末，并加上液态黏合剂，使之成为有一定流动性的糊状焊膏，用它将元器件粘在印制电路板上，通过加热使焊膏中的焊料熔化而再次流动，达到将元器件焊接到印制电路板的目的。

回流焊与波峰焊相比，具有如下一些特点。

（1）再流焊不像波峰焊那样，直接把电路板浸渍在熔融焊料中，因此元器件受到的热冲击小。

（2）再流焊仅在需要部位施放焊料。

（3）再流焊能控制焊料的施放量，避免了桥接等缺陷。

（4）焊料中一般不会混入不纯物，使用焊膏时，能正确地保持焊料的组成。

（5）当 SMD 的贴放位置有一定偏离时，由于熔融焊料的表面张力作用，只要焊料的施放位置正确，就能自动校正偏离，使元器件固定在正常位置。

2．回流焊接生产工艺流程

表面贴装组件的典型回流焊接工艺流程如图 6-18 所示。

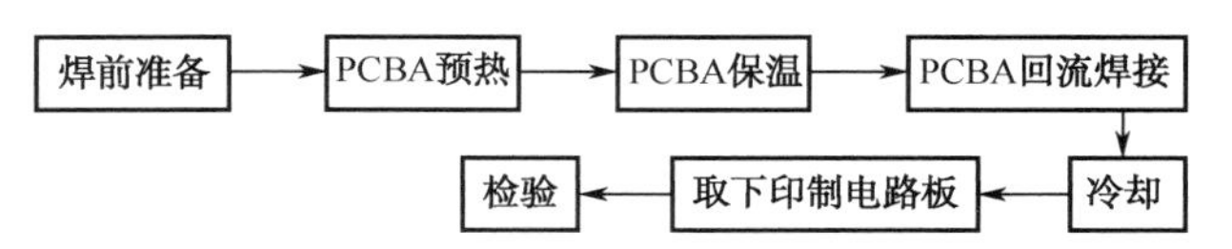

图 6-18　表面贴装组件回流焊接工艺流程图

回流焊接机是一个整体，其操作的主要工位是预热、保温、回流焊接、冷却，电路板进入回流焊接机后沿着传送系统的运行方向，顺序通过隧道式炉内的各个温度区域，以完成焊接。在操作之前，进行温度曲线的设置至关重要。

（1）焊前准备。焊前准备主要是对印制电路板进行焊锡膏的涂敷与贴片，并对完成贴片的 PCB 进行检验，合格的 PCBA 进入回流焊接机。

（2）PCBA 预热。在此阶段，一方面使 PCBA 升温到预热温度，使电路板和元器件得到充分预热，以免它们进入焊接区因温度突然升高而损坏；另一方面使焊膏中的助焊剂溶剂挥发掉。在此阶段要注意升温速度不能太快，一般应控制在 3℃/s 以内，以避免焊膏“爆炸”飞溅和元器件热应力损伤。

（3）PCBA 保温。主要目的是使 PCB 和 SMD 温度均匀化，助焊剂活化。

（4）PCBA 回流焊接。焊膏熔化、润湿、扩散，形成焊点。

（5）冷却。印制电路板焊接后，板面温度很高，焊点处于半凝固状态，轻微的震动都会影响焊接的质量，另外印制电路板长时间承受高温也会损伤元器件。因此，焊接后必须进行冷却处理，一般是采用风扇冷却。

3．回流焊接工艺的焊接温度曲线

控制与调整回流焊设备内焊接对象在加热过程中的时间—温度参数关系（简称为焊接温度曲线），是决定回流焊效果与质量的关键。

回流焊的加热过程可以分成预热、焊接（回流）、保温和冷却 4 个最基本的温度区域，主要有两种实现方法：一种是沿着传送系统的运行方向，让电路板顺序通过隧道式炉内的各个温度区域；另一种是把电路板停放在某一固定位置上，在控制系统的作用下，按照各个温度区域的梯度规律调节、控制温度的变化。

温度曲线主要反映电路板组件的受热状态，回流焊接理论温度曲线如图 6-19 所示。

典型的温度变化过程通常由 4 个温区组成，分别为预热区、保温区、回流区与冷却区。

（1）预热区：电路板在 100～150℃的温度下均匀预热 2～3min，焊锡膏中的低沸点溶剂和抗氧化剂挥发，化成烟气排出；同时，焊锡膏中的助焊剂润湿，焊锡膏软化塌落，覆盖了焊盘和元器件的焊端或引脚，使它们与氧气隔离；并且，电路板和元器件得到充分预热，以免它们进入焊接区因温度突然升高而损坏。

（2）保温区：一般温度控制在 150～180℃，时间控制在 90～120s。时间过长，会使焊膏再度氧化，提前使助焊剂失效。保温的作用是使焊锡膏中的活性剂开始作用，去除焊接对象表面的氧化层。

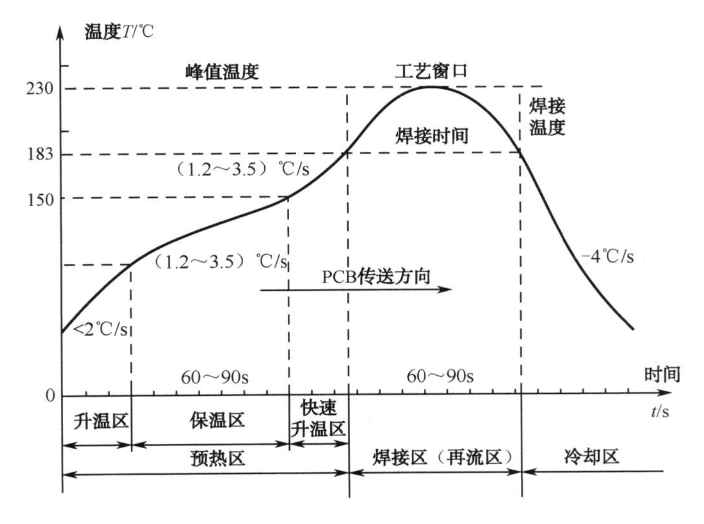

图 6-19 回流焊接理论温度曲线

（3）回流区：温度逐步上升，超过焊锡膏熔点温度 30%～40%（一般 Sn-Pb 焊锡的熔点为 183℃，比熔点高约 47～50℃），峰值温度达到 220～250℃的时间短于 10s，膏状焊料在热空气中再次熔融，润湿元器件焊端与焊盘，时间大约 30～90s。这个范围一般被称为工艺窗口。

（4）冷却区：此区使温度冷却到固相温度以下，使焊点凝固。冷却速率将对焊点的强度产生影响。冷却速率过慢，将导致过量共晶金属化合物产生，以及在焊接点处易发生大的晶粒结构，使焊接点强度变低；快速冷却将导致元器件和基板间过高的温度梯度，产生热膨胀的不匹配，导致焊接点与焊盘的分裂及基板的变形，因此，冷却区降温速率一般在 4℃/s 左右，冷却至 75℃即可。

根据公司设备情况设置回流焊炉各温区的温度及带速度，举例见表 6-7。

表 6-7 7 温区回流焊炉

	一温区	二温区	三温区	四温区	五温区	六温区	七温区
设定温度	110℃	130℃	155℃	185℃	240℃	250℃	90℃
实际温度	110℃	130℃	155℃	185℃	240℃	250℃	90℃

注：传送带速度为 60cm/min。

当实际温度、传送速度达到设定值后，用炉温测试仪测试炉内温度曲线。当实际测试出来的温度曲线满足供应商提供的标准温度曲线要求后，将贴装完成的产品拼版放入回流焊炉中，进行回流焊接。炉温测试仪如图 6-20 所示。

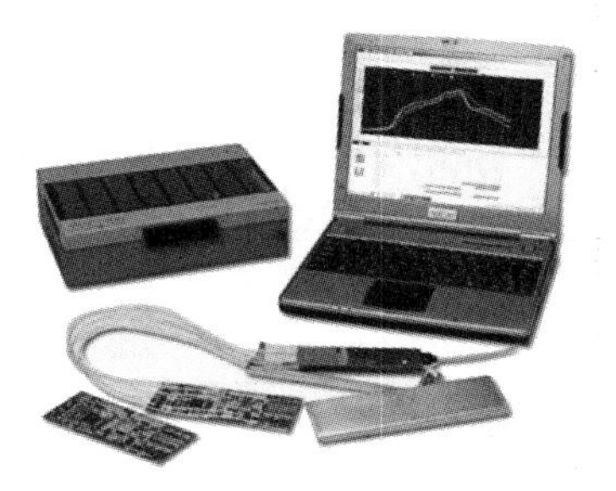

图 6-20 炉温测试仪

4．回流焊接效果检查

利用 10X 放大镜检查产品回流焊接效果，合格后进入批量生产。

1）标准焊点

回流焊接标准焊点见表 6-8。

表 6-8　回流焊接标准焊点

元器件类型	图　示	焊点质量标准
chip melf		零件位置居中、沾锡良好、表面洁净光亮，焊锡的外观呈内凹弧面的形状
SOT		零件脚置于焊盘中央、沾锡良好、表面洁净光亮，焊锡在零件脚上呈平滑下抛物线型
IC	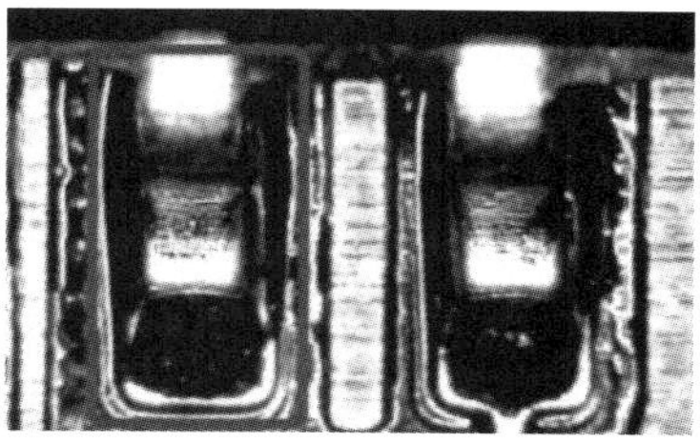	零件脚置于焊盘中央、沾锡良好、表面洁净光亮，焊锡在零件脚上呈平滑下抛物线型
TSOP&QFP	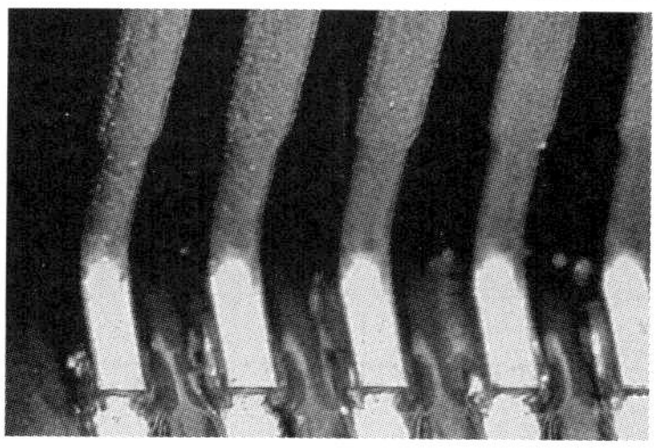	（1）零件脚平贴于焊盘中央，零件端点与焊盘间皆充满足够的焊锡，且焊锡呈平滑弧形 （2）零件前端吃锡高度须达到零件脚厚度 1/4 以上
CON		零件脚平贴于焊盘中央，零件端点与焊盘间皆充满足够的焊锡，且焊锡呈平滑弧形

2）焊接缺陷类型及缺陷的判定

焊接缺陷类型及缺陷判定见表 6-9。

表 6-9 焊接缺陷类型及缺陷判定

缺陷名称	缺陷定义	图例
冷焊过焊	（1）焊锡膏回流不充分，未完全融化 （2）焊点高度超出焊盘，爬伸至金属镀层顶端并接触元器件本体	
虚焊	（1）末端焊点高度小于元器件可焊端宽度的 75%或焊盘宽度的 75% （2）最小焊点高度小于焊锡高度加可焊端高度的 25%	W C P G F H
	需要焊接的引脚或焊盘焊锡填充不足	
连焊	焊锡在毗邻的不同导线或元器件间形成桥连（焊锡在导体间的非正常连接）	
锡球	（1）直径大于 0.13mm 粘附的锡球 （2）锡球违反最小电气间隙 （3）600m^2 内多于 5 个焊锡球	>0.13mm <0.13mm
吊桥 立碑 侧立	（1）片式元器件末端翘起 （2）片式元器件侧面翘起 （3）片式元器件贴装颠倒	2371 112
破损 剥落 起皮	（1）元器件表面有压痕、刻痕、裂缝 （2）元器件的镀层脱落，导致陶瓷暴露 （3）PCB 或 Flex 表面起泡	
元器件引脚 不共面	元器件引脚或插头探针，不共面导致焊接缺陷	

3）回流焊接质量缺陷及解决办法

（1）最佳的焊接质量是焊点无虚焊、漏焊、桥连、飞溅、立片等缺陷。

（2）连焊是回流焊常见缺陷之一。连焊的发生原因大多是焊料过量或焊料印刷后严重塌边，或是基板焊区尺寸超差、SMD 贴装偏移等引起的，在 SOP、QFP 电路趋向微细化阶段，桥连会造成电气短路，影响产品使用。

解决办法：要防止焊膏印刷时塌边不良；基板焊区的尺寸设定要符合设计要求；MD 的贴装位置要在规定的范围内；基板布线间隙、阻焊剂的涂敷精度都必须符合规定要求；确定合适的焊接工艺参数，防止焊机传送带的机械性振动。

（3）吊桥（立碑）是回流焊常见缺陷之二。吊桥产生的原因与加热速度过快、加热方向不均衡、焊膏的选择问题、焊接前的预热，以及焊区尺寸、SMD 本身形状、润湿性有关。

解决办法：SMD 的保管要符合要求；基板焊区长度的尺寸要适当；减少焊料熔融时对 SMD 端部产生的表面张力；焊料的印刷厚度尺寸要设定正确；采取合理的预热方式，实现焊接时的均匀加热。

（4）锡球是回流焊常见缺陷之三。锡球的形成原因：在非常小的底部间隙元器件周围回流焊接时，预热过程的热气使部分焊膏被挤到元器件体底部，回流时孤立的焊膏熔化并从元器件底部跑出来，凝结成焊珠。

解决办法：改进设计，减少焊膏跑到元器件底部的可能；降低预热升温速率；使用高金属含量的焊膏等措施。

（5）不沾锡问题是回流焊常见缺陷之四。分析原因在于接脚或焊垫的焊锡性太差，或助焊剂活性不足、热量不足所致。

解决办法：提高熔焊温度；改进元器件及板子的焊锡性；增加助焊剂的活性。

5．回流焊接的工艺要求

为提高焊接质量，进行回流焊接时应注意以下工艺要求。

（1）要设置合理的温度曲线。回流焊接是 SMT 生产中的关键工序，假如温度曲线设置不当，会引起焊接不完全、虚焊、立碑、连焊、锡珠飞溅等焊接缺陷，影响产品质量。

（2）SMT 电路板在设计时就要确定焊接方向，并应当按照设计方向进行焊接。一般应该保证主要元器件的长轴方向与电路板的运行方向垂直。

（3）在焊接过程中，要严格防止传送带振动。

（4）在批量生产中，要定时检查焊接质量，及时对温度曲线进行修正。

（5）必须对第一块印制电路板的焊接效果进行判断，施行首件检查制。检查焊接是否完全、有无焊锡膏熔化不充分或虚焊和桥连的痕迹、焊点表面是否光亮、焊点形状是否向内凹陷、是否有锡珠飞溅和残留物等现象，还要检查 PCB 的表面颜色是否改变。

做一做

（1）回流焊接工艺特点有哪些？

（2）回流焊接工艺的焊接温度曲线应如何设置？

（3）回流焊接的工艺要求有哪些？

单元小结

（1）自动焊接中常用的工具有普通浸锡机、超声波浸锡机、自动浸锡机等，主要用于实施自动焊接前，对元器件引线、导线端头、焊片等进行浸锡，提高可焊性和焊接质量。

（2）常用的自动焊接设备有波峰焊接机（又分斜波式波峰焊机、双波峰焊机、高波峰焊机、电磁泵喷射波峰焊机等）、回流焊接机（又分红外回流焊接机、红外加热风回流焊接机、汽相回流焊接机等），不同设备的性能、特点、操作要点、规范与技巧各不相同。

（3）自动焊接工艺按 PCB 的安装方式分为一次焊接（适合于单面混合安装 PCB 和单面全表面安装 PCB 的焊接）和二次焊接（适合于双面混合安装 PCB 和双面全表面安装 PCB 的焊接）两类。自动焊接工艺包括浸焊工艺、波峰焊接工艺与回流焊接工艺等。

① 浸焊工艺是将安装好元器件的印制电路板浸入有熔融状态焊料的锡锅内，一次完成印制电路板上所有焊点的焊接。

② 波峰焊接工艺是采用波峰焊接机一次完成印制电路板上全部焊点的焊接，具有生产效率高、焊接质量好、可靠性高等优点。

③ 回流焊接工艺是先将焊料加工成粉末，并加上液态黏合剂，使之成为有一定流动性的糊状焊膏，用它将元器件粘在印制电路板上，通过加热使焊膏中的焊料熔化而再次流动，达到将元器件焊接到印制电路板的目的。

习　　题

1．填空题

（1）波峰焊的工艺流程为________、________、________、________、________、________。

（2）表面安装技术的特点为________、________、________、________。

（3）SMT 电路基板桉材料分为________、________两大类。

（4）表面安装方式分为________、________、________三种。

（5）对接插件连接的要求：________、________、________、________。

（6）SMT 组件的检测技包括________、________、________、________测试。

（7）塑料面板、机壳的喷涂的工艺过程：________、________、________、________。

（8）屏蔽的种类分为________、________、________三种。

（9）电子元器件散热分为________、________、________、________等方式。

2．选择题

（1）无线电装配中，浸焊焊接印制电路板时，浸焊深度一般为印制电路板厚度的（　　）。

A．50%～70%　　B．刚刚接触到印刷导线　　C．全部浸入　　D．100%

（2）无线电装配中，浸焊的锡锅温度一般调在（　　）。

A．230～250℃　　B．183～200℃　　C．350～400℃　　D．低于 183℃

（3）超声波浸焊中，是利用超声波（　　）。

A．增加焊锡的渗透性　　B．加热焊料

C．振动印制电路板　　D．使焊料在锡锅内产生波动

（4）波峰焊焊接工艺中，预热工序的作用是（　　）。

A．提高助焊剂活化，防止印制电路板变形　　B．降低焊接时的温度，缩短焊接时间

C．提高元器件的抗热能力

（5）波峰焊焊接中，较好的波峰是达到印制电路板厚度的（　　）为宜。

A．1/2～2/3　　B．2 倍　　C．1 倍　　D．1/2 以内

（6）波峰焊接中，印制电路板选用 1m/min 的速度与波峰相接触，焊接点与波峰接触时间以（　　）。

A．3s 为宜　　B．5s 为宜　　C．2s 为宜　　D．大于 5s 为宜

（7）在波峰焊焊接中，为减少挂锡和拉毛等不良影响，印制电路板在焊接时通常与波峰（　　）。

A．成一个 5°～8° 的倾角接触　　B．忽上忽下的接触

C．先进再退再前进的方式接触

（8）印制电路板上（　　）都涂上阻焊剂。

A．整个印制电路板覆铜面　　B．仅印制导线

C．除焊盘外其余印制导线　　D．除焊盘外，其余部分

（9）无锡焊接是一种（　　）的焊接。

A．完全不需要焊料　　B．仅需少量的原料　　C．使用大量的焊料

（10）用绕接的方法连接导线时，对导线的要求是（　　）。

A．单芯线　　B．多股细线　　C．多股硬线

（11）插桩流水线上，每一个工位所插元器件数目一般以（　　）为宜。

A．10～15 个　　B．10～15 种　　C．40～50 个　　D．小于 10 个

（12）片式元器件的装插一般是（　　）。

A．直接焊接　　B．先用胶粘贴，再焊接

C．仅用胶粘贴　　D．用紧固件装接

（13）在电源电路中，（　　）元器件要考虑重量、散热等问题，应安装在底座上和通风处。

A．电解电容、变压器整流管等　　B．电源变压器、调整管、整流管等

C．熔断器、电源变压器、高功率电阻等

（14）在设备中为防止静电或电场的干扰，防止寄生电容耦合，通常采用的（　　）。

A．电屏蔽　　B．磁屏蔽　　C．电磁屏蔽　　D．无线电屏蔽

3．判断题　下列判断中正确的打“√”错误的打“×”

（　　）（1）波峰焊焊接过程中，印制电路板与波峰成一个倾角的目的是减少漏焊。

（　　）（2）在波峰焊焊接中，解决桥连短路的唯一方法是对印制电路板预涂助焊剂。

（　　）（3）波峰焊焊接中，对料槽中添加蓖麻油的作用是防止焊料氧化。

（　　）（4）由于无锡焊接的优点，所以很多无线电设备中很多接点处可取代锡焊料。

（　　）（5）绕接也可以对多股细导线进行连接，只是将接线柱改用棱柱形状即可。

（　　）（6）印制电路板焊接后的清洗，是焊接操作的一个组成部分，只有同时符合焊接、清洗质量要求，才能算是一个合格的焊点。

（　　）（7）气相清洗印制电路板（焊后的），就是用高压空气喷吹，以达到去除助焊剂残渣。

(　　)(8) 生产中的插件流水线主要分为强迫式和非强迫式两种节拍。

(　　)(9) 插件流水线中，强迫式节拍的生产效率低于非强迫式节拍。

(　　)(10) 印制电路板上元器件的安插有水平式和卧式两种方式。

(　　)(11) 在机壳、面板的套色漏印中，一个丝网板可以反复套印多种颜色，使面板更加美观。

4. 问答题

(1) 什么叫浸焊？操作浸焊机时应注意哪些问题？

(2) 浸焊机是如何分类的？各类的特点是什么？

(3) 什么叫波峰焊？画出波峰焊接工艺流程图。

(4) 波峰焊常见缺陷有哪些？

(5) 什么叫回流焊接？画出回流焊工艺流程图。

(6) 回流焊接工艺温度曲线如何设定？

(7) 简述影响回流焊焊接质量的因素。

(8) 回流焊常见缺陷有哪些？

(9) 为什么在完成了回流焊接后焊锡膏出现了塌边现象？

(10) 为什么在完成回流焊接后片状元器件侧面或缝细间距引脚之间常常出现焊锡球？

单元七

电子产品总装与调试工艺

电子信息企业要实现优质、低成本、高效率的生产目标，就必须采用新工艺、新技术进行合理的装配。在企业中，电子产品装配由许多工位组成，其中总装是整机装配的最后阶段，主要完成的工作是将单元调试、检验合格的产品零部件按照设计要求，安装在不同的位置上组合成一个整体，再用导线将零部件之间进行电气连接，完成一个具有一定功能的完整的电子产品。电子产品经过总装之后，都要进行总装调试，使产品达到技术指标及其他规定的要求。

任何电子产品整机装配是按照设计装配工艺要求，将不同种类零部件装接到规定的位置上，组成具有一定功能的电子产品的过程。其装配方式分为机械装配和电气装配两部分。电子产品装配以后要按照调试工艺要求对产品性能进行测试与调试，目的是达到产品设计要求，同时对于设计时没有考虑到的问题或缺陷进行完善处理。

下面以电饭煲装配与调试为例讲解装配与调试简单流水过程。

按照工艺路线安排进行装配与调试，其过程为：控制电路板元器件组装→发热铁饼、开关触点与电路板接线组装→内胆套件组装→外电源线连接→外壳套件组装→高压漏电测试→锅盖组装→控制面板功能测试→检验测试→清洁→塑料薄膜包装→合格证、说明书等装箱打包入库。

任务 7.1　电子产品总装

任务引入

电子产品装配技术集多种技术为一体，是电子产品生产构成中极其重要的环节。其装配依据来源于设计工艺文件，按照工艺文件规定的工艺规程和具体要求进行装配。装配目的：保证了产品的高质量，同时以最合理、最经济的方法达到产品性能指标。所以掌握装配技术工艺知识对电子产品的设计、制造、使用和维修都是不可缺少的。

想一想

日常生活中，我们家庭使用的电子产品如何进行装配的？

学习指南

（1）熟悉电子产品总装特点、总装的内容、总装基本顺序、总装的基本原则、总装的基本要求。

（2）掌握电子产品总装的一般工艺流程，要求学生结合理论分析完成一台三用表的组装，包括电路板上元器件的装配、面板与机壳的装配、紧固件的装配。

（3）能够编写小型电子整机或单元电路板的总装工艺文件（如 MF-47 指针式万用表总装工艺文件流程）。

（4）熟悉电子产品总装的工艺要求及实施方法、技巧。

7.1.1　电子产品整机装配原则

1．电子产品总装特点

电子产品总装是无线电整机生产中一个重要的工艺过程，具有如下特点。

（1）电子产品总装是把半成品装配成合格整机产品的过程。

（2）组成整机的有关零部件（包括关键件、重要件）必须经过调试、检验合格。不合格的零部件不允许投入总装线。

（3）总装过程要根据整机的结构情况，应用合理的安装工艺，用经济、高效、先进的装配技术，使产品达到预期的效果，满足产品的功能、技术指标和经济指标等方面的要求。

（4）总装过程一般是流水线作业，以工位为标志。每个工位除按工艺要求操作外，还要严格执行自检、互检与专职调试检验相结合的制度。总装中每一个阶段的工作完成后都应进行检验，分段把好质量关，从而提高产品的直通率。

（5）整机总装流水线作业，将整个装联工作划分为若干简单的操作，而且每个工位往往会涉及不同的装配工艺，因此要求工位的操作人员熟悉装配要求和熟练掌握装配技术，保证产品的装配质量。

2．电子产品总装内容

从整机的结构来分，电子产品总装包括整机装配和组合件装配两种。

（1）整机装配。它是通过各种不同的连接方法把零部件、整件等组合件安装在一起，组成一个不可分割的整体，并且这个整体具有独立的功能，如电视机、手机、计算机等。

（2）组合件装配。它是通过各种不同的连接方法把零部件等安装在一起，组成一个不可分割的、具有一定功能的组合件，它是整机不可缺少的部分，应便于随时可以拆换，如跟踪雷达的信号处理系统、伺服系统、发射机柜、操控台等。

整机装配连接方式有可拆卸连接和不可拆卸连接两种。

（1）可拆卸连接。其特点是拆散时操作方便，不易损坏任何零部件，如螺钉连接、销钉连接和卡扣连接等。

（2）不可拆卸连接。其特点是拆散时会损坏零部件或材料，如粘接、铆接、连接等。

3．电子产品整机总装的基本原则

整机装配的目标是按照安装工艺的要求，实现预定的各项指标。

整机安装的基本原则：先轻后重、先小后大、先铆后装、先里后外、先低后高、易碎后装，上道工序不得影响下道工序的安装、下道工序不改变上道工序的装接原则。

整机装配过程中应注意前后工序的衔接，使操作者操作方便、省力和省时。在流水线上，整机总装工艺过程并不是一成不变的，有时要根据物流的经济性等做适当变动，但必须符合两条：一是使上、下道工序装配顺序合理或更加方便；二是使总装过程中的元器件磨损最小。

4．电子产品总装的基本要求

（1）未经检验合格的装配件（零部件、整件），不得进入装配生产现场进行安装。

（2）检验合格的装配件必须具备装配条件（如保持清洁、完好无损等）。

（3）认真阅读安装工艺文件和设计文件，严格遵守工艺规程。

（4）严格遵守电子产品总装的基本原则，杜绝违规操作。

（5）电子产品总装过程中严防损伤元器件和零部件，避免碰伤机壳、元器件和零部件表面涂敷层，以免损害整机的绝缘性能。

（6）应熟练掌握操作技能，保证质量，严格执行三检（自检、互检、专职检验）制度。

整机装配质量好坏与各组成部分装配件的装配质量是相关联的，直接影响整机的电气性能、机械性能和外形美观。因此，在电子产品总装之前，对所有装配件、紧固件等必须按技术要求进行配套和检查。

7.1.2 电子产品装配工艺流程

在企业产品生产过程中，电子产品整机装配一般分为 3 个阶段，分别为装配准备、部件装配和整件装配。根据企业流水线生产实际情况，一般大批量生产的中、小型电子产品的整机装配工艺过程如图 7-1 所示。

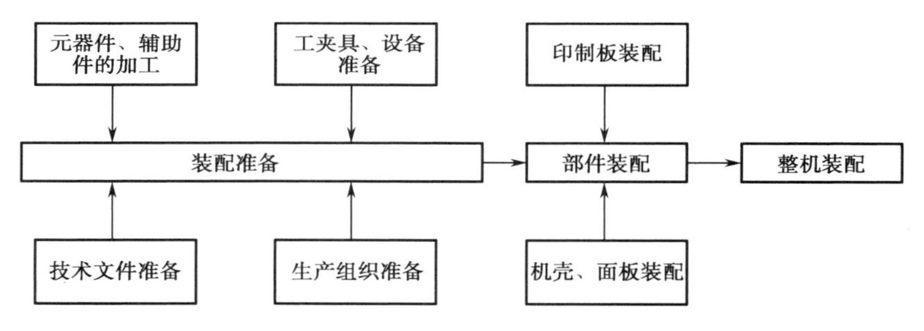

图 7-1 整机装配工艺过程

1．装配准备

在流水线生产以前先将各种零部件等进行加工处理，称为装配准备。装配准备工作一般包括导线加工、元器件引线成型、线扎制作、屏蔽导线及电缆制作等。其目的是保证流水线各工序的质量，提高生产效率。

2．部件装配

将材料、零件、元器件等装配成具有一定功能的可拆卸或不可拆卸的产品过程，称为部件装配，如印制电路板元器件焊接装配，机壳、面板、按键、散热片等部件装配。

3．整机装配

电子产品总装一般包括机械装配和电气装配两部分，其装配过程可以概括为：将合格单元功能的电路板及其他配套零部件和整件按照设计工艺要求，通过螺装、铆装和粘接等工艺，安装在指定的位置上，在结构上组成一个整体，再完成各部分之间的电气连接，从而完成整

机的装配，以便整机生产调试、检验和测试等。

整机装配过程规则：应严格按照工艺图纸（如产品装配图、接线图、零件图等）要求进行装配。工艺图纸是针对产品的具体要求制定的，用以安排和指导生产，它规定了实现设计图纸要求的具体加工方法。

7.1.3　电子产品总装的一般工艺流程

电子产品总装是在装配车间完成的。总装的形式可根据产品的性能、用途和总装数量决定。各企业所采用的作业形式不尽相同，对于产品数量较大的总装过程常采用流水作业，以取得高效、低耗、一致性好的结果。电子产品总装的一般工艺流程如图 7-2 所示。

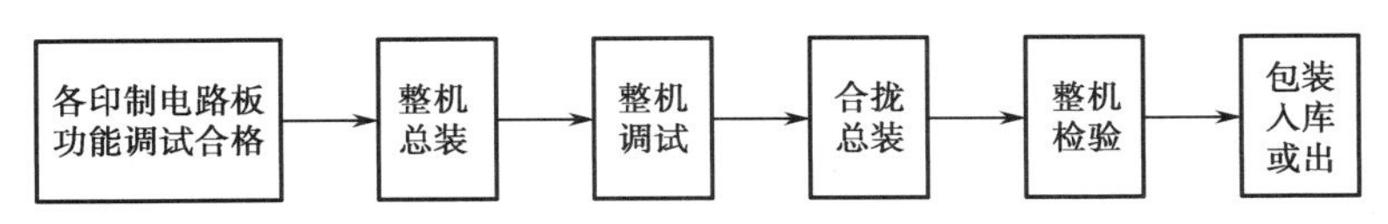

图 7-2　电子产品总装的一般工艺流程

装配过程：总装前对焊接合格具有一定功能的印制电路板进行调试（也叫分板调试或组合调试），分板调试合格后进入总装过程。在总装线上把具有不同功能的印制电路板安装在整机相应的部位，然后进行电路性能指标的初步调试。调试合格后再把面板、机壳等部件进行合拢总装，然后检验整机的各种电气性能、机械性能和外观，检验合格后即进行产品包装和入库。

为了更好地理解总装工艺流程，我们以年产 70 万台 74cm（29in）大屏幕彩色电视机为例，说明整机总装工艺流程。

大屏幕彩色电视机总装工艺流程如图 7-3 所示。由于生产规模为大批量生产，为了提高生产效率，采用流水作业生产方式进行。根据产量与时间（一年）的比值，流水节拍为 20s，即按每 20s 生产一台整机的速度，才能完成全年生产任务。这就要求工艺设计人员，采用最合理、最经济的方法实现产品预定的各项技术指标，制定出具体方案和生产过程中的每道工序、每个工位 20s 内必须完成的操作任务，编制出整机生产工艺文件。

1．整机总装工艺流程

根据大屏幕彩色电视机总装工艺流程，一台整机的生产流水线由五道工序（65 个工位）完成，具体安排如下。

（1）面壳组件安装：由 8 个工位完成。

（2）整机装配：由 25 个工位完成。

（3）整机调试：由 13 个工位完成（含 2 个关键工序质量控制点）。

（4）整机性能检测：由 11 个工位完成（含 2 个关键工序质量控制点）。

（5）整机包装：由 8 个工位完成。

在 65 个工位中，设置关键工序质量控制点 4 个，安全检查工序工位有 3 个。这些工位对整机质量、性能指标的影响非常重要，必须严格检测，达到规定标准。

在工作中通常又将第一、二道工序的工艺统称为整机安装工艺，其包括的内容如下。

① 总装前段：完成面壳组件、高音扬声器组件、显像管组件、机芯组件等安装，包含的工位有 1（1～8）和 2（1～12）。

② 整机接线：完成整机各零部件间的电气连接操作。绝大多数电子整机，为了便于安装和拆卸，一般都采用排线或线扎（一般在大功率设备中采用），包含的工位有 2（13～14）。

③ 总装后段：完成后壳组件和音箱组件的安装，包含的工位有 2（17～27）。

2．整机安装各工位操作具体内容

根据整机装配工艺流程，整机安装各工位的操作具体内容见表 7-1。

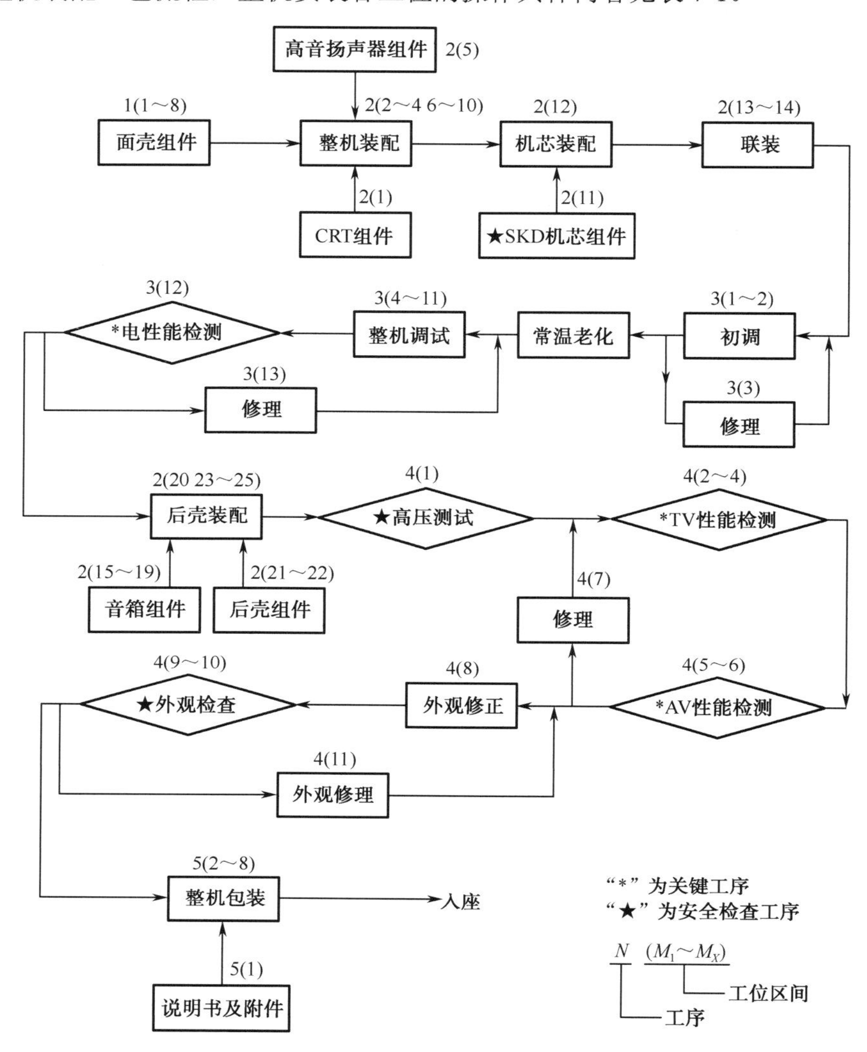

图 7-3 彩色电视机总装工艺流程图

表 7-1 29in 彩色电视机总装工艺指导卡内容

工位工序 / 序号	工位名称	操作内容	图示	材料	工具	工时	注意事项	格式
1—1	（总装前段开始）面壳组装	（1）在面壳内上、下、左、右显像管接触处各贴上一条绒纸 （2）在导光柱指定位置贴上成型的双面胶纸	略	（1）面壳 1 套 （2）绒纸 4 条 （3）导光柱 1 根 （4）双面胶纸 1 块	—	20s	参考《装配工艺要则》和《面壳加工工艺要求》	4

续表

工位工序 序号	工位名称	操作内容	图示	材料	工具	工时	注意事项	格式
1－2	面壳组装	（1）分别将左、右上支架放入面壳左、右上角指定的位置 （2）分别用 3 个螺钉固定在面壳上	略	（1）面壳 1 套 （2）左、右上支架各 1 个 （3）螺钉 6 颗	—	20s	—	4
1－3	面壳组装	（1）分别将左、右下支架放入面壳左、右下角指定的位置 （2）分别用 3 个螺钉固定在面壳上	略	（1）面壳 1 套 （2）左、右下支架各 1 个 （3）螺钉 6 颗	风批 1 把	20s	—	4
1－4	面壳组装	（1）将按键板装扣在支架内 （2）将按键套入按键孔内 （3）将按键支架装入面壳指定位置，并用螺钉固定	略	（1）按键 6 个 （2）按键板 1 个 （3）支架 1 个 （4）三棱螺钉 3 个	—	20s	—	4
1－5	面壳组装	（1）将电源按钮套入按钮孔内 （2）用螺钉将电源开关固定好 （3）将遥控接收板插入指定插槽内，并用螺钉加以固定	略	（1）电源按钮 1 个 （2）螺钉 4 颗 （3）纤维垫 2 个	—	20s	—	4
1－6	面壳组装	（1）将跨接线一端钩焊在接地片挂钩上 （2）跨接线另一端与有机实芯电阻一脚进行钩焊 （3）在焊接处套入热熟套管	略	（1）接地片 2 个 （2）跨接线 2 根 （3）有机实芯电阻 2 个 （4）热熟套管	40W 焊枪 1 只	20s	—	4
1－7	面壳组装	将加工好的接地电阻线用螺钉套上弹簧，固定在面壳左右指定的两个孔上	略	（1）三棱螺钉 2 颗 （2）弹簧垫 2 个	风批 1 把	20s	—	4
1－8	面壳组装	将左、右扬声器网分别贴于面壳左、右边扬声器网槽上	略	左、右扬声器网各 1 个	—	20s	要求贴平，不能有起折起泡现象	4
2－1	CRT 组件装配	在显像管上纺织地线，在下部两个管耳孔套上弹簧，并将弹簧勾挂在显像管地线上	略	（1）显像管 1 个 （2）弹簧 2 个 （3）纺织线 1 根	—	20s	—	4

续表

工位工序 / 序号	工位名称	操作内容	图示	材料	工具	工时	注意事项	格式
2－2	整机装配	用起重机将显像管组件吊起放入面壳内	略	（1）面壳组件1套 （2）CET级件1套	—	20s	—	4
2－3	整机装配	（1）挂钩串进组合螺钉上，并用该螺钉将显像管固定在面壳上 （2）在4个螺钉头上点上红胶	略	（1）红胶1份 （2）挂钩4个 （3）组合螺钉4个	（1）风批1把 （2）红胶壶1把	20s	—	4
2－4	整机装配	（1）消磁线圈装到挂钩上 （2）将4个挂钩扣到消磁线圈的4个角上，并绕两圈扣紧 （3）用短线扎将消磁线圈下8字两边拉紧扎住 （4）用长线扎穿过消磁圈下边两条线并扎紧，使之紧贴显像管 （5）将线扎头剪去	略	（1）消磁线圈1个 （2）短扎线2个 （3）长扎线1个	剪钳1把	20s	—	4
2－5	整机装配	（1）将二芯连接线的红色线穿上一节伸缩胶套，并焊在4.7μF的无极性电解电容的一脚上，用烙铁将伸缩胶套烫缩紧 （2）将二芯连接线的黑色线焊在高音扬声器的“-”端上，红色线焊在“+”端上 （3）各连接凋必须钩焊，且焊接饱满牢固	略	（1）高音扬声器2只 （2）4.7μF无极性电解电容2只 （3）二芯连接结2根 （4）热熟套管1根	（1）40W焊枪1把 （2）剪钳1把	20s	—	4
2－6	整机装配	（1）将高音扬声器组件放入面壳指定位置上 （2）用螺钉将高音扬声器固定好，其中一个螺钉上要穿一个压线耳，然后用压线将扬声器线压扎住	略	（1）高音扬声器组件2套 （2）螺钉8颗 （3）压线耳2个	风批1把	20s	—	4
2－7	整机装配	（1）将底座插入面壳底部，并用4个螺固定好 （2）将橡胶塞粘上硅胶，并塞在底两边凸起的部位与显像管之间 （3）经自动反转臂将面壳组件反转竖立	略	（1）底座1套 （2）螺钉4颗 （3）橡胶塞2个 （4）硅胶1只	（1）风批1把 （2）硅胶1只	20s	—	4

续表

工位工序 / 序号	工位名称	操作内容	图示	材料	工具	工时	注意事项	格式
2—8	整机装配	（1）剪掉显像管上原有的偏转线，将行场偏转线焊在指定的焊接端上 （2）在行场偏转线上指定位置扎上1个线扎	略	（1）场偏转线1根 （2）行偏转线1根 （3）线扎1个	40W 焊枪1把	20s	—	4
2—9	整机装配	（1）将速度调制排线按要求绕焊在显像管的速度调制焊针上 （2）将面壳两边上的接地线钩焊在CRT地线上	略	速度调制排线1个	40W 焊枪1把	20s	—	4
2—10	整机装配	（1）将速度调制板套入显像管颈的支架上，并用螺钉固定好 （2）将速度调制排线插在速度调制板上的插排座内	略	（1）速度调制板 1块 （2）螺钉2颗	风批1把	20s	—	4
2—11	SDK机芯装配	从机芯车上取出SKD机芯组件，检查机芯有无运输造成的损伤和装配质量问题	略	SDK机芯组件1套	（1）一字批1把 （2）剪钳1把	20s	参考《机芯外观检查工艺要求》	4
2—12	整机装配	（1）将机芯组件放在工装板上，靠近面壳 （2）将行场 DY 线、消磁线分别插在插座上	略	SDK机芯组件1套		20s	—	4
2—13	整机装配	（1）用吹风枪吹净高压帽和高压嘴周围的灰尘，在高压嘴周围涂 1 圈防潮硅脂，并装好高压帽 （2）在高压线上装上 1 个隔离圈 （3）在电源线上扣压上一个电源线夹，并装在AV后板卡位上	略	（1）隔离圈1个 （2）电源线夹1个 （3）防潮绝缘硅脂1只	吹风枪1只	20s	—	4
2—14	整机装配（总装前段结束）	（1）将电源线、接收板排插插好 （2）将速度调制上的排插线插好 （3）将单条显像管地线和另一条双芯地线插好 （4）将CRT板装配到显像管颈上，并在管颈与管座之间点上硅胶	略	硅胶1只	—	20s	—	4

续表

工位工序 序号	工位名称	操作内容	图示	材料	工具	工时	注意事项	格式
2—15	（调试后，总装后段开始）音箱组件	（1）用烙铁将扬声器连接线按要求焊接在扬声器的“+”、“-”极上 （2）注意焊接质量，不能有虚假焊现象 （3）将焊好的扬声器线摆放整齐	略	（1）扬声器2个 （2）二芯连接线4根	40W 风枪1把	20s	—	4
2—16	音箱组件	（1）在音箱前壳的出口处粘贴两条海绵条 （2）在音箱前壳的两个固定柱扣位各套一个橡胶垫 （3）在音箱前壳舌头边缘贴一层绒纸	略	（1）音箱前壳1套 （2）海绵条2条 （3）橡胶垫2个 （4）绒纸7条	—	20s	—	4
2—17	音箱组件	（1）将两个连接支架用白胶粘贴在音箱前壳指定位置上 （2）用黑胶将4块吸音化纤粘贴在后壳音箱内	略	（1）音箱后壳1个 （2）连接支架2个 （3）吸音化纤4块	（1）白胶瓶1个 （2）黑胶瓶1个	20s	—	4
2—18	音箱组件	（1）将焊好连接线的中音扬声器用螺钉固定在音箱后壳指定位置上 （2）注意扬声器线的出口方向与音箱后壳出口方向一致	略	（1）扬声器1只 （2）螺钉4颗	风批1把	20s	—	4
2—19	音箱组件	将音箱前壳盖在音箱后壳上，并用螺钉固定好	略	（1）螺钉8个		20s	—	4
2—20	音箱组件	将音箱装配在后壳相应位置上，并用组合螺钉固定	略	（1）音箱组件1套 （2）组合螺钉4颗	风批1把	20s	参考《工艺要则》	4
2—21	后壳组件	（1）在后壳底部指定位置套上4个底脚 （2）用螺钉将底脚固定在后壳上	略	（1）后壳1套 （2）底脚4个 （3）螺钉4个	风批1把	20s	—	4
2—22	后壳组件	（1）在后壳背部指定位置贴上型号片 （2）在橡胶垫圈内部涂上黑胶并粘在后壳内的指定圆柱上	略	（1）型号片1张 （2）橡胶垫圈2个	黑胶瓶1个	20s	—	4

续表

工位工序 / 序号	工位名称	操作内容	图示	材料	工具	工时	注意事项	格式
2－23	整机装配	（1）将电源线扣套在后板出口处 （2）装上后壳，引出电源线 （3）注意机芯与后壳要装到位	略	后壳组件 1 套	—	20s	—	4
2－24	整机装配	按图示位置用 6 个螺钉固定后壳。参考《安装后壳工艺要求》	略	螺钉 6 个	风批1把	20s	参考《装配工艺要则》	4
2－27	整机装配	按图示位置用 4 个螺钉固定后板与后壳。参考《安装后壳工艺要求》	略	螺钉 4 个	风批1把	20s	参考《装配工艺要则》	4

整机装配过程中应严格按照装配工艺过程卡进行，它是工艺设计人员根据产品的结构、技术文件和流水节拍，对整机的生产操作过程进行分解，制定流水作业线上每个工位流水节拍时间内的操作内容。因此，流水作业生产线上每个操作者必须按照装配工艺卡上规定的内容、方法、操作次序和注意事项等进行作业。

做一做

（1）指出电子产品装配的基本原则。

（2）简述电子产品装配的生产工艺流程。

（3）结合自己身边某一件电子产品，列出装配工艺流程。

任务 7.2　电子产品调试工艺

任务引入

一台电子产品整机设备经过装配之后，把所需的元器件、零部件，按照设计图样的要求连接起来，但由于每个元器件的参数具有一定的离散性，零部件加工有一定的公差和在装配过程中产生的各种分布参数等的影响，不可能使整机正常工作。因此必须通过测试、调整才能使产品功能和各项技术指标、结构达到设计规定的要求，实现应有的功能。因此对于电子产品整机的生产，调试是必不可少的工序。

调试是用测量仪表与测试工装配合，按照调试工艺规定对单元电路板和整机各个可调元器件或零部件进行调整与测试，使产品达到技术文件所规定的技术性能指标。目的是保证并实现电子整机功能和质量，同时又是发现电子整机设计、工艺缺陷和不足的重要环节。从某种程度上说，调试工作是为不断提高电子整机的性能和品质积累可靠的技术性能参数。

想一想

身边电视机图像及声音为什么能够使人们满意？厂家是如何完成的？

学习指南

（1）熟悉电子产品调试的作用及制定电子产品调试方案总的原则和基本原则。

（2）掌握电子产品调试方案的基本内容、调试工艺文件、工艺程序、调试电子产品的一般工艺程序、调试工艺流程及调试工艺流程的安排原则。

（3）能够编写小型电子整机或单元电路板的调试工艺文件（以 MF-47 指针式万用表为例进行编写）。

（4）熟悉电子产品调试的工艺要求及实施方法、技巧。

7.2.1 调试工艺方案及调试文件

1．调试方案的制定

调试方案是根据产品的技术要求和设计文件的规定及有关的技术标准，以制定调试项目、技术指标、规则、方法和流程安排等的总体规划和调试手段，是调试工艺文件的核心内容。调试方案制定得是否合理，将直接影响电子产品调试工作的进程、效率的高低和质量的好坏。因此，事先制定一套完整的、合理的、经济的、切实可行的调试方案是非常必要的。

1）制定调试方案的基本原则

一般情况下，不同的电子产品有不同的调试方案，但调试方案的制定原则却具有共同性。

（1）根据产品的规格、等级、使用范围和环境，确定调试项目及主要性能技术指标。

（2）在全面理解该产品的工作原理及性能指标的基础上，确定调试项目的重点、具体方法和步骤。调试方法要简单、经济、可行和便于操作；调试内容要具体、细致；调试步骤应具有条理性；测试条件要详细清楚；测试数据尽量表格化，便于察看和综合分析；安全操作规程的内容要具体、明确。从而确保调试工作的准确性和高效率。

（3）调试中要充分考虑各个元器件之间、电路前后级之间和部件之间等的相互牵连和影响。

（4）对于大批量生产的电子产品，调试时要保证产品性能指标在规定范围内的一致性，否则会影响产品的合格率及可靠性。

（5）要考虑现有设备条件，使调试方法、步骤合理可行，操作安全方便。

（6）尽量采用新技术、新元器件、新工艺，以提高生产效率及产品质量。

（7）调试工艺文件应在样机调试的基础上制定。既要保证产品性能指标的要求，又要考虑现有工艺装备条件和批量生产时的实际情况。

（8）充分考虑调试工艺的合理性、经济性和高效率。重视积累数据和认真总结经验，不断提高调试工艺水平，从而保证调试工作顺利进行。

总之，调试方案的制定应从技术要求、生产效率要求和经济要求等方面综合考虑，才能制定出科学合理、行之有效的调试方案。

2）调试方案的基本内容

调试方案是工艺设计人员为某一电子产品的生产而制定的一套调试内容和方法，它是调试人员着手工作的技术依据，应包括以下基本内容。

（1）调试内容应根据国标、军标或行标，及待测产品的等级规格具体拟定。

（2）测试所需的各种测量仪器、工具、专用工装设备等。

（3）调试方法及具体步骤。

（4）调试安全操作规程。

（5）测试条件与有关注意事项。

（6）调试接线图和相关技术资料。

（7）调试所需的数据记录表格。

（8）调试工序的安排及所需人数、工时。

（9）调试责任者的签署及交接手续。

以上所有内容均应在调试工艺指导卡中反映出来。

2. 调试工艺文件

调试工艺文件是产品工艺文件中的一部分，它属于工艺规程类的工艺文件。调试工艺文件是企业的技术部门根据国家或企业颁布的标准（一般企业标准要高于国家标准，有的产品为达到更高的质量，还有内控标准）及产品的等级规格拟定的。它是用来规定产品生产过程中，调试的工艺过程、调试的要求及操作方法等的工艺文件，是产品调试的唯一依据和质量保证，也是调试人员的工作手册和操作指导书。

调试工艺文件包括：调试工艺流程的安排；调试工序之间的衔接；调试手段的选择和调试工艺指导卡的编制等。

调试工序之间的衔接，是指处理好上一道调试工序与下一道调试工序之间的关系。现代大批量生产的电子产品的调试，是以流水作业的形式进行。为了使整个调试过程按照规定的调试流程有条不紊地进行，应避免重复或调乱可调元器件现象，要求调试人员在自己调试工序岗位上，除了完成本工序调试任务外，不得调整与本工序无关的部分或元器件。此外，在本工序调试的项目中，若发现有些故障比较严重，短时间内无法排除时，就应该把此部件脱离流水线另作处理，不能让它流到下一道工序。对于在本工序已调好的元器件，应做好标记处理（如将已调好的电感线圈的磁芯用蜡封住）。如有必要还要把本工序所测试的技术数据交给下一道工序的调试人员。

调试手段的选择，是指调试环境条件、调试设备、调试方法的选择。

调试环境条件对调试结果会造成一定的影响。环境条件一般是指温度、湿度、大气压力、机械振动、噪声、电磁场干扰等因素。调试场的选择应考虑避免这些因素的影响，以保证产品调试结果的准确性。

调试设备的配置是根据每个调试工序的调试内容，配备仪器仪表（含专用设备）、工具、测试线、专用测试工装等。

调试方法是指对仪器仪表（含专用设备）、测试工装的正确使用和掌握正确的调试操作方法。

7.2.2 调试内容及工艺程序

1. 调试工作内容

电子产品调试工作是按照调试工艺对电子整机进行调整和测试，使之达到或超过标准化组织所规定的功能、技术指标和质量标准。

电子产品调整主要是针对电路参数而言，即对整机内可调元器件（如可变电阻器、电位器、微调电容器、电感线圈的可调磁芯等）及与电气指标有关的系统、机械传动部分等进行调整，使之达到预定的性能指标和功能要求。测试则是用规定精度的测量仪表对单元电路板和整机的各项技术指标进行测试，以此判断被测项技术指标是否符合规定的要求。一般来讲，调试工作的内容主要包括以下几点。

（1）正确合理地选择和操作测试仪器仪表。

（2）严格按照调试工艺文件的规定，对单元电路板或整机进行调整和测试。对可调部分调试完毕后，用蜡封或点漆等方法紧固元器件的调整部位。

（3）排除调试中出现的故障，并做好原始记录。

（4）认真对调试数据进行分析与处理，编写调试工作总结，提出改进措施。

2．调试的目的

调试的目的主要有以下两方面。

（1）发现设计、安装中的缺陷和错误，并纠正或提出改进意见。

（2）通过调整电路参数，测试单元电路板或整机的各项技术指标，以确保产品的各项功能和性能指标均达到设计要求。

3．调试工艺程序

因电子产品种类繁多、功能各异、电路复杂，各产品单元电路的数量及类型也不相同，所以调试程序也各不相同。一般调试的程序分为通电前的检查和通电调试两大部分。

（1）通电前的检查。在印制电路板等部件或整机安装完毕并进行调试前，必须在不通电的情况下，认真细致地检查，以便发现和纠正在装配过程中的错误，避免盲目通电可能造成的电路损坏。具体工作过程：第一，应根据图样（电原理图、整机装配连接图等），用万用表、自制蜂鸣器或专用设备检查电源的正、负极是否接反，电源线、地线是否接触可靠；元器件安装是否正确，连接导线有无接错、漏接、断线；电路板各焊接点有无漏焊、桥接短路等现象；各种控制开关是否正常。第二，用兆欧表测试绝缘电阻，检查保险丝是否符合规定值，整机是否接好负载或假负载。对发现的问题应及时解决，确实无误方可接通电源。

（2）通电调试。通电调试包括测试和调整两个方面。较复杂的电路调试通常采用先分块调试，然后进行总调试。通电调试一般包括通电观察、静态调试和动态调试。

① 通电观察。打开电源开关，观察有无异常现象，例如，机内有无放电、打火、冒烟现象，有无异常气味，整机上各种仪表指示是否正常等。检查各种保险开关、控制系统是否起作用；各种风冷及水冷系统能否正常工作；各种继电器能否正常动作；保护电路能否起到保护作用等。

② 静态调试。通电观察没发现问题，可进行静态调试。静态调试是指在不加输入信号（或输入信号为零）的情况下，进行电路直流工作状态的测量和调整。通过静态测试，可以及时发现已损坏的元器件，判断电路工作情况并及时调整电路参数，使电路工作状态符合设计要求。

③ 动态调试。动态调试就是在电路的输入端接入适当频率和幅度的信号，顺着信号的流向逐级检测电路各测试点的信号波形和有关参数，并通过计算测量的结果来估算电路性能指标，必要时进行适当的调整，使指标达到要求。

调试工作的精确度和正确性在很大程度上决定了整机的质量，因此，必须按工艺要求认真进行。

7.2.3 整机调试的工艺流程

整机调试工艺流程的安排，应根据整机的组成及结构情况，设置若干个调试工序（或工位）。一般调试工艺流程的安排原则是先调部件，后调整机；先调结构部分，后调电气部分；先调电源，后调其余电路；先调静态指标，后调动态指标；先调独立项目，后调相互影响的项目；先调基本指标，后调对质量影响较大的指标。整个调试过程是一个循序渐进的过程。

1．小型电子整机或单元电路板的调试

小型电子整机是指功能单一、结构简单的整机，如收音机、单放机、随身听等，它们的调试工作量较小。单元电路板（又叫分板、分机、电子组合等）的调试是整机总装和总调的前期工作，其调试质量会直接影响电子产品的质量和生产效率，它是整机生产过程中的一个重要环节。我们以小型电子整机或单元电路板调试的一般工艺过程介绍调试工艺流程。

小型电子整机或单元电路板调试的一般工艺流程如图 7-4 所示。

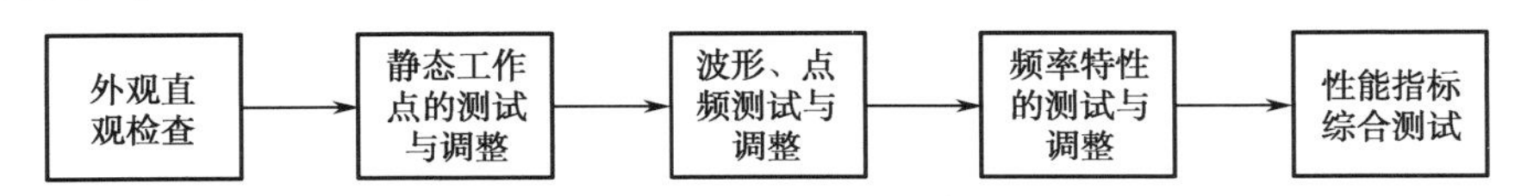

图 7-4 小型电子整机或单元电路板调试的一般工艺流程

（1）外观直观检查。小型电子整机或单元电路板通电调试之前，应先检查印制电路板上有无明显元器件插错、漏焊、拉丝焊和引脚相碰短路等情况。检查无误后，方可通电。

（2）静态工作点的测试与调整。静态工作点是电路正常工作的前提，其具体操作就是调整各级电路在无输入信号时的工作状态，测量其直流工作电压和电流是否符合设计要求。例如，由分立元器件组成的收音机电路，调整静态工作点就是调整晶体管的偏置电阻，使它的集电极电流达到电路设计要求的值。调整顺序一般是从最后一级的功放开始，逐级往前调整。对于集成电路的静态工作点与晶体管不同，集成电路能否正常工作，一般是看各引脚对地直流电压是否正确。因此只要测量出各引脚对地的直流电压值，然后与正常数值进行比较，即可判断静态工作点是否正常。

（3）波形、点频测试与调整。静态工作点正常以后，便可进行波形、点频（固定频率）的调试。例如，放大电路须测试波形；接收机的本机振荡器既要测试波形又要测试频率。对于测试高频电路时，测试仪器应使用高频探头，连接线应采用屏蔽线，且连线要尽量短，以避免杂散电容、电感及测试引线两端的耦合对测试波形、频率准确性的影响。

（4）频率特性的测试与调整。频率特性是指当输入信号电压幅度恒定时，电路的输出电压随输入信号频率而变化的特性。它是发射机、接收机等电子产品的主要性能指标。例如，收音机的中频放大器的频率特性，将决定收音机选择性的好坏；电视接收机高频调谐器及中频通道的频率特性，将决定电视机图像质量的好坏；示波器 Y 轴放大器的频率特性制约了示波器的工作频率范围。因此，在电子产品的调试中，频率特性的测量是一项重要的测试技术。频率特性的测量方法一般有点频法和扫频法两种，在单元电路板的调试中一般采用扫频法。扫频法测量是利用扫频信号发生器实现频率特性的自动或半自动测试。因信号发生器的输出频率是连续扫描的，因此，扫频法简捷、快速，而且不会漏掉被测频率特性的细节。但用扫频法测出的动态特性，与点频法测出的静态特性相比，存在一定测量误差，应按技术文件的规定选择测量方法。

（5）性能指标综合测试。单元电路板经静态工作点、波形、点频及频率特性等项目调试后，还应进行性能指标的综合测试。不同类型的单元电路板其性能指标各不相同，调试时应根据具体要求进行，确保合格的单元电路板提供给整机进行总装。

以上调试过程中，可能会因元器件、线路和装配工艺因素等出现一些故障。发现故障后应及时排除，对于一些在短时间内无法排除的严重故障，应另行处理，防止不合格部件流入下道工序。

2．小型电子整机调试举例

下面以学生实习安装调幅/调频袖珍收音机为例，说明小型电子整机的调试过程。

学生实习安装调幅/调频袖珍收音机，该收音机采用集成电路 CXA1191M。CXA1191M 是 AM/FM 单片收音机电路，电路包含了 AM/FM 收音机从天线输入至音频功率输出的全部功能。使用一块 CXA1191M 集成电路及少量外围元器件，就可组装成低电压微型 AM/FM 收音机。为了使每个学生受到全面训练，一般都不安排在流水作业生产线上进行。通常由学生自己完成元器件整形、导线加工、焊接、装联、调试、维修、检验等全过程。其中，调试内容有中频调整、AM/FM 覆盖范围的调试、统调等。集成电路收音机电路原理如图 7-5 所示。

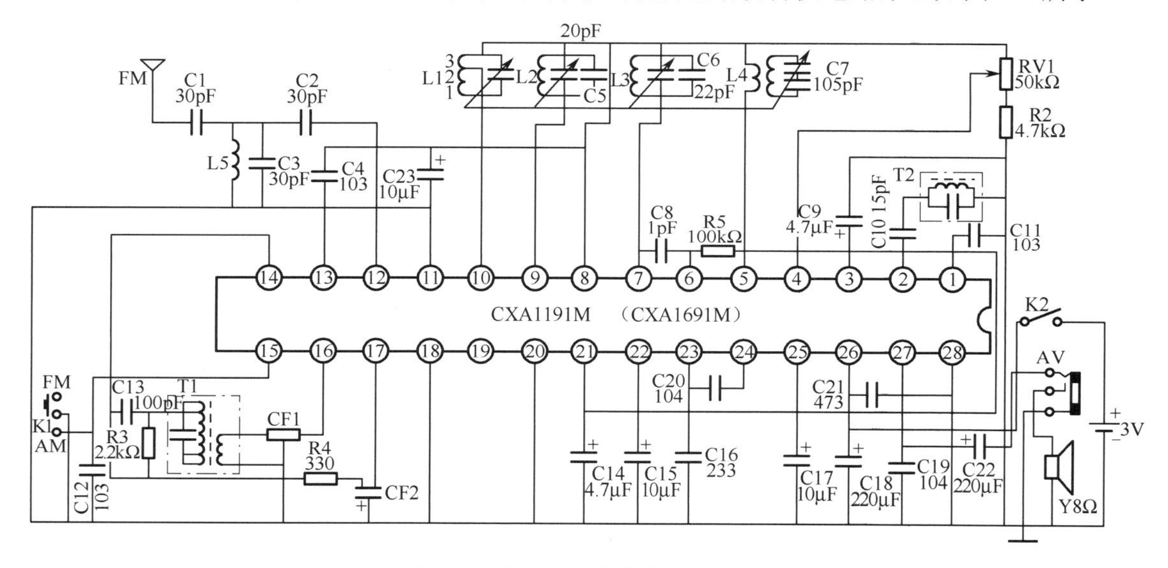

图 7-5　集成电路收音机电路原理

（1）集成电路收音机的静态工作点已经做到了免调整，因此在进行整机调试前，只要进行静态检查。检查内容：所装配印制电路板元器件是否焊接良好，有无漏焊、虚焊、短路、桥连等现象。

（2）通电调试。

测量集成电路 CXA1191M 各引脚工作电压，将其与正常值进行比较，以此判断集成电路的好坏。CXA1191M 各引脚工作电压见表 7-2。

表 7-2　CXA1191M 各引脚工作电压（V_{CC}=3V）

脚位	1	2	3	4	5	6	7	8	9	10	11	12	13	14
FM 电压	0	2.18	1.5	1.25	1.25	1.25	1.25	1.25	1.25	1.25	0	0.3	0	0.36

续表

脚位	1	2	3	4	5	6	7	8	9	10	11	12	13	14
AM 电压	0	2.7	1.5	1.25	1.25	—	1.25	1.25	1.25	1.25	0	0	0	0.2
脚位	15	16	17	18	19	20	21	22	23	24	25	26	27	28
FM 电压	0.84	0	0.34	0	1.6	0	1.25	1.25	1.25	0	2.71	3.0	1.5	0
AM 电压	0	0	0	0	1.6	0	1.49	1.25	1.0	0	2.71	3.0	1.5	0

中频调整：中频调整又称校中周，即调整各中频变压器（中周）的谐振回路，使之谐振在 AM/465kHz、FM/10.7MHz 频率。调中频的方法有多种，通常用高频信号发生器调整中频，这是一种最常用的方法，使用的仪器均为通用仪器，有高频信号发生器、音频毫伏表或示波器、直流稳压电源或电池。甚至可以不要音频毫伏表和示波器，改用万用表测量整机电流和直接听扬声器声音（音量调小些）来判断谐振峰点。

AM 波段调整方法如下。

① 将收音机调台指示调在中波段低端 530～750kHz 无电台处，音量电位器开到最大，如果此时有广播台的干扰，应把频率调偏些，避开干扰。

② 用无感的起子（如象牙、有机玻璃或胶木等非金属材料制成）调整中频变压器 T1 的磁帽，调整磁芯到收音机输出最大的峰点上。

③ 反复调整②步骤，使显示器上出现的中频谐振曲线幅值达到技术规定要求。此时中频调整完毕，在中周上封漆（蜡）进行紧固。

调试时，应遵循调试工艺卡进行。调试工艺卡见表 7-3。

表 7-3　调试工艺卡

<table>
<tr><td colspan="5" rowspan="4">调 试 工 艺 卡</td><td colspan="2">产品名称</td><td colspan="2">产品图号</td></tr>
<tr><td colspan="2">2045 收音机</td><td colspan="2">KD2.XXX.XXX</td></tr>
<tr><td colspan="2">工序名称</td><td colspan="2">工序编号</td></tr>
<tr><td colspan="2">调中频</td><td colspan="2">2</td></tr>
<tr><td>调试项目</td><td colspan="8">中频调整</td></tr>
<tr><td colspan="9">AM 调整：用无感的小旋具调整中频变压器 T1，并反复一二次，使显示器上出现的中频谐振曲线幅值达到规定要求，即已调至最佳位置。此时中频调整完毕，在中周上封漆（蜡）进行紧固
FM 调整：将收音机调谐钮旋到某一台，调整 T2 使 10.7MHz 频标点位于水平基线上，并使“S”曲线上下对称、形状平滑、幅度达到要求值。调试完毕，应在线圈磁芯与屏蔽罩间封漆（蜡）进行紧固</td></tr>
<tr><td>仪器仪表</td><td colspan="5">稳压电源、示波器、高频信号发生器</td><td>工种</td><td colspan="2">调 试</td></tr>
<tr><td>工装工具</td><td colspan="5"></td><td>工时</td><td colspan="2"></td></tr>
<tr><td>更改标记</td><td>数量</td><td>更改单号</td><td>签 名</td><td>日 期</td><td></td><td>签名</td><td>日期</td><td rowspan="2">第 页</td></tr>
<tr><td></td><td></td><td></td><td></td><td></td><td>拟 制</td><td></td><td></td></tr>
<tr><td></td><td></td><td></td><td></td><td></td><td>审 核</td><td></td><td></td><td rowspan="2">共 页</td></tr>
<tr><td></td><td></td><td></td><td></td><td></td><td>批 准</td><td></td><td></td></tr>
</table>

FM 波段调整方法：将收音机调谐钮旋到某一电台，调整 T2 使 10.7MHz 频标点位于水平基线上，并使“S”曲线上下对称、形状平滑、幅度达到要求值。调试完毕，应在线圈磁芯与

屏蔽罩间封漆（蜡）进行紧固。

AM/FM 波段覆盖范围调试：批量生产的收音机，中波段频率范围在 530～1605kHz 的范围内。调试时，首先将调谐电容调至当地最低端电台位置，调整中周 L4，使低端电台出现，且声音最佳；然后将调谐电容调至当地最高电台位置，调节振荡回路微调电容 C7，使最高端电台出现，且声音最佳。

FM 波段频率范围在 87～108MHz 的范围内：调试时，首先将调谐电容调至最低端，调整空芯线圈 L3，使信号输出对准 87MHz，能清晰地接收到本地电台信号；然后将调谐电容调至最高端，调整电容 C6，使信号输出对准 108MHz，能清晰地接收到本地电台信号。由于在进行调幅/调频覆盖范围调试时，低端与高端频率点的调试相互影响，因此该步骤须反复调试，直到调准为止。调试完毕，应对调试的元器件进行点漆（蜡）紧固。

统调：统调又称为灵敏度调整。在中波段频率范围 530～1605kHz 的范围内，800kHz 以下称为低端，1200kHz 以上称为高端，800～1200kHz 的位置称为中间段。未统调过的或调乱了的收音机其频率范围往往不准，有频率范围偏高的（如 800～1900kHz），也有频率范围偏低的（如 400～1500kHz），有的高端频率范围不足（如 520～1500kHz），有的低端频率范围不足（如 600～1620kHz），所以必须进行统调。

AM 波段统调方法及步骤如下：第一，将收音机调台指示调在中波段低端约 600kHz 无电台处，音量电位器开到最大，如果此时有广播台的干扰，应把频率调偏些，避开干扰。第二，调整天线线圈 L1，使收音机输出最大（扬声器声音最大、毫伏表指示值最大或示波器波形幅度最大）。第三，将收音机调台指示调在中波段高端约 1400kHz 无电台处，音量电位器开到最大，如果此时有广播台的干扰，应把频率调偏些，避开干扰。第四，调整 C1 并联微调电容，使收音机输出最大（扬声器声音最大、毫伏表指示值最大或示波器波形幅度最大）。高、低端的统调也有相互影响，因此要反复调试，直到调准为止。调准后，高、低端的信号幅值均应满足工艺指导卡上的要求，然后将高频地蜡封固定在磁棒上线圈的位置。高、低端统调完毕，再检查一下中间统调点（1000kHz）的跟踪即可。

FM 波段统调：首先将调谐电容调至 88MHz，调整空芯线圈 L2 至最佳（信号幅度最大）后，封漆（蜡）紧固。然后将调谐电容调至 107MHz，调整电容 C5，使信号幅度达到最大。调试中如遇到广播台的干扰，应把频率调偏些，避开干扰后再调试。由于调频统调低端与高端频率点的调试相互影响，因此须反复调试，直到输出信号幅度最大为止。

（3）调试结果检测。

对于统调是否准确可用铜铁棒来鉴别。所谓铜铁棒是一端装有铜环作为铜头，另一端装一小段磁棒作为铁头，并用绝缘棒连接，其作用是检验调谐电路是否准确谐振于接收频率。检验时，将收音机调谐于 500kHz 统调测试点，然后先用铜头靠近输入天线线圈，如收音机输出信号增大，表示原来天线线圈的电感量偏大，输入电路的谐振频率偏低，应将天线线圈沿磁棒由中间向两端移动。再用铁头靠近磁性天线，如收音机输出信号增大，表示天线线圈的电感量偏小，输入电路的谐振频率偏高，应将天线线圈向磁棒中心移动，如此反复调整，直到铜铁棒的两头分别靠近输入天线线圈时，收音机输出信号基本保持不变，表明输入电路的谐振频率正好谐振在外来信号频率上，达到了最佳跟踪。

1400kHz 统调点的检验方法与上述基本相同，主要区别是靠调整输入电路的补偿电容来实现跟踪，而不是调整天线线圈。

收音机统调的原则：低端调电感，高端调电容。

3．整机调试

单元部件调试时，往往有一些故障不能完全反映出来。当单元部件组装成整机后，因各单元电路之间电气性能的相互影响，常会使一些技术指标偏离规定值或者出现一些故障。所以单元部件经总装后一定要进行整机调试，确保整机的技术指标完全达到设计要求。

1）整机产品调试的一般工艺流程

整机产品调试是指对已定型投入正规生产的整机产品的调试。这种调试是作为整机产品生产过程的一个工艺过程，是产品生产过程中的若干个工序，应完全按照产品生产流水线的工艺过程进行，在各调试工序过程中检测出的不合格品，交其他工序处理，如故障检修工序或其他装配工序返工等。调试工序只按工艺要求进行产品的测试与调整。

整机调试的工艺流程应根据整机的功能、组成及结构等情况确定，不同的电子产品有不同的工艺流程。整机调试的一般工艺流程如图 7-6 所示。

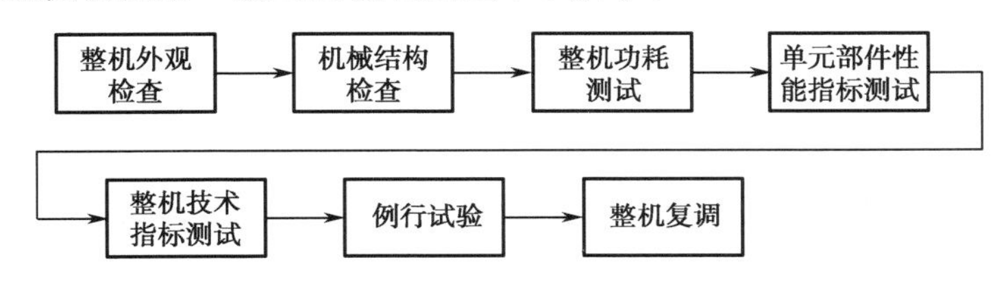

图 7-6 整机调试的一般工艺流程

（1）整机外观检查。检查项目按工艺文件而定，一般因产品的种类、要求不同而不同。例如，电视机一般检查紧固螺钉、电池弹簧、电源开关、旋钮按键、插座、机内有无异物、四周外观等项。检查顺序是先外后内。注意不要有漏检项目。

（2）结构调整。结构调整的主要目的是检查整机装配的牢固可靠性及机械传动部分的调节灵活和到位性。例如，各单元电路板、部件与机座的固定是否牢固可靠，有无松动现象；各单元电路板、部件之间连接线的插头、插座接触是否良好；可调节装置是否灵活到位等。

（3）整机功耗测试。整机功耗指标是电子产品设计的一项重要技术指标。测试时常用调压器对待测整机按额定电源电压供电，测出正常工作时的交流电流，将交流电电流值乘以 220V 便是该整机的功率损耗。如果测试值偏离设计要求，说明机内有短路或其他不正常现象，应关机进行全面检查。

（4）单元部件在整机装配之前虽进行过检查调试，但将各单元部件装配成整机后，还必须分别对各单元部件进行调试。这是因为各单元部件组装成整机之后，其性能参数会受到一些影响，如输入输出阻抗、负载等影响。因此装配后的整机应对其单元部件再进行必要的调试，使各单元部件的功能符合整机要求。

（5）整机技术指标的测试。按照整机技术指标要求及相应的测试方法，对已调整好的整机应进行技术指标测试，以判断它是否达到设计要求的技术水平。必要时应记录测试数据，分析测试结果，写出调试报告。

（6）例行试验是对整机进行可靠性测试，试验内容按整机各自的要求进行。

（7）复调。例行试验完毕，对整机的技术指标进行复调，当达到要求后，便可包装入库。

2）整机调试举例

以大量生产 29in 彩色电视机整机调试为例，说明电子整机的调试过程。由于采用流水作业生产方式，整机调试按工序、工位在流水作业线上完成。

（1）整机调试程序。整机调试程序由整机调试工艺流程规定。29in 彩色电视机整机调试工艺流程如图 7-7 所示。

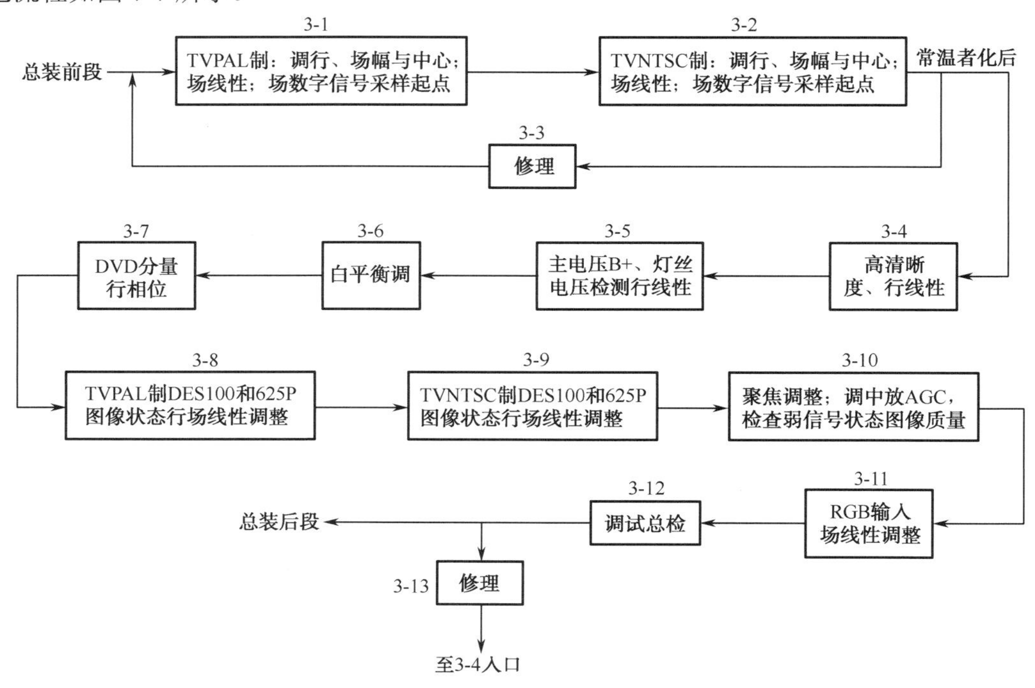

图 7-7　29in 彩色电视机整机调试工艺流程

（2）调试工艺指导卡。调试工艺指导卡是调试人员进行各项工作的依据，规定了对各调试工位在 20s 内应完成的调试内容，采用的操作方法、步骤、仪器仪表、工具量具，以及要求、注意事项等。

3）调试结果检查

整机经调试后，如果规定的参数均已达到技术的要求，则整机的使用功能已经具备，可通过调用相应功能观察工作情况，验证调试结果。

7.2.4　整机调试过程中的故障查找与排除

在电子产品调试过程中，经常会遇到调试失败的情况，甚至可能出现一些致命性故障，例如，通电后，烧断熔丝、冒烟、打火、漏电等。造成电路无法正常工作。故电子线路故障的分析与处理也是电子产品调试工作中经常会遇到的问题。

1．整机调试过程中的故障特点

调试过程中所遇到的故障有其自身的特点：由于故障机是新装配的整机产品、没有使用过、还不成熟等原因，故障以焊接和装配故障为主，一般为机内故障，基本上不会出现机外及使用不当造成的人为故障，更不会有元器件老化故障。对于新产品样机，则可能存在特有的设计缺陷或元器件参数不合理的故障。因此，整机调试过程中出现的故障有一定的规律性，找出故障出现的规律，便能有效、快捷地查找和排除故障。

2．整机调试过程中故障出现的原因

故障的原因主要有以下几种。

（1）焊接故障，如漏焊、虚焊、错焊、桥连等。

（2）装配故障，如机械安装位置不当、错位、卡死等；电气连接线错误、断线、遗漏等；元器件安装错误，如集成块装反、有极性电容、二极管、晶体管的电极装错等。

（3）元器件失效，如集成电路损坏、晶体管击穿或元器件参数达不到设计要求等。

（4）电路设计不当或元器件参数不合理造成的故障，这是样机特有的故障。这类故障查找出原因后，采用临时应急措施，使产品的各项性能指标达到要求，并将结果写成样机调试报告，供设计、生产部门参考。

3．整机调试过程中的故障查找与排除

（1）了解故障现象。部件、整机出现故障后，首先要进行初检，了解故障现象、故障发生的经过，并做好记录。

（2）故障分析。根据产品的工作原理、整机结构及维修经验正确分析故障，查找故障的部位和原因。查找故障一般程序：先外后内，先粗后细，先易后难，先常见现象后罕见现象。在查找过程中尤其要重视供电电路的检查和静态工作点的测试，因为正常的电压是任何电路工作的基础。

（3）处理故障。对于线头脱落、虚焊等简单故障可直接处理。而对有些要拆卸部件才能修复的故障，必须做好处理前的准备工作。例如，做好必要的标记或记录，准备好需要的工具和仪器等，避免拆卸后不能恢复或恢复出错，造成新的故障。在故障处理过程中，对于要更换的元器件，应使用原规格、原型号的元器件或者性能指标优于原损坏的同类型元器件。

（4）部件、整机的复测。修复后的部件、整机应进行重新调试，如修复后影响到前一道工序测试指标，则应将修复件从前道工序起按调试工艺流程重新调试，使其各项技术指标均符合规定要求。

（5）维修资料的整理归档。部件、整机维修结束后，应将故障原因、维修措施等做好台账记录，并对维修的台账资料及时进行整理归档，以不断积累经验，提高业务水平。同时，提出所用元器件的质量分析报告，为装配工艺的改进提供理论依据。

7.2.5　调试的安全措施

调试过程中，要接触到各种电路和仪器仪表设备，特别是各种电源、高压电路、大电容器等。为了保护调试人员的人身安全，防止测量仪器设备和被测电路及产品的损坏，除应严格遵守一般安全操作规程外，还必须注意调试工作中制定的安全措施，其具体表现为供电安全、仪器设备安全和操作安全等。

1．供电安全

大部分电路或产品的调试过程都必须加电，所有调试用的仪器设备也都必须通电。因而抓住了供电安全也就抓住了安全的关键。供电的安全措施主要有以下几种。

（1）调试检测场所应安装漏电保护开关和过载保护装置。测试场地内所有的电源线、插头、插座、熔断器、电源开关等都不允许有裸露的带电导体，所用电器材料的工作电压和电流均不应该超过额定值，必须符合安全用电要求。

（2）调试检测场所的总电源开关应安装在明显且易于操作的位置，并设置有相应的指示灯。

（3）在调试检测场所最好装备隔离变压器，一方面可以保证调试检测人员的人生安全，另一方面还可防止检测仪器设备故障与电网之间的相互影响。

在隔离变压器之后，再接入调压器，则无论怎样接线均可保证安全。

2. 仪器设备安全

（1）所有的测试仪器设备要定期检查，仪器外壳及可触及的部分不应带电。

（2）各种仪器设备必须使用三芯插头，电源线采用双重绝缘的三芯专用线，长度一般不超过 2m。若是金属外壳，必须保证外壳良好接地。

（3）更换仪器设备的熔断丝时，必须完全断开电源线。更换的熔断丝必须与原熔断丝同规格，不得更换大容量熔断丝，更不能直接用导线代替。

（4）带有风扇的仪器设备，如通电后风扇不转或有故障，应停止使用。

（5）电源及信号源等输出信号的仪器，在工作时，其输出端不能短路。输出端所接负载不能长时间过载。发生输出电压明显下跌时，应立即断开负载。对于指示类仪器，如示波器、电压表、频率计等输入信号的仪器，其输入信号的幅度不能超过其量限，否则容易损坏仪器。

（6）功耗较大（>500W）的仪器设备在断电后，不得立即再通电，应冷却一段时间（一般 3～10min）后再开机，否则容易烧断熔断丝或损坏仪器。

3. 操作安全

（1）操作环境要保持整洁，工作台及工作场地应铺绝缘胶垫。调试检测高压电路时，工作人员应做好绝缘安全准备，如穿戴好绝缘工作鞋、绝缘工作手套等。在接线之前，应先切断电源，待连线及其他准备工作完毕后再接通电源进行测试与调整。

（2）高压电路、大型电路或产品通电检测时，必须有 2 人以上才能进行。其他无关人员不得进入工作场所，任何人不得随意拨动总闸、仪器设备的电源开关及各种旋钮，以免造成事故。

（3）几个必须牢记的安全操作观念。

① 断开电源开关不等于断开了电源，只有拔下电源插头才可认为是真正断开了电源。

② 不通电不等于不带电。对大容量高压电容或超高压电容只有进行放电操作后，才可以认为不带电。如显像管的高压嘴，由于管锥体内外臂构成的高压电容的存在，即使断电数十天，其高压嘴上仍然会带有很高的电压。

③电气设备和材料的安全工作寿命是有限的。也就是说，工作寿命终结的产品，其安全性无法保证。原来应绝缘的部位，也可能因材料老化变质而带电或漏电。所以，应按规定的使用年限，及时停用、报废旧仪器设备。

（4）调试工作结束或离开工作场所前，应关掉调试用仪器设备等电器的电源，并拉开总闸。

任务 7.3　手工装调 MF-477 指针式万用表

任务引入

现代电子整机产品的生产，通常在自动化程度很高的流水生产线上完成，但对于个性化少量电子产品，也可由手工装调完成。现给定 MF-477 指针式万用表的套件，要求在规定的时间内，按照整机电子产品装调工艺要求完成装调任务，并达到合格产品的要求。

学习指南

（1）熟悉电子整机产品生产准备、装配、调试的基本原则。
（2）拟订调配工艺程序、调试工艺程序和检测工艺程序。
（3）编写 MF-47 指针式万用表的装调工艺文件。

7.3.1 手工装调 MF-477 指针式万用表工艺流程

手工装调 MF-47 型万用表的安装流程如图 7-8 所示。

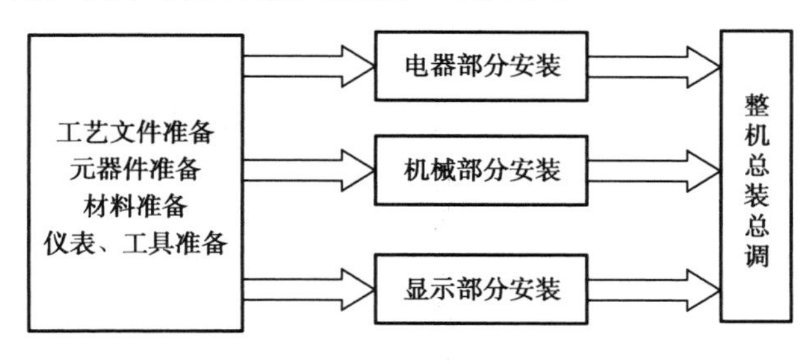

图 7-8 安装流程

7.3.2 手工装调 MF-477 指针式万用表装配过程

1. 电气部分安装

电气部分安装分为以下 4 个步骤。

1）第一步：按照安装工艺文件清点材料

按照安装工艺文件清单明细表对套件进行检查——元器件种类、数量、外观等，清点完后将所有套件放回相应的塑料袋（或特制的盒子）中备用。套件元器件、元器件、材料明细表见表 7-4。

注意：弹簧和钢珠小心不要滚掉。

表 7-4 套件元器件、元器件、材料明细表

序 号	名 称	数 量	符 号	备 注
1	电阻	28 个		
2	分流器	1 个		
3	压敏电阻	1 个		

续表

序　号	名　称	数　量	符　号	备　注
4	电位器	2个	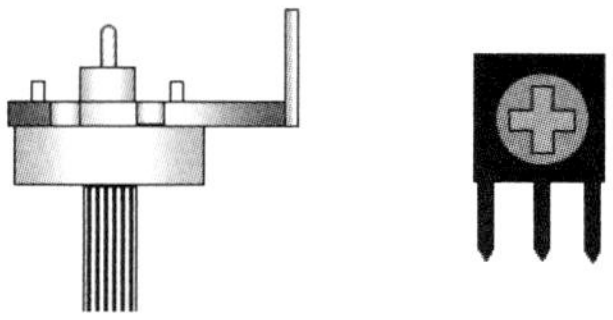	
5	二极管	6个		
6	电解电容	1个		
7	涤纶电容	1个		
8	熔断器夹	1对	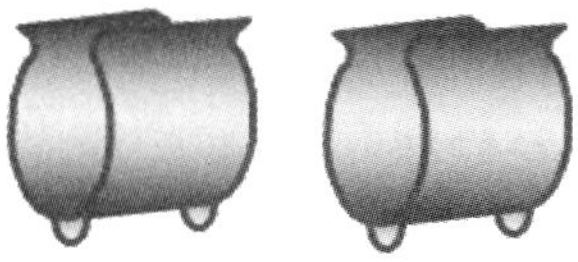	
9	熔断器管	1只	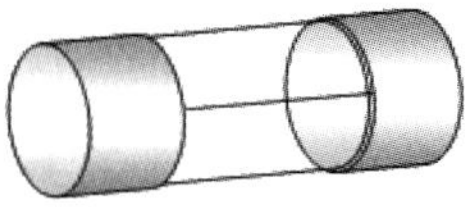	
10	蜂鸣器	1只		
11	螺钉　M3×12	2颗		
12	MF47线路板	1 块	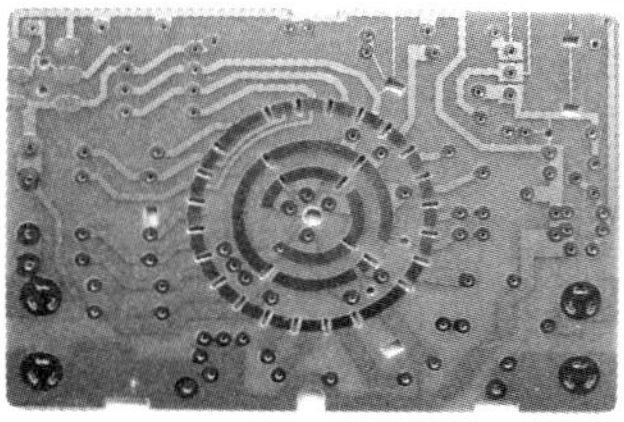	
13	弹簧	1个	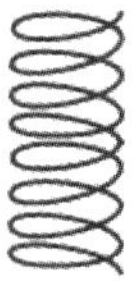	

续表

序　号	名　称	数　量	符　号	备　注
14	V 形电刷	1 个		
15	钢珠	1 个		
16	连接线	5 根		
17	表棒	1 副		
18	挡位板铭牌	1 块		
19	后盖+提把+电池盖板（组合件）	1 个		
20	面板与表头	1 个		
21	挡位开关旋钮	1 个		
22	电刷旋钮 正面（A）与反面	1 对		
23	电位器旋钮	1 个		

续表

序　号	名　称	数　量	符　号	备　注
24	晶体管插座	1个		
25	标志 （请贴好，防止东西掉进表头内部）	1个		
26	电池夹 正负1.5V	1对		
27	9V电池夹	2只		
28	晶体管插片	6片		
29	输入插管	4只		

2）第二步：元器件阻值的确认

按照认识元器件的规则，确认元器件阻值大小与极性关系。

（1）电阻的识别。电阻是电子元器件应用最广泛的一种，在电子设备中约占元器件总数的30%以上，其质量的好坏对电路的性能有极大影响。电阻的主要用途是稳定和调节电路中的电压和电流，其次还可以作为分流器、分压器和消耗电能的负载等。

（2）电容的识别。电容器是最常见的电子元器件之一，通常简称为电容。电容是衡量导体储存电荷能力的物理量，在电路中常用于滤波、耦合、振荡、旁路、隔直、调谐、定时等，其基本特性如下。

① 电容两端的电压不能突变。向电容中存储电荷的过程称为“充电”，而电容中的电荷消失的过程称为“放电”，电容在充电或放电的过程中，其两端的电压不能突变，即有一个时

间的延续过程。

② 通交流，隔直流，通高频，阻低频。

（3）二极管的识别。二极管的规格品种很多，按所用半导体材料的不同，可分为锗二极管、硅二极管、砷化镓二极管；按结构工艺不同，可分为点接触型二极管和面接触型二极管；按用途可分为整流二极管、开关二极管、稳压二极管、检波二极管、发光二极管、钳位二极管等；按频率可分为普通二极管和快恢复二极管等；按引脚结构可分为二引线型、圆柱型（玻封或塑封）和小型塑封型。

3）第三步：焊接前的准备工作

焊接前的准备工作一般包括三大部分：去氧化层（如果元器件引脚被氧化）、元器件引脚成型、元器件安装。

（1）去氧化层。去氧化层一般使用锯条。方法：左手捏住元器件的主体，右手用锯条轻刮元器件脚的表面，左手慢慢地转动，直到表面氧化层全部去除。

（2）元器件引脚成型。元器件引脚成型规则如图 7-9 所示。

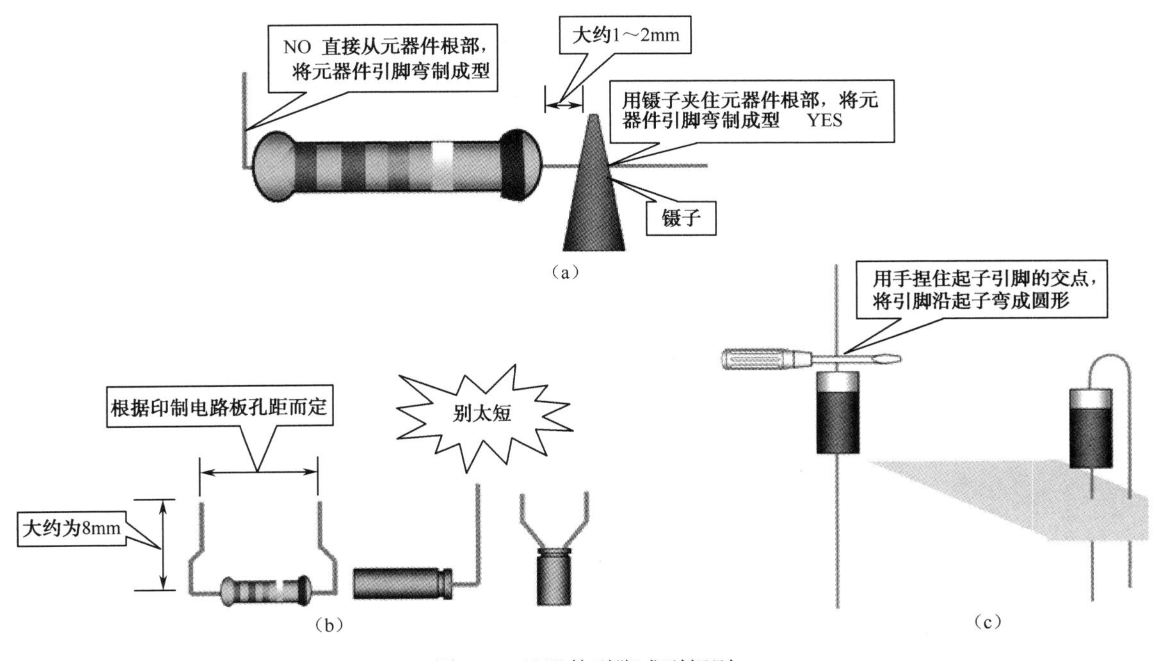

图 7-9 元器件引脚成型规则

4）第四步：元器件安装与焊接

（1）元器件安装。

元器件安装一定要按照元器件安装原则进行，不仅要安装位置正确，还要形状美观、方便读数。

① 电阻（读数方向要一致）、电容与二极管的安装布局如图 7-10 所示。

注意：电解电容与二极管要注意极性。

② 电位器、输入插管、晶体管座焊片安装。

电位器安装在线路板绿面。电位器安装时，应先测量电位器引脚间的阻值，电位器共有 5 个引脚，其中 3 个并排的引脚中，1、3 引脚为固定触点，2 引脚为可动触点，当旋钮转动时，

1、2或2、3引脚间的阻值发生变化。1、3引脚间的阻值应为10kΩ，拧动电位器的黑色小旋钮，测量1与2或者2与3引脚间的阻值应在0～10kΩ变化。如果没有阻值，或者阻值不改变，说明电位器已经损坏。

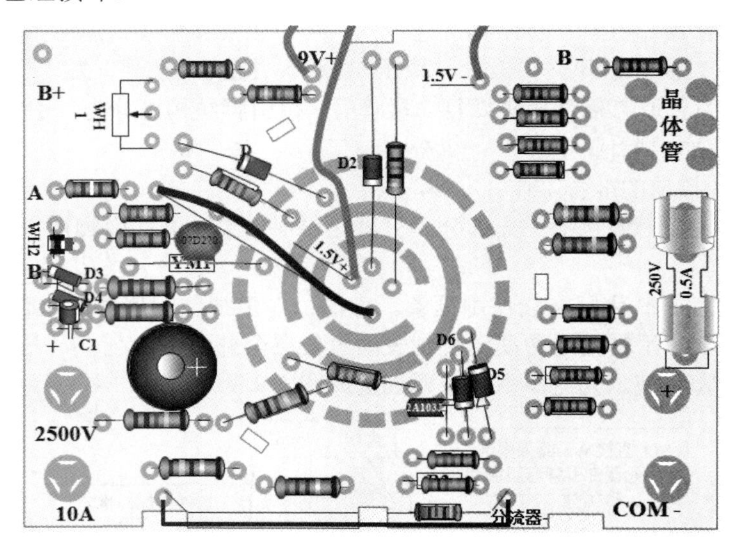

图7-10　元器件的安装布局

输入插管装在线路板绿面，以用来插表棒，因此一定要焊接牢固。输入插管安装时，一定要垂直，然后将两个固定点焊接牢固。

晶体管插座装在线路板绿面，用于判断晶体管的极性。在线路板绿面的左上角有6个椭圆的焊盘，中间有两个小孔，用于晶体管插座的定位，将其放入小孔中检查是否合适，如果小孔直径小于定位突起物，应用锥子稍微将孔扩大，使定位突起物能够插入。

印制电路板反面安装布局如图7-11所示。

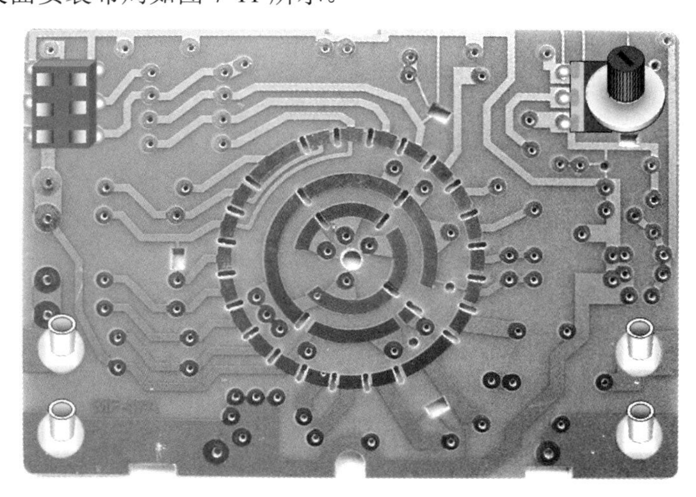

图7-11　印制电路板反面安装布局

③ 电池正负极片的安装。

焊接前先要检查电池极板的松紧，如果太紧应将其调整。调整的方法是用尖嘴钳将电池

极板侧面的突起物稍微夹平，使它能顺利地插入电池极板插座，且不松动。平极板与突极板不能对调，否则电路无法接通。电池正负极片的安装如图 7-12 所示。

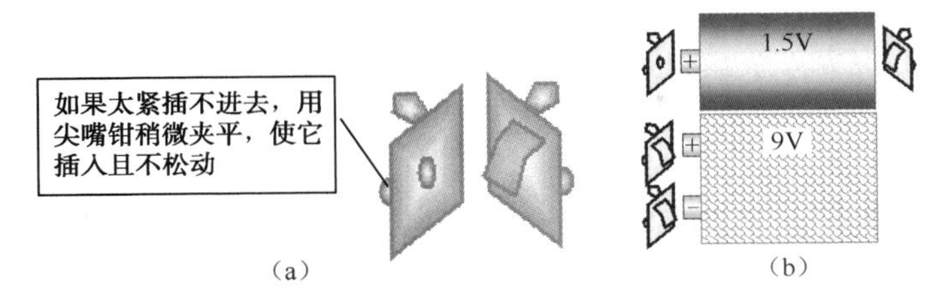

图 7-12　电池正负极片的安装

（2）元器件焊接

元器件焊接注意事项如下。

① 带上手套，防止手汗等污渍腐蚀线路板上的铜箔而导致线路板漏电。

② 电烙铁必须插在烙铁架上，如图 7-13 所示。

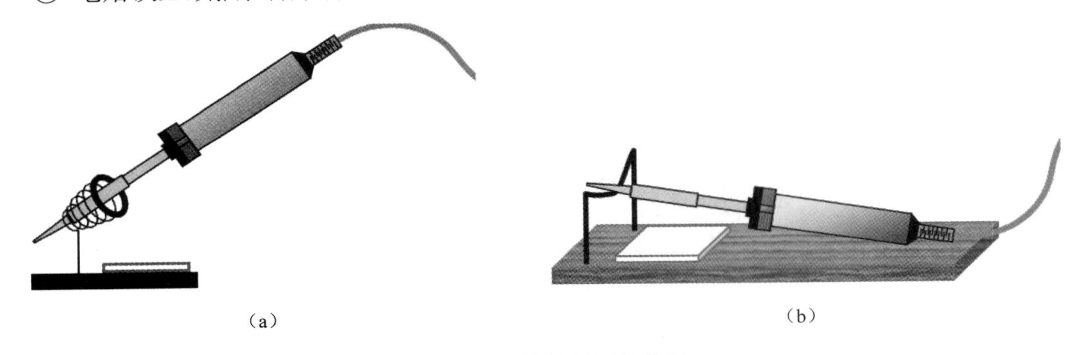

图 7-13　电烙铁放置的位置

③ 电烙铁架上的海绵必须加一定量的水，目的是清洗电烙铁。

④ 电烙铁头被氧化以后，须使用锉刀进行打磨，去除氧化层，同时要及时给裸铜面搪锡否则又会被氧化造成不好焊接。

⑤ 电烙铁头上多余的焊锡，在海绵上擦去并及时搪上少许焊锡。

手工焊接操作的基本步骤如图 7-14 所示。

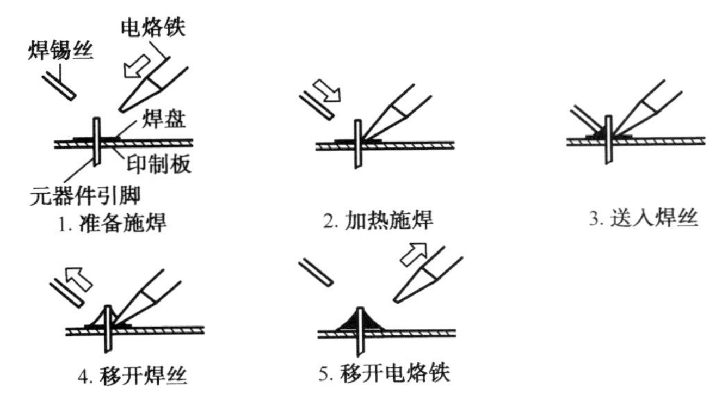

图 7-14　手工焊接操作的基本步骤

电路板元器件的焊接如图 7-15 所示。

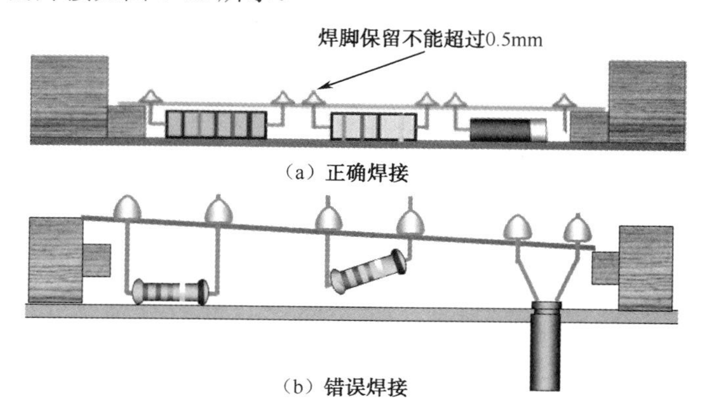

图 7-15 电路板元器件的焊接

（4）错焊元器件的拔出如图 7-16 所示。

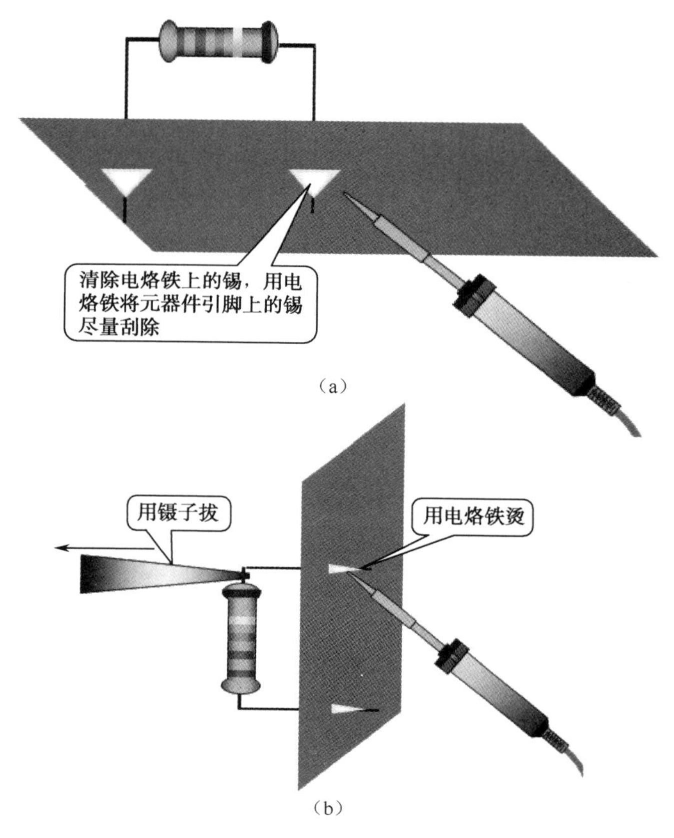

图 7-16 错焊元器件的拔出

2．机械部分安装

1）提把的安装

提把放在后盖上，将提把橡胶垫圈垫在提把与后盖中间，然后从外向里将提把铆钉按其方向卡入，听到“咔嗒”声后说明已经安装到位。然后大拇指放在后盖内部，四指放在后盖外部，用四指包住提把铆钉，大拇指向外轻推，检查铆钉是否已安装牢固。最后将安装好的提把转向朝下，检查其是否能起支撑作用。提把安装如图 7-17 所示。

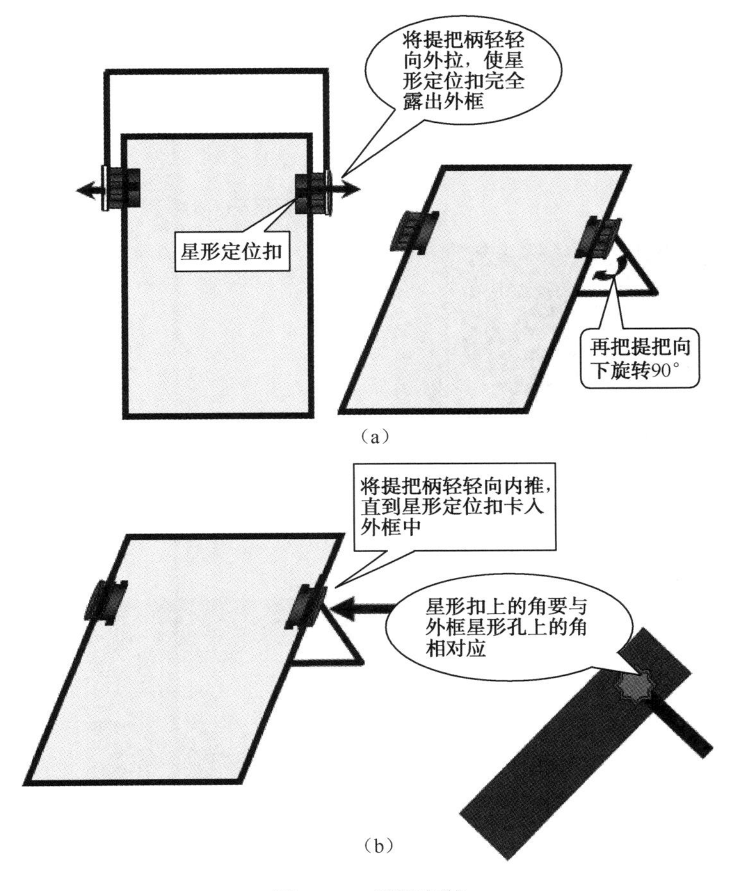

图 7-17　提把安装

2）电刷旋钮的安装

（1）将弹簧和钢珠放入凡士林油中，使其沾满凡士林。目的使电刷旋钮润滑，旋转灵活。

（2）将加上润滑油的弹簧放入电刷旋钮的小孔中，钢珠粘附在弹簧的上方。

（3）观察面板背面的电刷旋钮安装部位，它由 3 个电刷旋钮固定卡、2 个电刷旋钮定位弧、1 个钢珠安装槽和 1 个花瓣形钢珠滚动槽组成。

（4）将电刷旋钮平放在面板上，注意电刷放置的方向。用起子轻轻顶，使钢珠卡入花瓣形钢珠滚动槽内，然后手指均匀用力将电刷旋钮卡入固定卡。

（5）将面板翻到正面，挡位开关旋钮轻轻套在从圆孔中伸出的小手柄上，慢慢转动旋钮，检查电刷旋钮是否安装正确，应能听到“咔嗒”的定位声。

电刷旋钮的安装如图 7-18 所示。

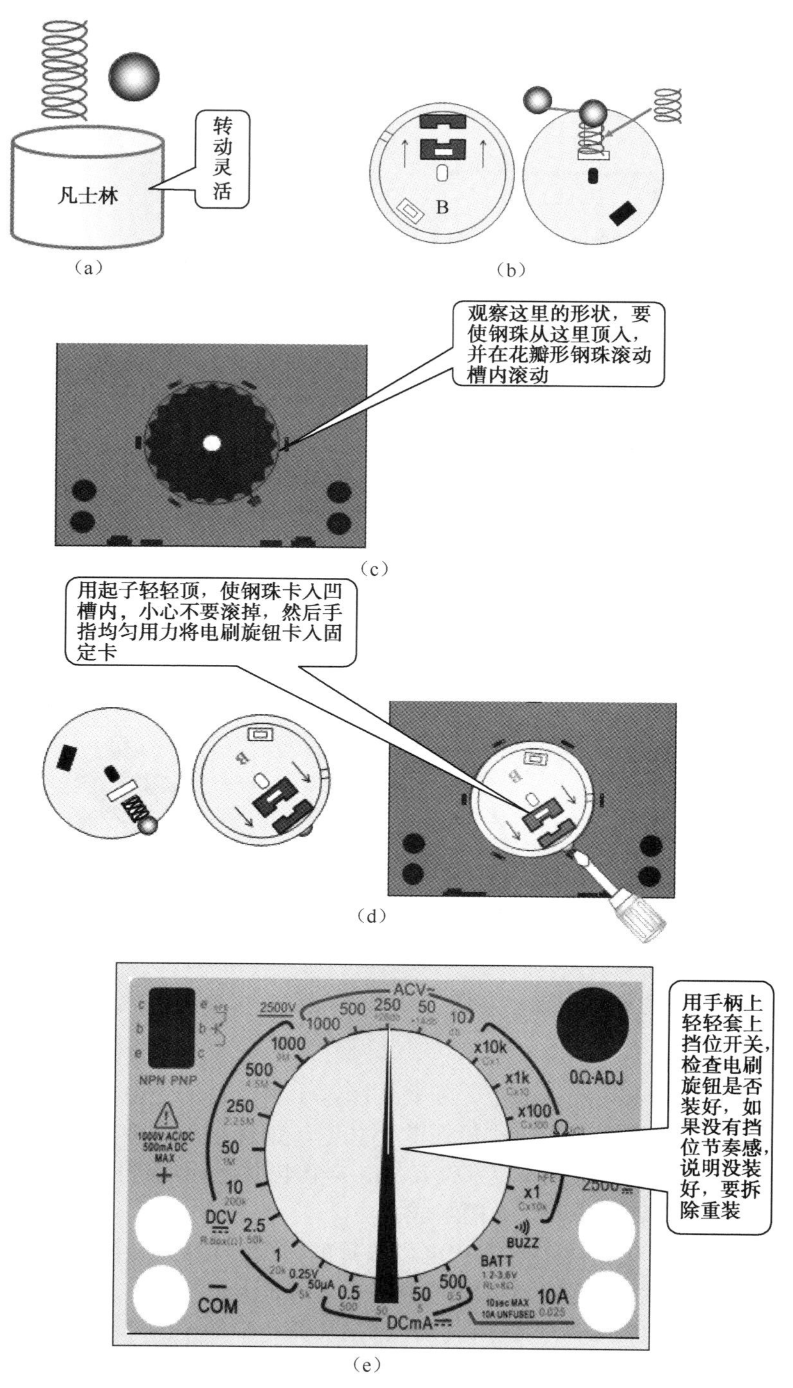

（a）（b）（c）（d）（e）

图 7-18　电刷旋钮的安装

3）电刷的安装

将电刷旋钮的电刷安装卡转向朝上，V 形电刷有一个缺口，应该放在左下角，线路板的 3 条电刷轨道中间两条间隙较小，外侧两条间隙较大，与电刷相对应。当缺口在左下角时，电

刷接触点上面两个相距较远，下面两个相距较近，一定不能放错。电刷四周都要卡入电刷安装槽内，用手轻轻按，看是否有弹性并能自动复位。如果电刷安装的方向不对，将使万用表失效或损坏。电刷的安装如图 7-19 所示。

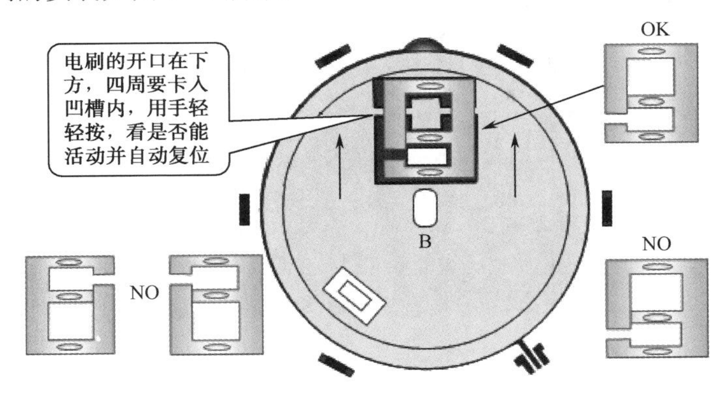

图 7-19　电刷的安装

4）电路板的安装

安装电路板前先应检查电路板焊点的质量及高度（不能超过 2mm）。否则会影响电刷的正常转动甚至刮断电刷。电路板安装如图 7-20 所示。

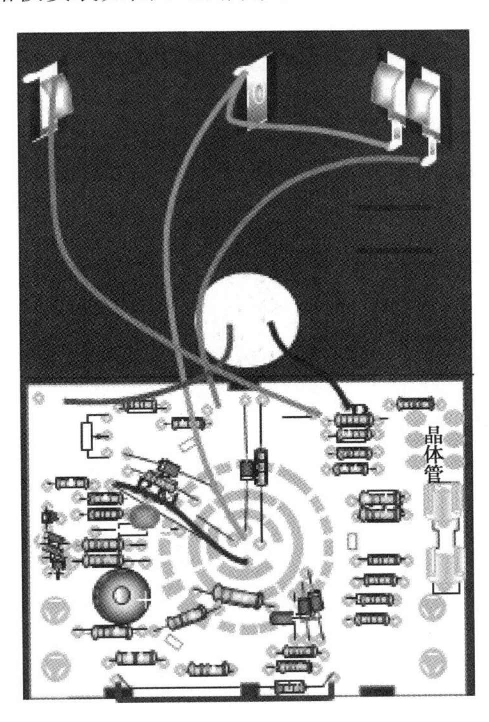

图 7-20　电路板安装

3．显示部分安装

显示部分由表头及刻度盘组成。表头由高灵敏度的磁电式直流微安表组成，表头灵敏度（表头满偏电流）$I_0 \leqslant 50\mu A$，表头内阻不大于 1.8kΩ。表头刻度盘上刻有多种量程的刻度，用以指示被测量的数值。表头的表盘上有对应各种测量所需的多条刻度尺，以便直接读出被测量数据。在表盘上还标有一些数字和符号，它们表明了万用表的性能和指标。

表头安装如图 7-21 所示。

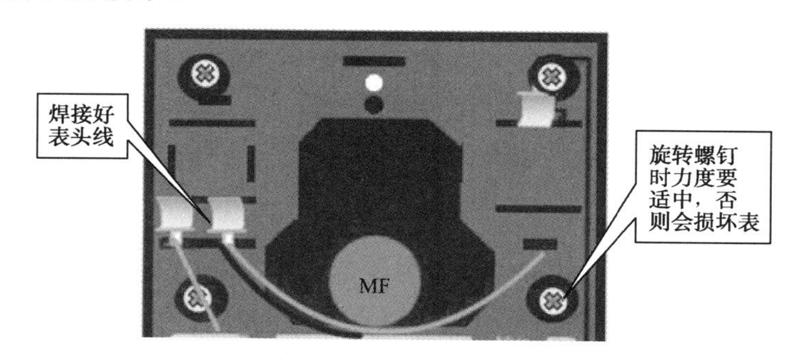

图 7-21　表头安装

4．MF-47 总装

电器部分、机械部分、表头部分三部分确定装配无误后，把 MF-47 后盖用两颗自攻螺钉固定，整个 MF-47 三用表就总装完成。

7.3.3　MF-477 指针式万用表的检测与调试

先用高一级精度的电表测出某个电压、电流、电阻的值，再用装好的 MF-47 指针式万用表逐一测量，观察其测量精度，若存在较大的偏差，要对相应的决定量程或倍率的电阻进行调整或更换，直到满足精度要求为止。

单元小结

（1）总装包括机械和电气两大部分的工作。具体地说，总装的内容包括将各零部件、整件（如各机电元器件、印制电路板、底座、面板及所需装配的元器件），按照设计要求，安装在不同的位置上，组合成一个整体，是把半成品装配成合格产品的过程。总装的一般工艺流程：各印制电路板调试合格→整机总装→整机调试→合拢总装→整机检验→整机包装入库。通过 29in 彩色电视机的总装实例，介绍了手工和流水作业生产过程，对产品的生产过程有比较清楚的认识。

（2）任何电子整机都有不同技术指标要求。在总装结束后，都要安排调试。调试的目的是使电子产品实现预定的功能和达到规定的技术指标的要求，调试是确保电子产品质量的重要工序。调试内容、方法、步骤、仪器仪表、工具量具等要遵照调试工艺指导卡规定。

（3）电子产品调试的内容主要包括：合理使用仪器仪表；单元电路板或整机进行调整和测试；排除调试中出现的故障，做好记录；对调试记录做分析和处理，提出改进措施。

（4）小型电子整机或单元部件调试的一般工艺流程：外观直观检查→静态工作点的测试与调整→波形、点频测试与调整→频率特性的测试与调整→性能指标综合测试。

（5）整机调试的一般工艺流程：整机外观检查→机械结构调整→整机功耗测试→单元部件性能指标测试→整机技术指标的测试→例行试验→整机复调。通过集成电路收音机、29in

彩色电视机的调试实例，介绍了产品调试过程和方法，对调试过程有比较清楚的认识。

（6）调试的安全措施包括：测试环境的安全措施；供电设备的安全措施；测试仪器的安全措施；操作安全措施等。

习　　题

1．填空题

（1）整机装配分为装配准备、________和________3 个阶段。

（2）总装是把________装配成合格产品的过程。

（3）整机的连接方式有两类：一类是________连接，即拆散时操作方便，不易损坏任何零件，如________连接、销钉连接、夹紧连接和卡扣连接等；另一类是________连接，即拆散时会损坏零部件或材料，如__________、铆接连接等。

（4）整机安装的基本原则：________、________、先铆后装、先里后外、________、易碎后装，上道工序不得影响下道工序的安装、下道工序不改变上道工序的装接原则。

（5）电子整机总装时，要认真阅读安装工艺文件和设计文件，严格遵守________。总装完成后的整机应符合图样和工艺文件的要求。

（6）调试工作是按照调试工艺对电子整机进行________和________，使之达到或超过标准化组织所规定的功能、技术指标和质量标准。

（7）各种仪器设备必须使用________芯插头，电源线采用双重绝缘的________芯专用线，长度一般不超过 2m。若是金属外壳，必须保证外壳良好接地。

（8）电气设备和材料的安全工作寿命是________。

（9）调试工作中的安全措施主要有供电安全、________安全和________安全等。

2．判断题

（　　）（1）总装的装配方式一般以整机的结构来划分，有整机装配和组合件装配两种。

（　　）（2）装配过程中不用注意前后工序的衔接，只要本工序操作者感到方便、省力和省时即可。

（　　）（3）未经检验合格的装配件（零部件、整件），可以先安装，已检验合格的装配件必须保持清洁。

（　　）（4）一般调试的程序分为通电前的检查和通电调试两大阶段。

（　　）（5）通电调试一般包括通电观察和静态调试。

（　　）（6）调试检测场所应安装漏电保护开关和过载保护装置。测试场地内所有的电源线、插头、插座、熔断器、电源开关等都不允许有裸露的带电导体。

（　　）（7）调试工作结束或离开工作场所前，应关掉调试用仪器设备等电器的电源，不用拉开总闸。

（　　）（8）流水作业生产线上每个操作者必须按照装配工艺卡上规定的内容、方法、操作次序和注意事项等进行作业。

（　　）（9）静态工作点的调试就是调整各级电路有输入信号时的工作状态，测量其直流工作电压和电流是否符合设计要求。

（　　）（10）频率特性的测量方法一般有点频法和扫频法两种，在单元电路板的调试中一般采用扫频法，调试中应严格按工艺指导卡的要求进行频率特性的测试与调整。

3．选择题

（1）整机总装工艺过程中的先后程序有时可根据物流的经济性等做适当变动，但必须符合两条：一是（　　）；二是使总装过程中的元器件磨损应最小。

A．上下道工序装配顺序由管理者自行任意制定

B．上下道工序装配顺序可以任意互换

C．上下道工序装配顺序合理或更加方便

（2）为了使整个调试过程按照规定的调试流程有条不紊地进行，应避免重复或调乱可调元器件现象，要求调试人员在自己调试工序岗位上，除了完成本工序调试任务外，（　　）与本工序无关的部分或元器件。

A．不得调整　　B．可以调整　　C．任意

（3）在印制电路板等部件或整机安装完毕进行调试前，必须在（　　）情况下，进行认真细致的检查，以便发现和纠正安装错误，避免盲目通电可能造成的电路损坏。

A．通电　　B．不通电　　C．任意

（4）部件经总装后（　　）进行整机调试，确保整机的技术指标完全达到设计要求。

A．可以不　　B．一定要　　C．任意

（5）所有的测试仪器设备要定期检查，仪器外壳及可触及的部分（　　）带电。

A．可以　　B．任意　　C．不应

（6）更换仪器设备的熔断丝时，必须完全断开电源线。更换的熔断丝（　　）。

A．与原熔断丝同规格　　B．比原熔断丝容量大　　C．用导线代替

（7）小型电子整机或单元电路板通电调试之前，应先进行外观直观检查，检查无误后，方可通电。电路通电后，首先应测试（　　）。

A．动态工作点　　B．静态工作点　　C．电子元器件的性能

（8）频率特性指当（　　）电压幅度恒定时，电路的输出电压随输入信号频率而变化的特性。它是发射机、接收机等电子产品的主要性能指标。

A．输出信号　　B．电路中任意信号　　C．输入信号

（9）单元部件在整机装配之前进行过检查调试，将各单元部件装配成整机后，（　　）分别再对各单元部件进行调试。

A．若有时间可以　　B．不必　　C．必须

4．问答题

（1）整机装配工艺过程是什么？

（2）什么叫总装？总装的一般要求和基本原则各是什么？

（3）总装的一般工艺流程是什么？

（4）电子产品为什么要进行调试？调试工作的主要内容是什么？

（5）调试方案的基本原则是什么？

（6）整机调试的工艺程序是什么？

（7）写出小型电子整机或单元电路板调试工艺流程图。

（8）电子产品调试中，一般采用哪些安全措施？

单元八

电子产品整机检验与包装工艺

质量是企业的生命，产品质量是通过贯彻、执行标准并在生产过程中严格检验把关来保证的。

案例分析

在我们的日常生活中，到处充满着电子产品，如电视机、手机、电冰箱、电饭煲等。这些产品在生产单位完成调试以后，要按照产品设计技术规范和工艺要求进行检验，检验合格以后进行出厂包装，进入库房或出厂。因此，必须懂得电子产品检验标准与检验方法，了解包装种类，掌握包装原则、工艺与要求。

任务 8.1　电子产品的检验

任务引入

随着电子工业迅速发展，使得电子产品更新换代的速度加快、竞争也越来越激烈。在这场竞争中，只有不断使用新技术、新工艺，推出新产品并保证其品质优良、可靠性高，才能使产品具有竞争力，企业才具有生命力。产品质量的优劣可以决定一个企业的前途与命运，为提高产品的市场竞争力，向用户提供满意的产品及服务，世界各国都在积极贯彻相关的质量标准与体系。

想一想

我们生活中每一件电子产品质量好坏，都会直接影响每一个人甚至全家人的心情，为什么？

学习指南

（1）熟悉电子产品检验的基本知识及电子产品检验项目、内容和方法。
（2）掌握电子产品 ISO9000 族标准及其 4 个核心标准、IPC 标准等。
（3）掌握产品生产检验、整机检验、外观检验、电气性能检验方法与步骤。
（4）能够根据所学系列质量标准与质量检验规范正确实施质量检验工作。
（5）注重培养质量意识，充分发挥主观能动性。
（6）注重培养质量与效益意识和职业道德素养。

8.1.1 电子产品的质量标准及 ISO9000 标准系列

1．电子产品质量标准

电子产品质量标准最终要通过产品质量来体现。电子产品质量主要包括功能、可靠性和有效度三方面。

（1）功能。电子产品的功能是指产品的技术指标，它包括性能指标、操作功能、结构功能、外观性能、经济特性等内容。

① 性能指标：指电子产品实际能够完成的物理性能或化学性能，以及相应的电气参数。

② 操作功能：指产品在操作时方便程度和使用安全程度。

③ 结构功能：指产品整体结构的轻巧性，维修、互换的方便性。

④ 外观性能：指整机的外观造型、色泽及外包装等。

⑤ 经济特性：指产品的工作效率、制作成本、使用费用、原料消耗等特性。

（2）可靠性。电子产品的可靠性是对电子系统、整机和元器件长期可靠、有效工作能力的综合评价，是与时间有关的技术指标。可靠性包含固有可靠性、使用可靠性和环境适应性等基本内容。

① 固有可靠性：指由产品设计方案、选用材料、元器件、产品制作工艺过程所决定的可靠性因素，固有可靠性在产品使用之前就已确定了。

② 使用可靠性：是指使用、操作、保养、维护等因素对其寿命的影响。使用可靠性会因使用时间的增加而逐渐下降。

③ 环境适应性：是指产品对各种温度、湿度、酸碱度、振动、灰尘等环境因素的适应能力。电子产品的使用环境对产品的可靠性有一定的影响。

（3）有效度。表示电子产品实际工作时间与产品使用寿命（工作和不工作的时间之和）的比值，反映了电子产品有效的工作效率。

2．ISO9000 族标准

ISO9000 族标准的产生是现代化大生产、科学技术和国际贸易发展的必然产物。在国际贸易市场中，生产企业（供方）要创立信誉，提供顾客满意的产品，以夺取市场份额。顾客（需方）要选择可信赖的供方，以获得所期望的满意产品。这样供需双方就要统一质量认证依据和评价规范，促使 ISO9000 族标准的制定。国际标准化组织（ISO）自 1987 年 3 月发布 ISO9000～ISO9004 质量管理和质量保证标准系列，至今已修订了两次。第一次修订（即 1994 版）为有限修改，保留 1987 版标准基本结构，只对标准内容做技术性局部修改。第二次修订（即 2000 版）为战略性换版，在充分总结了前两版本的长处和不足之处的基础上，对标准结构、技术内容两方面做了“彻底性”的修改。于是在 2000 年 12 月 15 日 ISO 正式发布了 2000 版 ISO9000 族标准。

随着我国市场经济迅速发展，国际间贸易迅速增加，我国经济已全面置身于国际市场大环境中，同国际接轨已成为发展经济的重要内容。为此，国家技术监督局在实施（1987 版）GB/T 19000 质量管理和质量保障标准系列的基础上，于 2000 年 12 月 28 日发布文件，决定等同采用 2000 版 ISO9000 族标准，颁布了 GB/T 19000—2000 族标准，并从 2001 年 6 月 1 日起实施。GB/T 19000 族标准适用于所有产品类别、不同规模和各种类型的组织。大力推行 GB/T 19000—2000 族标准，积极开展认证工作，对促进我国企业加速同国际市场接轨的步伐，提高

企业质量管理水平，增强产品在国际市场上的竞争能力，都具有十分重大的意义。

1）2000 版 GB/T 19000—2000 族标准的组成

GB/T19000—2000 族标准由以下四项标准组成。

（1）GB/T 19000—2000《质量管理体系——基本原则和术语》。

（2）GB/T 19001—2000《质量管理体系——要求》。

（3）GB/T 19004—2000《质量管理体系——业绩改进指南》。

（4）GB/T 19011—2000《质量和环境审核指南》。

2000 版 GB/T 19000 族标准引入了质量管理的八项原则，突出了以顾客为关注焦点的思想，强化了最高管理者的作用，明确了持续改进是提高质量管理体系有效的重要手段，对文件的要求更加灵活，采用“过程方法”结构，加强了 GB/T 19001 和 GB/T 19004 的协调一致，从而使 GB/T 19000 族标准具有广泛的通用性。

GB/T 19000—2000 族标准与 ISO9000：2000 族标准的具体对应关系如下。

GB/T 19000—2000 对应 ISO9000：2000。

GB/T 19001—2000 对应 ISO9001：2000。

GB/T 19004—2000 对应 ISO9004：2000。

GB/T 19011—2000 对应 ISO19011：2000。

2）实施 GB/T 19000—2000 族标准的意义

（1）提高质量管理水平。GB/T 19000—2000 族标准，吸收和采纳了世界经济发达国家质量管理和质量保证的实践经验，是在全国范围内实施质量管理和质量保证的科学标准。企业通过实施 GB/T 19000—2000 族标准，建立健全质量体系，对提高企业的质量管理水平有着积极的推动作用。

（2）国际经济贸易发展的需要。一个企业经济活动包括产品进入国际市场或与国外企业合作。怎样证明企业的产品具有质量信誉，既能满足顾客要求，又能证明企业的质量管理水平，以及满足国际互认的国际标准规范的要求。通过国际标准的贯彻实施并获得体系认证，使得企业走向了国际市场并增加了竞争能力。

（3）提高产品的竞争能力。企业的技术能力和企业的管理水平决定了该企业产品质量的提高。倘若企业的产品和质量体系通过了国际上公认机构的认证，则可以在其产品上粘贴国际认证标志，在广告中宣传本企业的管理水平和技术水平。所以，产品的认证标志和质量体系的注册证书将成为企业最有说服力的形象广告，经过认证的产品必然成为消费者争先选购的对象。通过认证的企业名称将出现在认证机构的有关资料中，必将使企业的国际知名度大大提高，使国外购货机构对被认证企业的技术、质量和管理能力产生信任，对产品予以优先选购。有些国家还对经过权威机构认证的产品给予免检、减免税率等优厚待遇，因而大大提高了产品在国际市场上的竞争能力。

（4）使用户的合法权益得到保护。用户的合法权益、社会与国家的安全等同企业的技术水平和管理能力息息相关。即使产品按照企业的技术规范进行生产，但当企业技术规范本身不完善或生产企业的质量体系不健全时，产品还是无法达到规定的或潜在的需要，发生质量事故的可能性会很大。因此，贯彻 GB/T 19000—2000 族标准，企业建立相应的质量体系，稳定地生产满足需要的产品，无疑是对用户利益的一种切实保护。

3. IPC 标准

当前电子制造业服务已进入一个新的发展阶段，成为全球一体化的产业。面对世界市场的大公司，企业要有全球性的标准，使它们能在世界的任何地方都能设计和制造出相同质量的产品。同时，产品设计、制造的标准化、国际化也是各企业增强市场竞争力的有力武器。在电子行业大量外资企业进入国内、电子制造业技术普遍提升的背景下，采用国际通行的行业标准，主动与国际接轨是必然选择。IPC 正是与 IEC、ISO、IEEE、JEDC 一样，是全球电子制造业最有影响力的组织之一。IPC 制定了数以千计的标准和规范，IPC-A-600《印制电路板的验收条件》、IPC-A-610《电子组件的可接受条件》及 IPC-J-STD-001《电子/电气组装的焊接要求》三个标准在行业里得到了最广泛的应用。其中，IPC—A-610 有几个版本，电子制造企业界时下使用最广泛的工艺标准最新的版本为 IPC-A-610C，即《Acceptable of Electronic Assemblies》（译为《电子组件的可接受条件》）作为生产现场电子组装件外观质量的目视检验规范。该版本有 600 多幅有关可接受性工艺标准的彩色说明图片，这些准确、清晰的图片严格地说明了现代电子组装技术的相关工艺条件，内容包括了电子组件 ESD（Electro Static Discharge，静电放电）防护的操作、机械装配、元器件安装方向、焊接、标记、层压板、分离导线装连、表面安装等 10 个部分。

在 IPC-A-610C 文件中，将电子产品分成一级、二级、三级，级别越高，质检条件越严格。这三个级别的产品分别如下。

一级产品称为通用类电子产品，包括消费类电子产品、某些计算机及其外围设备、以使用功能为主要用途的产品。

二级产品称为专用服务类电子产品，包括通信设备、复杂的工商业设备和高性能、长寿命测量仪器等。在通常使用环境下，这类产品不应该发生故障。

三级产品称为高性能电子产品，包括能持续运行的高可靠、长寿命军用和民用设备。这类产品在使用过程中绝对不允许发生中断故障，同时在恶劣的环境下，也要确保设备可靠的启动和运行，如医疗救生设备和所有的军事装备系统。

针对各级产品，IPC-A-610C 规定了“目标条件”、“可接收条件”、“制程警示条件”和“缺陷条件”等验收条件。这些验收条件是企业产品检验的依据，也是员工生产现场的工作标准。

熟悉电子制造业的工艺标准，清楚“什么是好的”，“什么是可接受的”，“什么是必须避免的”。因为在企业，许多工作不是靠人的手工完成的，而是靠机器完成的，但机器是靠人调整的，产品的质量是靠人控制的，只有熟悉工艺标准的人才能正确地调整设备的工艺参数。因此在广泛采用生产自动化技术的今天，熟悉标准比会做更显得重要。而这种工艺标准必须具备权威、能被国内外企业普遍认可的特点，IPC-A-610C 是首选。

综上所述，为了保证产品质量，在产品设计、生产中，至始至终都应贯彻执行 ISO9000 族质量标准和 IPC 标准，提高产品质量，增强企业的市场竞争力。

8.1.2 电子产品检验方式

检验是指对实体的一个或多个特性进行测量、检查、试验或度量等，并将结果与国标、部标、企业标准或双方制定的技术协议等公认的质量标准进行比较，以确定每项特性的合格情况，并判定产品合格与否所进行的活动。检验是依据产品的质量标准，利用相应的技术手段，对该产品进行全面的检查和试验。在生产过程中通过检验，一是可以防止产生和及时发现不合格品，二是保证检验通过的产品符合质量标准的要求。在市场竞争日益激烈的今天，产品质量是企业的灵魂和生命。检验是把好质量关的一把尺子，因此，检验是一项十分重要

的工作，它贯穿于产品生产的全过程。

1. 检验的基本知识

（1）电子产品检验项目。产品从设计、研制、制造到销售过程中都应确保质量，而检验是确保产品质量的重要手段。常见电子产品的检验项目：外观检验；电气性能检验；安全性能检验；电磁兼容性试验（干扰特性试验）；例行试验；主观评价试验。

（2）检验的工作内容。

① 熟悉和掌握标准。采用 IEC 标准（国际电工委员会制定）、ISO9000 质量认证标准和国家标准等。

② 测定。采用测试、试验、化验、分析和感官等多种方法实现产品的测定。

③ 比较。将测定结果与质量标准进行对照，明确结果与标准的一致程度。

④ 判断。根据比较的结果，判断产品达到质量要求者为合格，反之为不合格。

⑤ 处理。对被判为不合格的产品，视其性质、状态和严重程度，区分为返修品、次品或废品等。

⑥ 记录。记录测定的结果，填写相应的质量文件，以反馈质量信息、评价产品、推动质量改进。

（3）检验方法。产品的检验方法有多种，确定产品的检验方法应根据产品的特点、要求及生产阶段等情况来决定，既要保证产品质量，又要经济合理。常用的两种检验方法是全数检验和抽样检验两种。

① 全数检验。全数检验是对产品进行百分之百的检验。全数检验后的产品可靠性很高，但要消耗大量的人力物力，造成生产成本的增加。因此，一般只对可靠性要求特别高的产品（如军工、航天产品等）、试制品及在生产条件、生产工艺改变后生产的部分产品进行全数检验。

② 抽样检验。在电子产品的批量生产过程中，不可能也没有必要对生产出的零部件、半成品、成品都采用全数检验方法。而一般采用从待检产品中抽取若干件样品进行检验，来推断总体质量的一种检验方式，即抽样检验（简称抽检）。抽样检验是目前生产中广泛应用的一种检验方法。

抽样检验应在产品设计成熟、定型、工艺规范、设备稳定、工装可靠的前提下进行。抽取样品的数量应根据 GB 2828—1987 抽样标准和待检产品的基数来确定。样品抽取时，不应从连续生产的产品中抽取，而应从该批产品中随机（任意）抽取。抽检的结果要做好记录，对抽检产品的故障，应对照有关故障判断标准进行故障判断。与全数检验不同，实施抽样检验时，一旦一批产品判为不合格，成批产品要退还生产者，或要求生产者逐个挑选，这时，生产者不是对个别不合格品负责，而是对成批的产品负责。从而加强生产者的质量责任感，促进生产者力求不断地提高质量水平。因此，对提高产品质量来说，抽检是一种积极的检验方式。

2. 产品生产检验

在电子整机产品的生产过程中，由于各种因素造成的质量波动是客观存在而又无法消除的，为了保证电子产品的质量，检验工作应贯穿于整个生产过程中，只有通过检验才能及时发现问题。检验的对象可以是元器件或零部件、原材料、半成品、单件产品或成批产品等。

（1）元器件、零部件、外协件及材料入库前的检验。入库前的检验是保证产品质量可靠性的重要前提。产品生产所需的原材料、元器件、外协件等，在包装、存放、运输过程中可能会出现变质和损坏，或者有的材料本身就是不合格品。因此，这些物品在入库前应按产品技术条件、技术协议进行外观检验或有关性能指标的测试，检验合格后方可入库。对判为不合格的物品则不能使用，并进行严格隔离，以免混料。有些元器件在装接前还要进行老化筛选，如晶体管、集成电路、部分阻容元器件等，老化筛选应在进厂检验合格的元器件中进行。老化筛选内容一般包括温度老化实验、功率老化实验、气候老化实验及一些特殊实验。入库前的检验一般采用抽检的检验方式。

（2）生产过程中的逐级检验。检验合格的原材料、元器件、外协件在部件装配过程中，可能因操作人员的技能水平、质量意识及装配工艺、设备、工装等因素，使组装后的部件不完全符合质量要求。因此对生产过程中的各道工序都应进行检验，并采用三检制，即操作人员自检、生产班组互检和专职人员检验相结合的方式。

（3）自检。就是操作人员根据本工序工艺指导卡要求，对自己所装的元器件、零部件的装接质量进行检查，对不合格的部件应及时调整并更换，避免流入下道工序。

（4）互检。就是下道工序对上道工序的检验，操作人员在进行本工序操作前，应检查前道工序的装调质量是否符合要求，对有质量问题的部件应及时反馈给前道工序，决不在不合格部件上进行本工序的操作。

（5）专职检验。一般为部件装配完成的后道工序。检验时应根据检验标准，对部件生产过程中各装调工序的质量进行综合检查。检验标准一般以文字、图样形式表达，对一些不方便使用文字、图样表达的缺陷，应使用实物建立标准样品作为检验依据。

生产过程中的检验一般采用全检的检验方式。

3．整机检验

整机检验是针对整机产品进行的一种检验工作，检查产品经过总装、总调之后是否达到预定功能要求和技术指标的过程。整机检验一般入库采取全检，出库多采取抽检的方式。

整机检验主要包括直观检验、功能检验和主要性能指标测试等内容。

（1）直观检验。直观检验的项目：整机产品板面、机壳表面的涂敷层及装饰件、标志、铭牌等是否整洁、齐全，有无损伤；产品的各种连接装置是否完好；各金属件有无锈斑；结构件有无变形、断裂；表面丝印、字迹是否完整清晰；量程是否符合要求；转动机构是否灵活、控制开关是否到位等。

（2）功能检验。功能检验就是对产品设计所要求的各项功能进行检查。不同的产品有不同的检验内容和要求。例如，对电视机应检查节目选择、图像质量、亮度、颜色、伴音等功能。

（3）主要性能指标的测试。测试产品的性能指标是整机检验的主要内容之一。通过使用规定精度的仪器、设备检验查看产品的技术指标，判断是否达到了国家或行业的标准。现行国家标准规定了各种电子产品的基本参数及测量方法，检验中一般只对其主要性能指标进行测试。

4．例行试验

例行试验是让整机在模拟的极限条件（如高温、低温、湿热等环境或在振动、冲击、跌落等情况）下工作或储存一定时间后，看其技术指标的合格情况，也就是考验产品在恶劣的条件下工作的可靠性。

例行试验属产品质量检验的范畴，是生产单位按惯例必须进行的试验，包括环境试验和寿命试验。例行试验采用抽样检验的方式，在检验合格的整机中随机抽取，以如实反映产品质量，达到例行试验的目的。

5．环境试验

电子整机一般要进行环境试验，以判断产品的可靠性。

环境试验是评价、分析环境对产品性能影响的试验，它通常是在模拟产品可能遇到的各种自然条件下进行的。环境试验是一种检验产品适应环境能力的方法，其内容包括如下。

1）机械试验

不同的电子产品，在运输和使用过程中都会不同程度地受到振动、冲击、离心加速度，以及碰撞、摇摆、静力负荷、爆炸等机械力的作用，这种机械力可能使电子产品内部元器件的电气参数发生变化甚至损坏。机械试验的项目主要如下。

（1）振动试验。振动试验用来检查产品经受振动的稳定性。方法是将样品固定在振动台上，经过模拟固定频率 50Hz、变频（5～2000Hz）等各种振动环境进行试验，以检查产品在规定的振动频率范围内有无共振点和在一定加速度下能否正常工作，有无机械损伤、元器件脱落、紧固件松动等现象。振动试验台如图 8-1 所示。

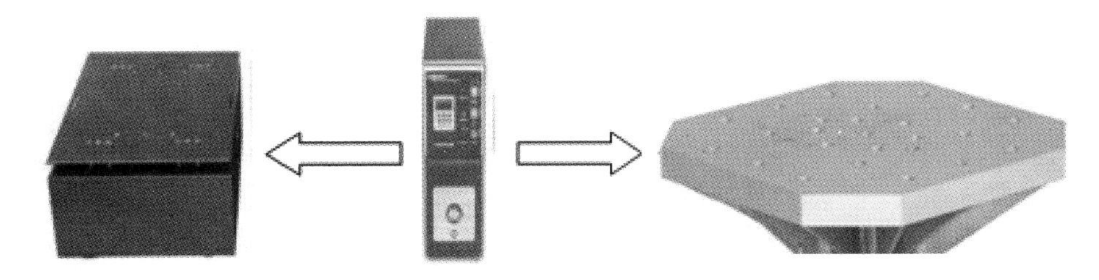

图 8-1 振动试验台

（2）冲击试验。冲击试验用来检查产品经受非重复性机械冲击的适应性。方法是将样品固定在试验台上，用一定的重力加速度和频率，分别在产品的不同方向冲击若干次。冲击试验后，检查其主要技术指标是否仍符合要求，有无机械损伤。冲击试验机如图 8-2 所示。

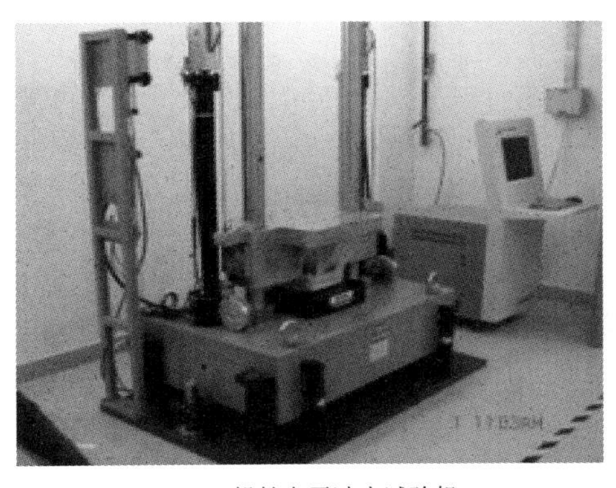

（a）船舶电子冲击试验机

（b）冲击试验机

图 8-2 冲击试验机

（3）离心加速度试验。离心加速度试验主要用来检查产品结构的完整性和可靠性。离心加速度是运载工具加速或变更方向时产生的。离心力的方向与有触点的元器件（如继电器、开关等）的触点脱开方向一致。当离心力大于触点的接触压力时，会造成元器件断路，导致产品失效。离心加速度试验机如图 8-3 所示。

2）气候试验

气候试验是用来检查产品在设计、工艺、结构上所采取的防止或减弱恶劣气候条件对原材料、元器件和整机参数影响的措施。气候试验可以找出产品存在的问题及原因，以便采取防护措施，达到提高电子产品可靠性和对恶劣环境适应目的。气候试验的项目主要如下。

（a）转架式离心加速度过载模拟装置

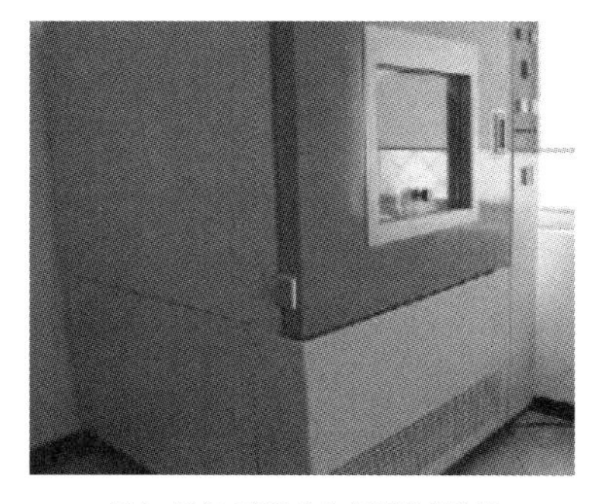

（b）低气压离心加速度试验机

图 8-3　离心加速度试验机

（1）高温试验：用以检查高温环境对产品的影响，确定产品在高温条件下工作和存储的适应性。试验在高温箱（室）中进行，箱（室）内空气中的水蒸气不应超过 20g/m^3（相当于35℃时相对湿度 50%）。高温试验有两种：一种是高温性能试验，即整机在某一固定温度下，通电工作一定时间后是否能正常工作；另一种高温试验是产品在高温储存情况下进行的试验，即整机在某一高温中放置若干小时，并在室温下恢复一定时间后，检查产品主要指标是否仍符合要求，有无机械损伤、塑料件变形等现象。高温试验箱如图 8-4 所示。

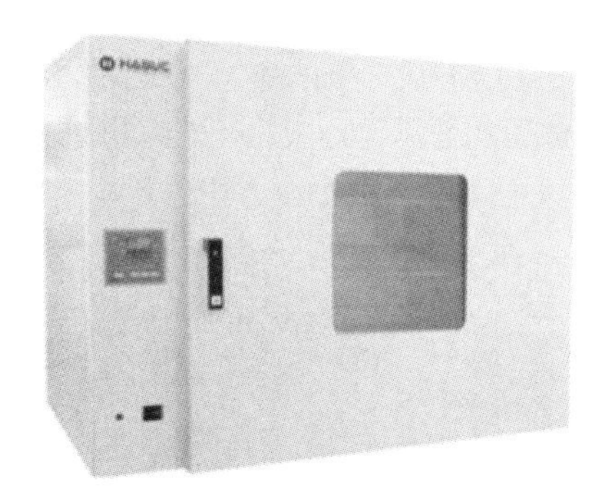

（a）30m^3 高温试验箱

（b）600° 高温试验箱

图 8-4　高温试验箱

（2）低温试验：用以检查低温环境对产品的影响，确定产品在低温条件下工作和储存的适应性。低温试验一般在低温试验箱中进行。低温试验分为两种：一种是低温通电试验，即将产品置于低温试验箱中通电，并在一定温度下工作若干小时，然后测量产品的工作特性，检查产品能否正常工作；另一种低温存储试验，即将产品在不通电的情况下，置入某一固定温度的低温试验箱中，若干小时后取出，并在室温下恢复一段时间后通电，检查其主要测试指标是否仍符合要求，要无机械损伤、金属锈饰和漆层剥落等现象。图 8-5 为低温试验箱。

（3）温度循环试验：用以检查产品在较短时间内，抵御温度剧烈变化的承受能力及是否因热胀冷缩引起材料开裂、接插件接触不良、产品参数恶化等失效现象。温度循环试验通常在高、低温试验箱中反复进行。高、低温交替存放时间及转换时间的长短和循环次数，应按产品《试验大纲》要求确定。图 8-6 为温度循环试验箱。

（4）潮湿试验：用以检查湿热对电子产品的影响，确定产品在湿热条件下工作和储存的适应性。试验在潮湿试验箱中进行，通常温度为（40±2）℃，相对湿度为 95%±3%，试验时间按技术条件要求。例如，先将产品在上述潮湿环境中放置若干小时，然后在常温下放置，擦去水滴。在 15min 内测绝缘电阻时，其值不低于某一固定值（如 20MΩ）。恢复 24h 后通电检查，其主要测试指标应符合要求，不应出现金属锈饰和塑料件变形等现象。

（a）

（b）

图 8-5　低温试验箱

（a）

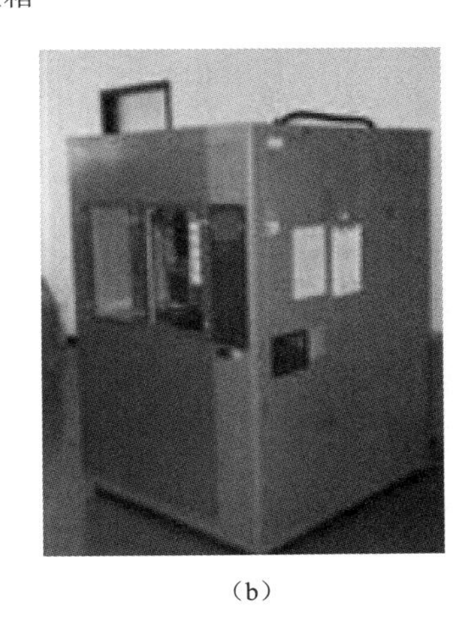

（b）

图 8-6　温度循环试验箱

（5）低气压试验。用于检查低气压对产品性能的影响。低气压试验是将产品放入具有密封容器的低温、低压箱中，以模拟高空气候环境，再用机械泵将容器内气压降低到规定值，然后测量产品参数是否符合技术要求。低气压试验箱如图 8-7 所示。

3）运输试验

运输试验是检验产品对包装、储存、运输环境条件的适应能力。本试验可以在运输试验台上进行，也可直接以行车试验作为运输试验。目前工厂做运输试验一般是将已包装好的产品按要求放置到卡车后部，卡车负荷根据产品《试验大纲》确定。卡车以一定的速度在三级公路（相当于城乡间的土路）上行驶若干公里。运输试验后，打开包装箱，检查产品有无机械损伤和紧固件有无松脱现象，然后测试产品的主要技术指标是否符合整机技术条件。

（a）

（b）

图 8-7 低气压试验箱

4）特殊试验

特殊试验是检查产品适应特殊工作环境的能力。特殊试验包括盐雾试验、防尘试验、抗霉菌试验和抗辐射试验等项。该试验不是所有产品都要做的试验，而只对一些在特殊环境条件下使用的产品或按用户的特定要求而进行的试验。因此有关特殊试验的方法，在此不再详述。特殊试验箱如图 8-8 所示。

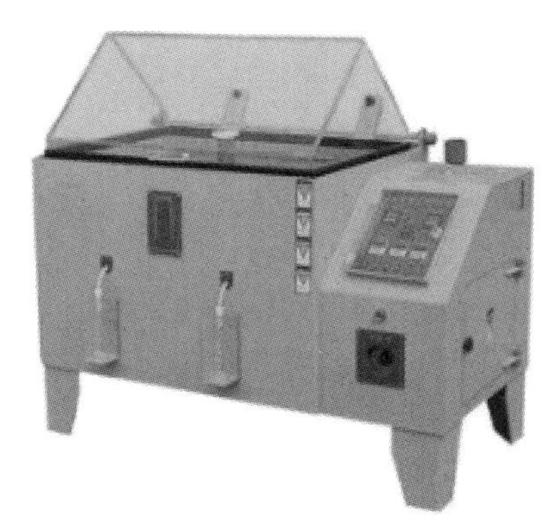
（a）盐雾试验

（b）防尘试验

（c）抗霉菌试验

图 8-8 特殊试验箱

5）寿命试验

寿命试验也称为可靠性试验。它是用来考察产品寿命规律性的试验，是产品最后阶段的试验。它是在外加应力条件下，采用平均无故障时间（MTBF）作为产品的可靠性指标。寿命试验是在试验条件下，模拟产品实际工作状态和存储状态，投入一定样品进行的试验。试验中要记录样品失效的时间，并对这些失效时间进行统计分析，以评估产品的可靠性、失效率、平均寿命等特征。

寿命试验根据产品不同的试验目的，分为鉴定试验和质量一致性试验。

6）鉴定试验

鉴定试验又称为定型试验或可靠性鉴定试验，其目的是为了鉴定生产厂是否有能力生产符合有关标准要求的产品。可靠性鉴定试验的结果作为对产品生产厂进行认证的依据之一。

鉴定试验检验项目：外观检验、电性能检验、例行试验、安全试验、电磁兼容性试验、主观评价试验和可靠性试验。

鉴定检验的样本应从定型批量产品中随机抽取。彩色电视接收机各试验组的样本数见表 8-1。设计定型时批量产品应不少于 200 台，生产定型及设计、生产一次性定型时，批量产品为 2000 台。

表 8-1 彩色电视机接收机各试验组的样本数

组 别	项 目	样本台数
1	电、光、声、色性能测量	5
2	安全试验	3
3	电磁兼容试验	3
4	环境试验	3
5	主观评价	2
6	可靠性试验	100

对于鉴定检验中不合格的项目，应及时查明原因，提出改进措施，并重新进行该项目及相关项目的试验，直至合格。

6．质量一致性检验

质量一致性检验的目的是为了验证制造厂能否维持鉴定试验所达到的水平。质量一致性检验分为逐批检验和周期检验两种。

1）逐批检验

逐批检验按有关标准规定其检验的项目和主要内容如下。

（1）开箱检验。检验的内容包括包装质量、齐套性、外观质量和功能。

（2）安全检验。安全检验的主要内容有高压、绝缘性能、电源线、插头绝缘、开机着火等。

（3）工艺装配检验。工艺装配检验的主要内容有部件、面板、底板、印制电路板等安装是否牢固可靠、机内是否有异物，焊接质量，表面处理是否符合要求等。

（4）主要性能检验。主要性能检验的内容包括图像通道噪声限制灵敏度、选择性、AGC 静态特性、电源消耗功率、彩色灵敏度、行场同步范围、彩色同步稳定性等。测试产品的性能指标，是整机检验的主要内容之一。通过检验查看产品是否达到了国家或企业的技术标准。

逐批检验程序如图 8-9 所示。

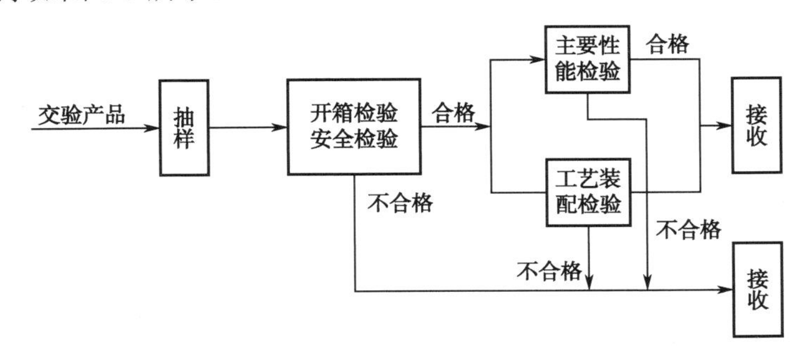

图 8-9 逐批检验程序

2）周期检验

对于连续生产的产品，安全试验和电磁兼容试验每年为一周期，其他试验每半年为一周期。当产品设计、工艺、元器件及原材料有改变时，均应进行所有侧重的相关项目试验。

对于连续生产的产品，若间隔时间大于 3 个月，恢复生产时均应进行周期试验。周期检验程序如图 8-10 所示。

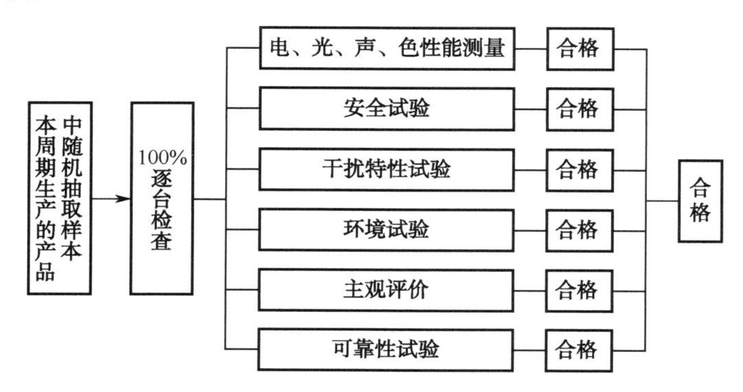

图 8-10 周期检验程序

综上所述，例行试验的项目很多，应根据产品的用途和使用条件来确定。只有可靠性要求特别高、在恶劣环境条件下工作的产品，才有必要每项都做。在实际工作中，对于具体产品应做多少项、做哪些项目的试验，应根据产品的《试验大纲》或供需双方共同制定的协议来确定。

7．其他试验

1）电磁兼容性试验

电磁兼容性试验也称为干扰特性试验。它是考核电磁干扰对电子产品的影响，确定电子产品在电磁干扰条件下工作的适应性。

电磁干扰包括辐射干扰（指通过空间所传播的电磁干扰）和传导干扰（指沿着导体所传播的电磁干扰）两种。

为了保证电子产品在电磁干扰条件下能正常工作，电子产品的干扰特性限额值必须符合有关的规定。例如，对于彩色电视机在 150～1605kHz 范围内注入电源的射频干扰电压，其频率范围在 500kHz、限额值小于或等于 46db；本振和中频辐射干扰场强，频率范围在 300MHz 以下、限额值为 52db，这样才能符合产品干扰特性限额值的标准规定。

2）安全性能检验

整机的安全性能的检验主要依据是国家标准 GB 8898—2011《电网电源供电的家用和类似一般用途的电子及有关设备的安全要求》或产品的技术要求进行试验，安全性能的检验应该采用全检的方式。

电子整机产品的安全性能主要包括电涌试验、湿热处理、绝缘电阻和抗电强度等。绝缘电阻和抗电强度的测试一般在电源插头与机壳或电源开关之间，有绝缘要求的端子与机壳之间，以及内部电路与机壳之间。耐压要求有 500V，1000V，1500V，2000V，…，5000V 等级别，根据产品使用环境按标准要求检测。绝缘电阻的检测一般采用摇表进行测试。常用的摇表有 500V 和 1000V 两种。抗电强度又叫耐压，一般用耐压测试仪进行测试。这种仪器能输出可调的高压，还带有定时和报警装置。当被测处的抗电强度达不到要求时，将会出现漏电或

击穿、打火等现象，电压会下跌，同时报警装置报警。

3）主观评价试验

对于有些电子产品（如电视机、收音机等）的质量，仅用客观测量是不够的，必要时还应采用主观评价试验的方法来确定其质量。所谓主观评价试验是采用被试验产品与参考产品进行比较来确定被试验产品质量的方法，这种方法不是采用仪器仪表的测量，而是依靠评价人员的视觉和听觉来判定。

8．电子整机检验举例

整机检验是在整机经过前段总装、初调、常温老化、总调试、后段总装后进行。以 29in 彩色电视机为例，说明整机检验的工艺流程、内容和方法。

（1）整机检验的工艺流程。在流水作业线上，整机检验的工艺流程如图 8-11 所示。

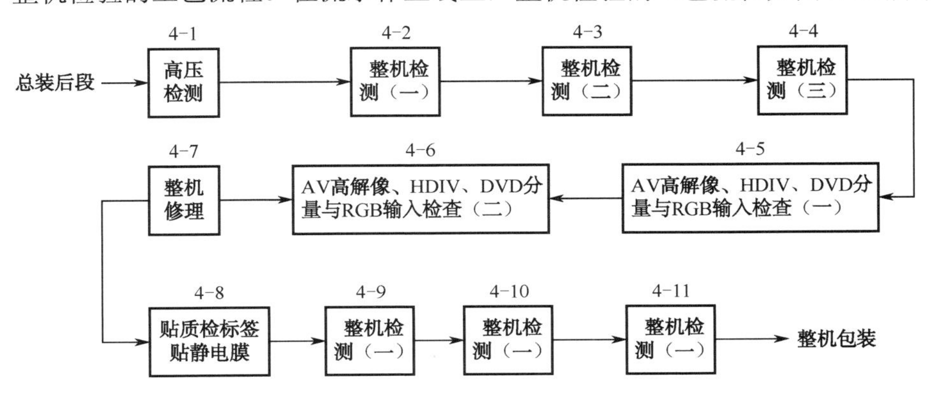

图 8-11　29in 彩色电视机整机检验的工艺流程

（2）整机检验工艺指导卡。在检验工序中，每个工位在 20s 内应完成的操作内容、操作方法、步骤、注意事项和所使用的仪器、设备、工具等，在工艺指导卡中都做了详细的规定。对于检验工序中的 1 号工位，高压检测操作工艺导卡见表 8-2。

（3）检验合格证。产品经检验后，若性能指标达到了规定的要求，说明该产品合格，准许成为商品进入市场销售。因此，产品检验合格证是产品性能指标达标和合格的重要标志，准许产品进入市场流通。

表 8-2　高压检测操作工艺导卡

<table>
<tr><td colspan="2" rowspan="2">XXXXXXX 公司
工 艺 文 件</td><td>产品名称</td><td colspan="3">29in 彩电</td></tr>
<tr><td>产品图号</td><td colspan="3">P290A</td></tr>
<tr><td colspan="2" rowspan="2">检 测 工 艺 卡</td><td>名　称</td><td>高压检查★</td><td>工序号</td><td>4</td></tr>
<tr><td>图　号</td><td>P290A-ZZ</td><td>工位号</td><td>1</td></tr>
<tr><td>调试项目</td><td colspan="5">高夺检查</td></tr>
<tr><td colspan="6">检查内容和方法</td></tr>
<tr><td colspan="6">1．按 QC 标准进行检查；
2．参考《耐压测试》KKWIQC3004-93 和《通用检查指南》KKWIQC3033-94，并做好有关准备。</td></tr>
</table>

续表

仪器仪表	高压测试仪一套						工种	检 验
工装工具	耐高压绝缘手套一副						工时	20s
					拟 制	签名 日期		
					审 校			
					标准化		版 本	
更改标记	数量	更改单号	签名	日期	批 准		第 页共 页	

做一做

（1）电子产品质量主要包括哪几个方面？其主要内容是什么？
（2）什么是全面质量管理？全面质量管理有哪些特点？
（3）产品检验有哪些类型？各有什么特点？
（4）整机检验工作的主要内容有哪些？
（5）试述环境试验的主要内容及一般程序。

任务 8.2　包装工艺

任务引入

无线电整机总装、总调结束并经检验合格后，产品进入最后一道工序——包装。产品的包装是产品生产过程中的重要组成部分，进行合理包装是保证产品在运输、存储和装卸等流通过程中避免机械物理损伤，确保其质量而采取的必要措施，一方面起保护物品的作用，另一方面起介绍产品、宣传企业的作用。现代企业都非常重视产品的包装，一些著名企业的产品包装都有自己的特色，包装已反映出企业的形象和市场形象。因此，对于进入流通领域中电子整机产品来说，包装是必不可少的一道工序。

学习指南

（1）熟悉产品包装的工艺及包装材料。
（2）掌握产品包装的原则、包装要求、包装内容与方法。
（3）掌握条形码与防伪标志在产品包装中的作用。
（4）掌握电子产品包装工艺流程。
（5）能够根据所学理论，正确地对产品实施包装。
（6）能够根据所学理论，正确地鉴别伪包装。

8.2.1　包装工艺流程

想一想

产品包装在产品流通过程中可以起到什么作用？是否在产品存储、运输、销售过程中起到保护商品、宣传与推广产品品牌，协调环境、人与物品三者关系的作用。

在商品市场中，除少数散装货物，如原油、木材等，其他任何商品，都必须经过包装才能进入流通市场，到达消费者手中。各种各样的产品除了应具有妥善的外包装，以便于运输、存储和装卸，还必须有合适的内包装和文字说明，用以宣传商品、介绍商品和指导消费者合理地使用商品。可见，商品的包装在流通领域中，是实现商品交换价值和使用价值的重要手段。包装还应有美化商品、吸引顾客、促进销售的重要功能。商品的包装已同商品质量、商品价格一起，成为商品竞争的三个主要因素。

1．包装的种类

（1）运输包装。运输包装即产品的外包装。它的主要作用是确保产品数量与保护产品质量，便于产品储存和运输，最终使产品完整无损地送到消费者手中。因此，应根据不同产品的特点，选用适当的包装材料，采取科学的排列和合理的组装，并运用各种必要的防护措施，做好产品的外包装。常见的外包装材料如图 8-12 所示。

（a）木箱包装

（b）纸箱包装

（c）金属包装

图 8-12　外包装材料

（2）销售包装。销售包装即产品的内包装。它是与消费者直接见面的一种包装，其作用不仅是保护产品，便于消费者使用和携带，而且还要起到美化产品和广告宣传的作用。因此要根据产品的特点、使用习惯和消费者的心理进行设计。

（3）中包装。中包装起到计量、分隔和保护产品的作用，是运输包装的组成部分。但也有随同产品一起上货架与消费者见面的，这类中包装则应视为销售包装。

2．产品包装原则

（1）包装是一个体系。它的范围包括原材料的提供、加工、容器制造，辅件供应及为完成整件包装所涉及的各有关生产、服务部门。

（2）包装是生产经营系统的一个组成部分。产品的生产从进料到分发产品都离不开包装。

（3）包装既是一门科学，又是一门艺术。

（4）产品是包装的中心，产品的发展和包装的发展是同步的。良好的包装能为产品增加吸引力，但再好的包装也掩盖不了劣质产品的缺陷。

（5）包装具有保护产品、激发购买、提供便利三大功能。

（6）过分包装和不完善包装是相关的两个方面，都会断送产品的销路。

（7）经济包装以最低的成本为目的。只有适销对路，能扩大产品销售的包装成本，才符合经济原则。

（8）包装必须标准化。它可以节约包装费用和运输费用，还可以简化包装容器的生产和包装材料的管理。

（9）产品包装必须根据市场动态和客户的爱好，在变化的环境中不断改进和提高。

3．包装要求

1）对产品的要求

在进行包装前，合格的产品应按照有关规定进行外表面处理（消除污垢、油脂、指纹、汗渍等）。在包装过程中保证产品各部分如电视机机壳、荧光屏、旋钮、装饰件等部分不被损伤或污染。

2）对包装的要求

（1）产品包装应能承受合理的堆压和撞击。产品外包装的强度要与内装产品相适应。在一般情况下，应以外包装损坏是否影响到内装商品为准，不能无限地加强包装牢固度而增加包装费用。

（2）合理设计包装体积。产品包装的类型，应考虑人体功能，还要考虑产品的特点及对产品质量和销售的影响。因为产品存储运输时可以用机械操作，也要考虑便于集装箱运输、人力搬运和开启，应进行产品包装体积的合理设计，以降低运输费用。

3）对产品包装的防护

（1）防尘。包装应具备防尘条件，用发泡塑料纸（如 PEP 材料等）或聚乙烯吹塑薄膜等与产品外表面不发生化学反应的材料，进行整体防尘，防尘袋应封口。

（2）防湿。为了防止流通过程中临时降雨或大气中湿气对产品的影响，包装件应具备一般防湿条件。必要时，应对装箱进行防潮处理。

（3）防氧化。产品包装特别是一些军用印制电路板备件，应装在防静电铝箔薄袋内并充氮气封口，以防印制电路板面及元器件被氧化。

（4）缓冲。包装应具有足够的缓冲能力，以保证产品在流通过程中受到冲击、振动等外力时，免受机械损伤或因机械损伤使其性能下降或消失。缓冲措施离不开必要的衬垫（即包装缓冲材料），它的作用是将外界传到内装产品的冲击力减弱到最低限度。包装箱要装满，不留空隙，减少晃动，可以提高防潮、防振效果。

4．装箱及注意事项

（1）装箱时，应清除包装箱内异物和尘土。

（2）装入箱内的产品不得倒置。

（3）装入箱内的产品、附件和衬垫，以及使用说明书、装箱明细表、装箱单等内装物必须齐全。

（4）装入箱内的产品、附件和衬垫，不得在箱内任意移动。

5．封口和捆扎

当采用纸包装箱时，用 U 形钉或胶带将包装箱下封口封合。当确认产品、衬垫、附件和使用说明书等全部装入箱内并在相应位置固定后，用 U 形钉或胶带将包装箱的上封口封合。必要时，对包装件选择适用规格的打包带进行捆扎。

6．包装标志

（1）包装上的标志应与包装箱大小协调一致。

（2）文字标志的书写方式由左到右，由上到下书写，数字采用阿拉伯数字，汉字用规范字。

（3）标志颜色一般以红、蓝、黑三种颜色为主。

（4）标志方法可以印刷、粘贴、打印等。

（5）标志内容应包括如下内容。

① 产品名称及型号。

② 商品名称及注册商标图案。

③ 产品主体颜色。

④ 包装件重量（kg）。

⑤ 包装件最大外部尺寸（$l \times b \times h$，单位为 mm）。

⑥ 内装产品的数量（台等）。

⑦ 出厂日期（年、月、日）。

⑧ 生产厂名称。

⑨ 储运标志（向上、怕湿、小心轻放、堆码层数等）。

⑩ 条形码，它是销售包装加印的符合条形码。

7．储存和运输

1）储存

（1）环境条件。一般储存环境温度为-15～45℃，相对湿度不大于 80%，并要求库房周围环境中无酸、碱性或其他腐蚀性气体，还应具备防尘条件。

（2）储存期限。储存期限一般为一年，超过一年期应随产品一起进行检验合格后，方可再次进入流通过程中。

2）运输

运输时，必须将包装件固定牢固。按照包装箱上的储运标志内容进行操作。

8.2.2　常见包装标志

1．包装材料

根据包装要求和产品特点，选择合适的包装材料。

（1）木箱。包装木箱一般用于体积大、笨重的机械和机电产品。木箱用材主要有木材（红松、白松、落叶松、马尾松等）、胶合板、纤维板、刨花板等，用来包装体积大、笨重的产品，要求含水量在 20%以下，包装木箱重、体积大，而且受绿色生态环境保护限制，木材已成为国家紧缺物资。因此，现代化产品包装已有日益减少木箱包装的趋势。

（2）纸箱（盒）。包装纸箱一般用体积较小、重量较轻的产品（如家用电器等）。纸箱有单芯、双芯瓦楞纸板和硬纸板。纸箱的含水率小于 12%。使用瓦楞纸箱轻便牢固、弹性好，与木箱包装相比，其运输费用、包装费用低，材料利用率高，而且便于实现现代化包装。

（3）缓冲材料。缓冲材料（衬垫材料）的选择，应以最经济并能对电子产品提供起码的保护能力为原则，根据流通环境中冲击、振动、静压力等力学条件，宜选择密度为 20～30kg/m^3，压缩强度（压缩 50%时）大于或等于 2.0×10^5Pa 的聚苯乙烯泡沫塑料作为缓冲衬垫材料，也可以使用优于上述性能的其他材料。衬垫结构一般以成型衬垫结构形式对电子产品进行局部缓冲包装，衬垫结构形式应有助于增强包装箱的抗压性能，有利于保护产品的凸出部分和脆弱部分。常见的缓冲材料如图 8-13 所示。

（4）防尘、防湿材料。可选用物化性能稳定、机械强度大、透湿率小的材料，如有机塑料薄膜、有机塑料袋等密封式或外密封式包装。为使包装内空气干燥，可使用硅胶等吸湿干燥剂。常见的防尘、防湿材料如图 8-14 所示。

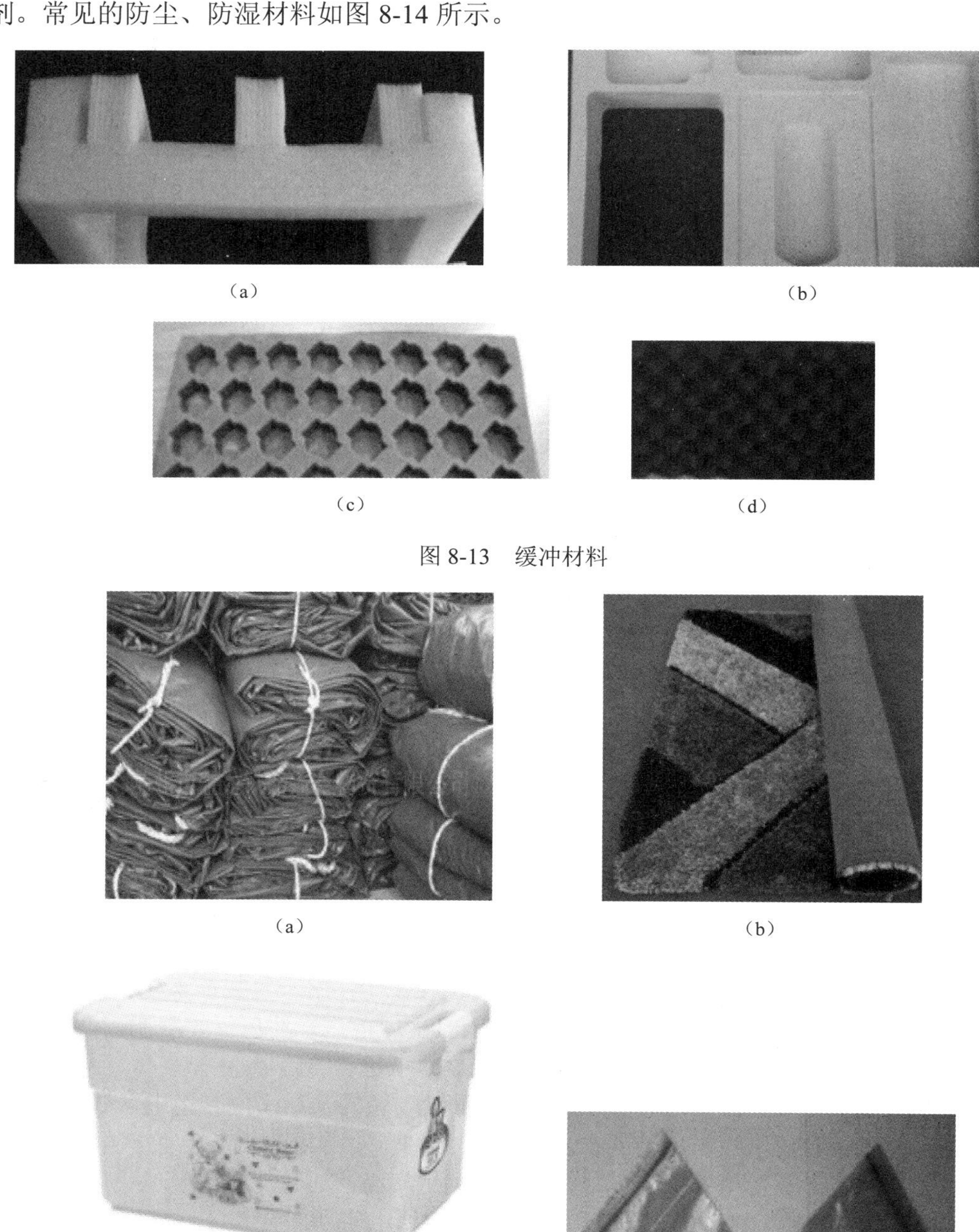

（a）（b）（c）（d）

图 8-13　缓冲材料

（a）（b）（c）（d）

图 8-14　防尘、防湿材料

2．条形码与防伪标志

1）条形码

条形码为国际通用产品符号。为了适应计算机管理，在一些产品销售包装上加印供电子扫描用的符号条形码。这种符号条形码各国统一编码，它可使商店的管理人员随时了解商品

的销售动态，简化管理手续，节约管理费用。

条形码在 20 世纪 70 年代初起源于美国，最先应用于工业产品外包装，其后逐步推广到日用百货的销售包装上。条形码的应用在我国起步较晚。1991 年 4 月，国际物品编码协会（EAN）正式批准我国成为该协会的会员国。目前我国生产的一些产品的销售包装上已开始应用条形码，并进入国际市场。下面对条形码的结构和内容进行简单介绍。

国际市场自 20 世纪 70 年代开始采用两种条形码对商品统一标志：UPC 码（美国通用产品编码）和 EAN 码（国际物品编码）。美国统一编码委员会（UCC）的 UPC 码历史悠久，覆盖北美地区。国际物品编码委员会的 EAN 码起源于 UPC 码，后来居上，其会员已遍布世界近 50 个国家和地区。

条形码的种类较多，如图 8-15 所示，不同的国家和地区，采用不同类型。目前 EAN 组织推行的条形码已由单纯的商品条形码发展到包括商品、物流、应用多种条形码在内的 EAN 条形码体系。

EAN 的商品条形码有标准版（EAN-13）和缩短版（EAN-8）两个版本，如图 8-14（a）、（b）所示，其中 EAN-13 为 13 位编码，EAN-8 为 8 位编码。

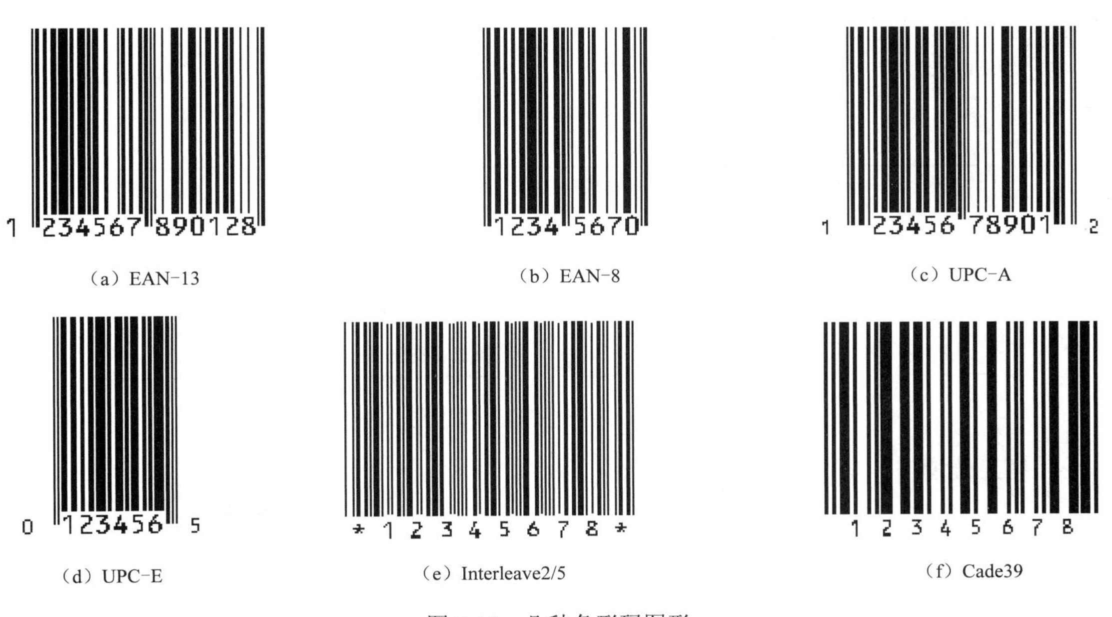

（a）EAN-13　（b）EAN-8　（c）UPC-A

（d）UPC-E　（e）Interleave2/5　（f）Cade39

图 8-15　几种条形码图形

EAN-13 的组成有条形码符号和字符代码两部分。代码结构如下。

（1）字前缀（2～3 位）：是国家或地区的独有代码，由 EAN 总部指定分配，如美国为 00～05、日本为 49、中国为 690 等。

（2）企业代码（4～5 位）：由本国或地区的条形码机构分配，我国由中国物品编码中心统一分配。

（3）产品代码（5 位）：由生产企业进行分配。

（4）校验码（1 位）：是检验条形码使用过程中的扫描正误而设置的特殊编码，其数字由上述三部分与规定的储运标志确定。

EAN-8 主要用于包装体积小的产品上，字前缀（2～3 位）、产品代码（4～5 位）、校验码

（1位）的内容与EAN-13相同。

条形码符号是由一组粗细和间隔不等的条与空所组成，其作用是通过电子扫描，将本产品编码的内容（即产品名称、生产企业、国家或地区、校验码等）同信息库的资料相结合，在销售本产品时，立即计算出价格，同时为销售单位提供必要的进、销、存等营业资料。对整个产品编码而言，条形码符号是它的关键部分，所以在包装上加印条形码时，条形码符号的印刷必须规范化，否则电子扫描时就得不出正确的信息。

2）防伪标志

许多产品的包装，一旦打开，就再也不能恢复原来的形状，起到防伪的作用。在市场经济中，有极少数不法之徒，肆意生产、销售假冒伪劣产品，从中牟取暴利，所采用的手法就是伪造名优产品。因此现在许多生产厂家都广泛采用各种防伪措施，例如，利用现代高科技手段防伪，激光防伪标志就是其中之一。

8.2.3 电子整机包装工艺案例

以流水作业方式生产29in彩色电视机为例，说明包装工艺过程。

1. 电子整机包装工艺流程

由于29in彩色电视机以流水作业方式生产，流水节拍为20s，因此将一台整机的包装操作分解后，须安排8个才能满足生产速度的要求，其包装工艺流程如图8-16所示。

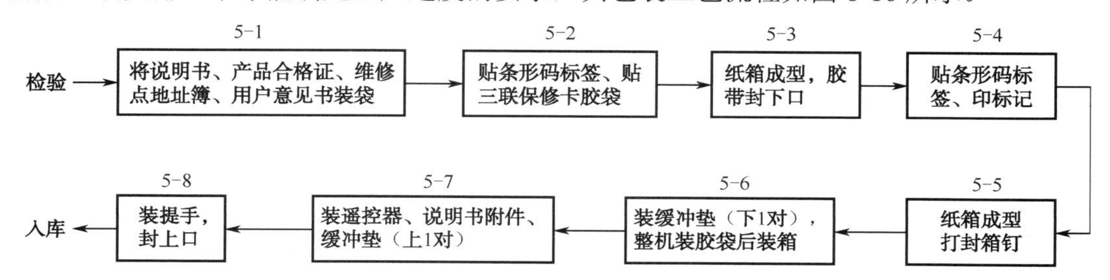

图8-16 29in彩色电视机包装工艺流程

2. 各工位操作内容

包装工序由8个工位组成，在包装用的纸箱、封箱钉、胶带等准备好后，每个工位的操作内容如下。

（1）将产品说明书、三联保修卡、产品合格证、产品维修点地址簿、用户意见书装入胶袋中，用胶带封口。

（2）分别将串号条形码标签贴在随机卡、后壳和保修卡（2张）上。把贴好串号条形码标签的保修卡，用透明胶带贴在电视机的后上方。将电源线折弯理好装入胶袋，用透明胶带封口，摆放在工装板上。

（3）将包装纸箱（下）成型，并用胶带封贴4个接口边，然后放在送箱的拉体上。

（4）取包装纸箱（上），在纸箱指定位置贴上串号条形码标签。用印台打印生产日期，在整机颜色栏用印章打印上颜色。

（5）将包装纸箱（上）成型。在上部两边，用打钉机各打一颗封箱钉，然后放在送箱的拉体上。

（6）取缓冲垫（下）放入纸箱内，将胶袋放入纸箱。自动吊机，将胶袋打开扶整机入箱

后，封好胶袋。

（7）将缓冲垫（上）按左右方向放在电视机上。将配套遥控器放入缓冲垫指定位置上，并用胶带贴牢。将附件袋放入电视机下面，并盖好纸板。

（8）将上纸箱套入包装整机的下纸箱上。将 4 个提分别装入纸箱两边指定的位置上。将箱体送入自动封胶机上封胶带。

3．包装工艺指导卡

在包装工序中，每个工位的操作内容、方法、步骤、注意事项、所用辅助材料、工装设备等都做了详细的规定。操作者只要按包装工艺指导卡进行操作即可。

最后，将已包装好的电视机产品搬运到物料区放好，等待入库。

单元小结

（1）检验是利用某些手段测定出产品的质量特性，与国标、部标、企业标准或双方制定的技术协议等公认的质量标准进行比较，然后做出产品合格与否的判定。产品的检验方法分全数检验和抽检两种。全数检验可靠性高，但操作成本高，对于大量生产的产品，一般采用抽检方法。

（2）产品质量与生产过程中的每一个环节有关，检验工作也应贯穿于整个生产过程。生产过程中的检验，一般采用自检、互检和专职检验相结合的方式，以此确保产品质量。

（3）整机检验是产品经过总装、调试合格之后，检查产品是否达到预定功能要求和技术指标。整机检验主要包括直观检验、功能检验和主要性能指标测试等内容。

（4）有些对可靠性要求很高的电子产品还要进行特殊试验——例行试验，例行试验包括环境试验和寿命试验两大类。

（5）包装是整机总装的最后一道工序。产品的包装具有保护产品、方便储运及促进销售的功能。因此，对包装及质量要有足够的重视。要了解产品包装的种类和原则，知道包装的材料和要求，熟悉电子整机的包装工艺，并学习先进的条形码技术。

习　　题

1．填空题

（1）电子产品的质量水平最终要通过产品质量体现。电子产品质量主要包括________、________和________三方面。

（2）全面质量管理是指企业单位开展以________为中心，________参与为基础的一种管理途径，其目标是通过使________满意，本单位成员和社会受益，而达到长期成功。

（3）大力推行________标准，积极开展认证工作，对促进我国企业加速同国际市场接轨的步伐，提高企业质量管理水平，增强产品在国际市场上的竞争能力，都具有十分重大的意义。

（4）在生产过程中，通过________，一是可以防止产生和及时发现不合格品，二是保证检验通过的产品符合质量标准的要求。在市场竞争日益激烈的今天，产品质量是企业的灵魂和生命。“管理出质量”，________则是把好质量关的一把尺子。

（5）产品的检验方法有多种，确定产品的检验方法，应根据产品的特点、要求及生产阶段等情况决定，既要能保证产品质量，又要经济合理。常用的两种检验方法是__________和________两种。

（6）自检就是操作人员根据本工序工艺指导卡要求，对自己所装的元器件、零部件的装接质量进行检查，对不合格的部件应及时调整并更换，________流入下道工序。

（7）无线电整机总装、总调结束并经检验合格后，就进入最后一道工序________。

（8）寿命试验根据产品不同的试验目的，分为________试验和________试验。

（9）产品质量与生产过程中的每一个环节有关，检验工作也应贯穿于整个生产过程。生产过程中的检验，一般采用________、________和________检验相结合的方式，以此确保产品质量。

（10）________试验可以找出产品存在的问题及原因，以便采取防护措施，达到提高电子产品可靠性、适应恶劣环境的目的。

2. 判断题

（　　）（1）在商品市场中，为了降低产品成本，生产出的产品无须经过包装就进入流通市场，到达消费者手中。

（　　）（2）全数检验是指对所有产品 100%进行逐个检验，根据检验结果对被检的单件产品做出合格与否的判定。

（　　）（3）整机检验只要进行整机外观的直观检验即可。

（　　）（4）产品包装只是为了好看，提高产品价格。

（　　）（5）为了提高产品的竞争能力，使用户的合法权益得到保护，在产品的设计和生产过程中都应实施 GB/T 19000—2000 族标准。

（　　）（6）鉴定试验又称为定型试验或可靠性鉴定试验，其目的是为了鉴定生产厂是否有能力生产符合有关标准要求的产品。

（　　）（7）产品从设计、研制、制造到销售过程中都应确保质量，而检验是确保产品质量的重要手段。

（　　）（8）老化筛选是在外购进厂的元器件中进行。老化筛选内容一般包括温度老化实验、功率老化实验、气候老化实验及一些特殊实验。

（　　）（9）在一般情况下，为了保护内装商品，可以加强包装牢固度，增加包装费用。

（　　）（10）条形码符号是由一组粗细和间隔不等的条与空所组成，其作用是通过电子扫描，将本产品编码的内容同信息库的资料相结合，在销售本产品时，立即计算出价格，同时为销售单位提供必要的进、销、存等营业资料。

3. 选择题

（　　）（1）为了保证电子产品的质量，检验工作应贯穿于整个生产过程中，只有通过检验才能及时发现问题。检验的对象可以是____。

A. 半成品、单件产品或成批产品

B. 元器件或零部件、原材料、半成品、单件产品或成批产品等

C. 元器件或零部件、原材料

（　　）（2）____是根据数理统计的原则所预先制定的方案，从实验产品中抽出部分样品进行检验的结果，判定整批产品的质量水平，从而得出该产品是否合格的结论。

A. 全数检验　　B. 任意检验　　C. 抽样检验

(　　)(3) ____是一种检验产品适应环境能力的方法。

A. 环境试验　　B. 寿命试验　　C. 例行试验

(　　)(4) ____是保证产品质量可靠性的重要前提。

A. 入库前的检验　　B. 生产过程中的检验　　C. 出厂检验

(　　)(5) 生产过程中的检验一般采用____的检验方式。

A. 抽样检验　　B. 全数检验　　C. 任意

(　　)(6) ____应在产品设计成熟、定型、工艺规范、设备稳定、工装可靠的前提下进行。

A. 全数检验　　B. 专职检验　　C. 抽样检验

(　　)(7) 生产过程中的检验一般采用____的检验方式。

A. 巡回检验　　B. 全数检验　　C. 抽样检验

(　　)(8) ____属产品质量检验的范畴，测试只是为判明产品质量水平提供依据。

A. 例行试验　　B. 电磁兼容性试验　　C. 安全性能检验

(　　)(9) ____用以检查低温环境对产品的影响，确定产品在低温条件下工作和储存的适应性。

A. 高温试验　　B. 低温试验　　C. 潮湿试验

(　　)(10) ____又称为定型试验，其目的是为了鉴定生产厂是否有能力生产符合有关标准要求的产品。定型试验的结果作为对产品生产厂进行认证的依据之一。

A. 环境试验　　B. 质量一致性检验　　C. 鉴定试验

4. 问答题

(1) 电子产品质量主要包括哪几个方面？其主要内容是什么？

(2) 什么是全面质量管理？全面质量管理有哪些特点？

(3) 产品检验有哪些类型？各有什么特点？

(4) 整机检验工作的主要内容有哪些？

(5) 试述环境试验的主要内容及一般程序。

(6) 简述产品包装的作用与意义。

(7) 条形码与激光防伪标志各自的功能是什么？

附录A

焊接质量评价知识

1. 焊点质量要求

对焊点的质量要求包括良好的电气接触、足够的机械强度、外观光洁而整齐。

1）插件元器件可焊性要求

（1）引脚凸出。单面板引脚伸出焊盘最大不超过2.3mm，最小不低于0.5 mm。对于厚度超过2.3mm的通孔板（双面板），引脚长度已确定的元器件（如IC、插座），引脚凸出是允许不可辨识的。

（2）通孔的垂直填充。焊锡的垂直填充须达孔深度的75%，即板厚的3/4，焊接面引脚和孔壁润湿至少270°。

（3）焊锡对通孔和非支撑孔焊盘的覆盖面积要大于或等于75%。

（4）插件元器件焊点的特点如下。

① 外形以焊接导线为中心，匀称、成裙形拉开。

② 焊料的连接呈半弓形凹面，焊料与焊件交界处平滑，接触角尽可能小。

③ 表面有光泽且平滑，无裂纹、针孔、夹渣。

2）贴片（矩形或方形）元器件可焊性要求

（1）贴片元器件位置的歪斜或偏移量不得超过其元器件或焊盘宽度（其中较小者）的1/2，且不可违反最小电气间隙。

（2）末端焊点宽度最小为元器件可焊端宽度的50%或焊盘宽度（其中较小者）的50%。

（3）最小焊点高度为焊锡厚度加可焊端高度（其中较小者）的25%或0.5mm。

3）扁平焊片引脚可焊性要求

（1）扁平焊片引脚偏移量不得超过其元器件或焊盘宽度（其中较小者）的25%，且不违反最小电气间隙。

（2）末端焊点宽度最小为元器件引脚可焊端宽度的75%。

（3）最小焊点高度为正常浸润。

2. 焊点质量问题表现形式

（1）插件元器件的常见焊点质量缺陷及原因见附表A-1。

附表A-1　常见焊点缺陷及原因

焊点缺陷	外观特点	危害	原因分析
虚焊	焊锡与元器件引线或与铜箔之间有明显黑色界线，焊锡向界面凹陷	不能正常工作	（1）元器件引线未清洁好，未镀好锡或锡被氧化 （2）印制电路板未清洁好，喷涂的助焊剂质量不好

续表

焊点缺陷	外观特点	危害	原因分析
焊锡短路	焊锡过多，与相邻焊点连锡短路	电气短路	（1）焊接方法不正确 （2）焊锡过多
桥接	相邻导线连接	电气短路	（1）元器件切脚留引脚过长 （2）残余元器件引脚未清除
滋挠动焊	有裂痕，如面包碎片粗糙、接处有空隙	强度低，不通或时通时断	焊锡未干时而受移动
焊料过少	焊接面积小于焊盘的75%，焊料未形成平滑的过镀面	机械强度不足	（1）焊锡流动性差或焊丝撤离过早 （2）助焊剂不足 （3）焊接时间太短
焊料过多	焊料面呈凸形	浪费焊料，且可能包藏缺陷	焊丝撤离过迟
过热	焊点发白，无金属光泽，表面较粗糙	焊盘容易剥落，强度降低	电烙铁功率过大，加热时间过长
冷焊	表面呈豆腐渣状颗粒，有时可能有裂纹	强度低，导电性不好	焊料未凝固前焊件抖动
无蔓延	接触角超过90°，焊锡不能蔓延及包掩，若球状（如油沾在水面上）	强度低，导电性不好	焊锡金属面不相称，另外就是热源本身不相称
拉尖	出现尖端	外观不佳，容易造成桥接现象	电烙铁不洁，或电烙铁移开过快使焊处未达焊锡温度，移出时焊锡沾上跟着而形成
针孔	目测或低倍放大镜可见铜箔有孔	强度不足，焊点容易腐蚀	焊锡料的污染不洁、零件材料及环境
铜箔剥离	铜箔从印制电路板上剥离	印制电路板已损坏	焊接时间太长

（2）SMT 贴片元器件焊点质量缺陷及分析见附表 A-2。

附表 A-2　SMT 贴片元器件焊点质量缺陷及分析

项　目	图　示	要　点	判定基准
1．部品的位置	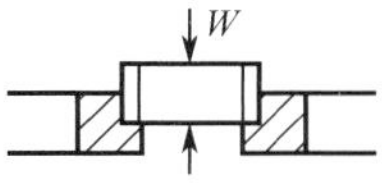 W	接头电极的幅度 W 的 1/2 以上盖在导通面上。注意事项：用眼看部品位置的偏移，不能以测试器确认时，用放大镜目测	1/2 以上
2．部品的位置	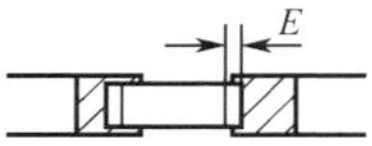 E	接头电极的长度 E 的 1/2 以上盖在导通面上。注意事项：用眼看部品位置的偏移，不能以测试器确认时，用放大镜目测	1/2 以上
3．部品的位置	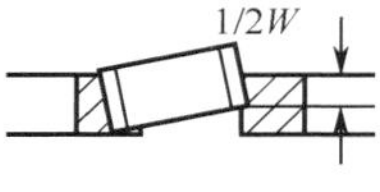 1/2W	至于接头部品的倾斜，接头电极的幅度 W 的 1/2 以上盖在导通面即可以。注意事项：用眼看部品位置的偏移，不能以测试器确认时，用放大镜目测	1/2 以上
4．焊锡量	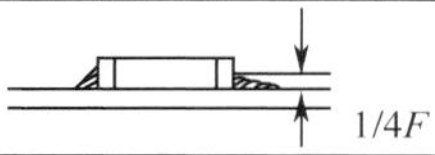 1/4F	电极为高度 F 的 1/4 以上，幅度 W 的 1/4 以上的焊锡焊接	1/2 以上
5．焊锡量	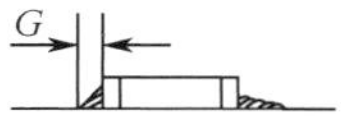 G	在接头部品的较长方向，从接头电极的端面焊锡焊接 0.5mm 以上，如 G	0.5mm 以上
6．焊锡量	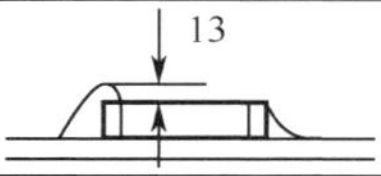 13	焊锡的高度是从接头部品的面（H 为 0.3mm）以下	0.3mm 以下
7．焊锡量	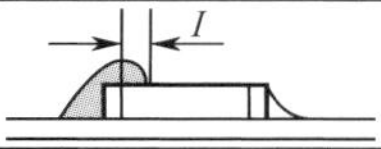 I	接头部品的焊锡不可以叠上，如 I	不可以叠上
8．部品的黏结	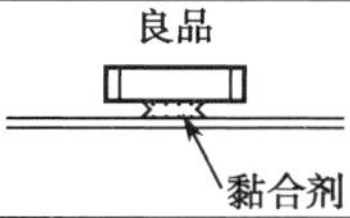 良品 黏合剂	在接头部品的电极和印刷基板之间无黏合剂	不可以在电极之下
9．部品的黏结	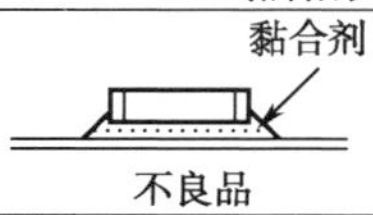 黏合剂 不良品	在接头部品的电极和印刷基板之间无黏合剂	不可以在电极之下
10．部品的位置	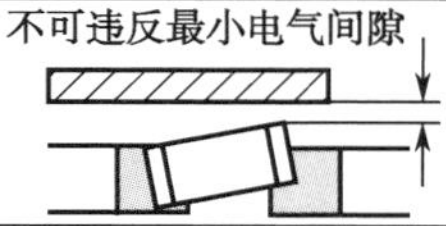 不可违反最小电气间隙	接头部品的位置偏移，倾斜不可以接触邻近的导体。对于不能用眼判定的东西使用测试仪	不可以接触
11．焊锡量	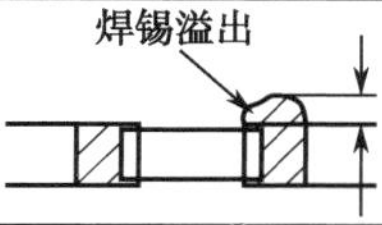 焊锡溢出	焊锡不可以溢出导通面的阔度	不可以溢出
12．部品的位置	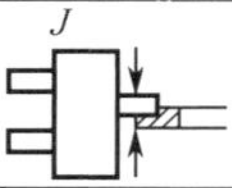 J	IC 部品的支脚幅度 J 有 1/2 以上在导通面之上	1/2 以上
13．部品的位置	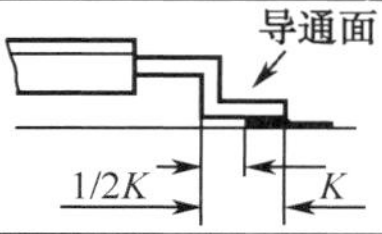 导通面 1/2K　K	IC 部品的支脚与导通面接触的长度 K 有 1/2 以上在导通面之上	1/2 以上

续表

项　　目	图　　示	要　　点	判定基准
14. 部品的位置	元件脚　导体	部品位置的偏移与邻接导体间距应≥0.2mm；不可以与邻接导体接触	不可以接触
15. 支脚不稳		对于支脚先端翘起的东西，先端翘起在0.5mm以下	0.5mm以下

附录 B

部分常用晶体二极管和三极管参数

1. 整流二极管

常用整流二极管的主要参数见附表 B-1。

附表 B-1　常用整流二极管的主要参数

新型号	旧型号	最高反向工作电压 V_{RM}（V）	最大整流电流 I_F（mA）	正向电压 V_F(V)	备　注
2CZ82A	2CP10	25	5～100	≤1.5	2CP 型：为平面结型硅管，截止频率在 50kHz 以下
2CZ82B	2CP11	50	5～100		
2CZ82C	2CP12	100	5～100		
2CZ82D	2CP13	150	5～100		
2CZ82E	2CP14	200	5～100		
2CZ82F	2CP15	250	5～100		
2CZ883B	2CP21A	50	300	≤1	2CP 型：为平面结型硅管，截止频率在 3kHz 以下
2CZ83C	2CP21	100	300		
2CZ83D	2CP22	200	300		
2CZ83E	2CP23	300	300		
2CZ83F	2CP24	400	300		
2CZ84A	2CP33	25	500		
2CZ84B	2CP33A	50	500		
2CZ84C	2CP33B	100	500		
2CZ84D	2CP33C、D	150	500		
2CZ84E	2CP33E、F	200	500		
2CZ84F	2CP33G、H	250	500		
2CZ11A	—	100	1000		2CZ 型：为平面结型硅管，截止频率在 3kHz 以下
2CZ11B	—	200	1000		
2CZ11C	—	300	1000		
2CZ53A	—	25	300		
2CZ53B	—	50	300		
2CZ53C	—	100	300		
2CZ54A	—	25	500		

续表

新型号	旧型号	最高反向工作电压 V_{RM}（V）	最大整流电流 I_F（mA）	正向电压 V_F(V)	备　注
2CZ54B	—	50	500	≤1	2CZ 型：为平面结型硅管，截止频率在 3kHz 以下
2CZ54C	—	100	500		
2CZ56A	—	25	3000	≤0.8	
2CZ56B	—	50	3000		
2CZ56C	—	100	3000		
2CZ57A	—	25	5000		
2CZ57B	—	50	5000		
2CZ57C	—	100	5000		
1N4001	—	50	1000	≤1.0	平面结型硅管
1N4002	—	100	1000		
1N4003	—	200	1000		
1N4004	—	400	1000		
1N4005	—	600	1000		
1N4006	—	800	1000		
1N4007	—	1000	1000		
1N4007A	—	1300	1000		
1N5400	—	50	3000	≤0.95	
1N5401	—	100	3000		
1N5402	—	200	3000		

2．稳压二极管

常用稳压二极管的主要参数见附表 B-2。

附表 B-2　常用稳压二极管的主要参数

型　号		稳定电压 V_Z（V）	最大稳定电流 I_{ZM}（mA）	正向电压 V_F（V）	I_Z 值时的动态电阻	
					I_Z（mA）	R_Z（Ω）
2CW7	—	2.5～3.5	71	≤1	处于稳压状态下	≤80
2CWA7A	—	3.2～4.5	55			≤70
2CWB7B	—	4～5.5	45			≤50
2CWC7C	—	5～6.5	38			≤30
2CWD7D	—	6～7.5	33			≤15
2CWE7E	—	7～8.5	29			≤15
2CWF7F	—	8～9.5	26			≤20
2CWG7G	—	9～10.5	23			≤25
2CW751	1N746 1N4371	2.5～3.5	71		10	60
2CW52	1N747-9	3.2～4.5	55			70

续表

型号		稳定电压 V_Z（V）	最大稳定电流 I_{ZM}（mA）	正向电压 V_F（V）	I_Z值时的动态电阻	
					I_Z（mA）	R_Z（Ω）
2CW53	1N750-1	4～5.8	41	≤1	10	50
2CW54	1N752-3	5.5～6.5	38			30
2CW55	1N754	6.2～7.5	33			15
2CW56	—	7～7.8	27		5	≤15
2CW57	—	8.5～9.5	26			≤20
2CW58	—	9.2～10.5	23			≤25
2CW130	—	3～4.5	660		100	≤20
2CW131	—	4～5.8	500			≤15
2CW132	—	5.5～6.5	460			≤12
2CW133	—	6.2～7.5	400			≤6
2CW134	—	7～7.8	330		50	≤5
2CW135	—	8.5～9.5	310			≤7
2CW136	—	9.2～10.5	280			≤9

型号	稳定电压 V_Z（V）	最大稳定电流 I_{ZM}（mA）	最大耗散功率 P_{ZM}（W）	备注
1N748	3.8～4.0	125	0.5	—
1N752	5.2～5.7	80		
1N753	5.8～6.1	80		
1N754	6.3～6.8	70		
1N755	7.1～7.3	65		
1N757	8.9～9.3	52		
1N962	9.5～11	45		
1N963	11～11.5	40		
1N964	12～12.5	40		
1N4728	3.3	270	1	
1N4729	3.6	252		
1N4729A	3.6	252		
1N4730A	3.9	234		
1N4731	4.3	217		
1N4731A	4.3	217		
1N4732/A	4.7	193		
1N4733/A	5.1	179		
1N4734/A	5.6	162		
1N4735/A	6.2	146		
1N4736/A	6.8	138		

续表

型　　号	稳定电压 V_Z（V）	最大稳定电流 I_{ZM}（mA）	最大耗散功率 P_{ZM}（W）	备　注
1N4737/A	7.5	121	1	—
1N4738/A	8.2	110		
1N4739/A	9.1	100		
1N4740/A	10	91		

3．小功率三极管

常用小功率三极管的主要参数见附表 B-3。

附表 B-3　常用小功率三极管的主要参数

型　　号			极 限 参 数			直 流 参 数			交 流 参 数		
新型号	旧型号	类型	$V_{(BR)CEO}$（V）	I_{CM}（mA）	P_{CM}（mW）	I_{CBO}（μA）	I_{CEO}（mA）	h_{FE}	f_T（MHz）	f_β（kHz）	N_F（dB）
3AX31A	3AX71A	PNP	≥12	125	125	≤20	≤1	30～200	—	—	—
3AX31B	3AX71B		≥18	125	125	≤10	≤0.75	50～150	—	≥8	—
3AX31C	3AX71C		≥25	125	125	≤6	≤0.5	50～150	—	≥8	—
3AX31D	3AX71D		≥12	30	100	≤12	≤0.75	30～150	—	≥8	≤15
3AX31E	3AX71E		≥12	30	100	≤12	≤0.5	20～85	—	≥15	≤8
3AX31F	—		≥12	30	125	≤12	≤0.6		—	—	—
3AX31M	—		≥6	125	125	≤25	≤1	80～400	—	—	—
3AX55A	3AX61		≥20	500	500	≤80	≤1.2	30～120	—	≥6	—
3AX55B	3AX62		≥30						—		—
3AX55C	3AX63		≥45						—		—
3AX55M	—		≥12						—		—
3AX81A	—		≥10	200	200	≤30	≤1	—	—	≥6	—
3AX81B	—		≥15			≤15	≤0.7	—	—	≥8	—
3AX85A	—		≥12	300	500	≤50	≤1.2	40～180	—	≥6	—
3AX85B	—		≥18			≤50	≤0.9	40～180	—	≥8	—
3AX85C	—		≥24			≤50	≤0.7	40～180	—	≥8	—
3CX200A.B	—		A≥12 B≥18	300	300	≤1	≤0.002	55～400	—	低频	—
3CX201A.B	—								—		—
3CX202A.B	—								—		—
3CX203A.B	—		A≥15 B≥25	700	700	≤5	≤0.02		—		—
3CX204A.B	—								—		—
3DG100M	3DG6	NPN	≥20	20	100	≤0.1	≤0.1	10～200	≥100	—	—
3DG100A	3DG6A		≥20			≤0.01	≤0.01μA	≥30	≥150	—	—
3DG100B	3DG6B		≥30					≥30	≥150	—	—

续表

型号			极限参数			直流参数			交流参数		
新型号	旧型号	类型	$V_{(BR)CEO}$ (V)	I_{CM} (mA)	P_{CM} (mW)	I_{CBO} (μA)	I_{CEO} (mA)	h_{FE}	f_T (MHz)	$f_β$ (kHz)	N_F (dB)
3DG100C	3DG6C	NPN	≥30	20	100	≤0.01	≤0.01μA	≥20	≥250	—	—
3DG100D	3DG6D		≥30					≥30	≥300	—	—
3DG201	—		≥30	20	100			≥55	≥100	—	—
3DG161A	—		≥60	20	300	≤0.1	≤0.1μA	≥20	≥50	—	—
3DG161B	—		≥100							—	—
3DG161C	—		≥140							—	—
3DG161D	—		≥180							—	—
3DG161E	—		≥220							—	—
3DG161F	—		≥260							—	—
3DG161G	—		≥300							—	—
3DX200A.B	—		A≥12 B≥18	100	300	≤1	≤2μA	55～400	低频	—	—
3DX201A.B	—									—	—
3DX202A.B	—									—	—
3BX31M	—		≥6	125	125	≤25	≤1	80～400		≥8	—
3BX31A	—		≥12			≤20	≤0.8	40～180			—
3BX31B	—		≥18			≤12	≤0.6	40～180			—
3BX31C	—		≥24			≤6	≤0.4	40～180			—
3BX81A	—		≥10	200	200	≤30	≤1	40～270		≥6	—
3BX81B	—		≥15			≤15	≤0.7	40～270		≥8	—
3BX85A	—		≥12	500	300	≤50	≤1.2	40～180		≥6	—
3BX85B	—		≥18			≤50	≤0.9	40～180		≥8	—
3BX85C	—		≥24			≤50	≤0.7	40～180		≥8	—

4. 中功率三极管

常用中功率三极管的主要参数见附表 B-4。

附表 B-4　常用中功率三极管的主要参数

型号			极限参数			直流参数			交流参数		
新型号	旧型号	类型	$V_{(BR)CEO}$ (V)	I_{CM} (mA)	P_{CM} (mW)	I_{CBO} (μA)	I_{CEO} (mA)	h_{FE}	f_T (MHz)	$f_β$ (kHz)	N_F (dB)
3AX55M		PNP	≥12	500	500	≤80	≤1.2	30～150	—	≥6	—
3AX55A	3AX61		≥20						—		—
3AX55B	3AX62		≥30						—		—
3AX55G	3AX63		≥45						—		—

续表

型号			极限参数			直流参数			交流参数		
新型号	旧型号	类型	$V_{(BR)CEO}$（V）	I_{CM}（mA）	P_{CM}（mW）	I_{CBO}（μA）	I_{CEO}（mA）	h_{FE}	f_T（MHz）	f_β（kHz）	N_F（dB）
3CG7A	—	PNP	≥15	150	700	—	≤1μA	≥20	≥80	—	≤5
3CG7B	—		≥20			—		≥30		—	
3CG7C	—		≥35			—		≥80		—	
3CG120A	—		≥4	100	500	≤0.1	≤0.1μA	≥25	≥0.08	—	—
3CG120B	—									—	—
3CG120C	—									—	—
3CG130A	—			300	700	≤0.5	≤1μA			—	—
3CG130B	—									—	—
3CG130C	—									—	—
9012	—		≥20	500	625		≤0.5μA	≥64		—	≤3.5
9015	—		≥45	100	400			≥60	≥100	—	
3BX55M	—	NPN	≥12	500	500	≤80	≤1.2	30～180	≥	≥6	—
3BX55A	—		≥20						≥		—
3BX55B	—		≥30						≥		—
3BX55C	—		≥45						≥		—
3DX203A.B	—		A≥15	700	700	≤5	≤0.02	55～400	低频	—	—
3DX204A.B	—		B≥25							—	—
3DG130M	—		≥20	300	700	≤0.5	≤1μA	25～270	≥150	—	—
3DG130A	3DG12A		≥30					≥30		—	—
3DG130B	3DG12B		≥45							—	—
3DG130C	3DG12C		≥30						≥300	—	—
3DG130D	3DG12D		≥45							—	—
9011	—		≥30	30	400	≤0.1	≤0.1μA	≥29	≥100	—	—
9013	—		≥25	500	625			≥64	—	—	—
9014	—		≥25	100	450			≥60	≥150	—	—
9018	—		≥15	50	450			≥28	≥600	—	—

5．大功率三极管

常用大功率三极管的主要参数见附表 B-5。

附表 B-5　常用大功率三极管的主要参数

型号			极限参数			直流参数				交流参数	
新型号	旧型号	类型	$V_{(BR)CEO}$（V）	I_{CM}（A）	P_{CM}（W）	I_{CBO}（μA）	I_{CEO}（mA）	h_{FE}	V_{CE}(sat)（V）	f_T（MHz）	f_β（kHz）
3AD30A	—	PNP	≥12	4	20	≤500	≤15	12～100	≤1.5	≥2	—
3AD30B	—		≥18				≤10	12～100	≤1		—

续表

型号			极限参数			直流参数				交流参数	
新型号	旧型号	类型	$V_{(BR)CEO}$（V）	I_{CM}（A）	P_{CM}（W）	I_{CBO}（μA）	I_{CEO}（mA）	h_{FE}	$V_{CE}(sat)$（V）	f_T（MHz）	f_β（kHz）
3AD30C	—	PNP	≥24	4	20	≤500	≤10	14～100	≤1	≥2	—
3AD50A	—		≥18	3	10	≤300	≤2.5	20～140	≤0.8		4
3AD50B	—		≥24								
3AD50C	—		≥30							—	
3AD51A	—		≥18	2	10					—	
3AD51B	—		≥24							—	
3AD51C	—		≥30							—	
3AA1	—		≥30	0.4	1～3	≤100	≤1	≥30	≤5	≥50	—
3AA2	—		≥35	0.4	1～3	≤100	≤0.5	50～250	≤2	≥60	—
3AA3	—		≥40			≤50	≤0.2		≤1.5	≥80	—
3AA4	—						≤0.1		≤1	≥50	—
3AA5	—								≤2	≥100	—
3CD4C	—		≥45	1.5	10		≤0.08	≥40	≤1	低频	—
3CD4D	—		≥55					≥20			—
3CD5C	—		≥45	3	30	≤100	≤0.2	≥40			—
3CD5D	—		≥55					≥20			—
3CF1C	—		≥150	1	10		≤1	≥10	≤2		—
3CF1D	—		≥200								—
3CF3C	—		≥80	0.5	5	≤50	≤0.2	≥20	≤1	≥30	—
3CF3D	—		≥100								—
3CA4C	—		≥80	1	7.5	≤500	≤1	≥10	≤2		—
3CA4D	—		≥100								—
3CA5C	—		≥80	2	15						—
3CA5D	—		≥100								—
3DD51B	—	NPN	≥50	1	1	—	≤0.4	20～30	≤1	低频	—
3DD51C	—		≥80			—					—
3DD52B	—		≥50	0.8		—	≤0.5	≥30			—
3DD52C	—		≥80			—					—
3DD53B	—		≥50	2	5	—	≤0.5	≥10	≤1		—
3DD53C	—		≥80			—					—
3DD54D	—		≥110			—					—
3DD54E	—		≥150			—					—
3DD58B	—		≥50	1.5	10	—	≤1		≤1.5		—
3DD58C	—		≥80			—					—

续表

<table>
<tr><th colspan="3">型　号</th><th colspan="3">极限参数</th><th colspan="4">直流参数</th><th colspan="2">交流参数</th></tr>
<tr><th>新型号</th><th>旧型号</th><th>类型</th><th>$V_{(BR)CEO}$（V）</th><th>I_{CM}（A）</th><th>P_{CM}（W）</th><th>I_{CBO}（μA）</th><th>I_{CEO}（mA）</th><th>h_{FE}</th><th>V_{CE}(sat)（V）</th><th>f_T（MHz）</th><th>f_β（kHz）</th></tr>
<tr><td>3DD102A</td><td>—</td><td rowspan="16">NPN</td><td>≥200</td><td rowspan="3">3</td><td rowspan="3">50</td><td>—</td><td rowspan="3">≤1</td><td rowspan="4">≥10</td><td rowspan="3">≤3</td><td rowspan="3">2</td><td>—</td></tr>
<tr><td>3DD102B</td><td>—</td><td>≥300</td><td>—</td><td>—</td></tr>
<tr><td>3DD102C</td><td>—</td><td>≥400</td><td>—</td><td>—</td></tr>
<tr><td>3DA1A</td><td>—</td><td>≥30</td><td rowspan="3">1</td><td rowspan="3">7.5</td><td></td><td>≤1</td><td rowspan="3">≤1</td><td>≥50</td><td>—</td></tr>
<tr><td>3DA1B</td><td>—</td><td>≥45</td><td>≤200</td><td>≤0.5</td><td rowspan="3">≥15</td><td>≥70</td><td>—</td></tr>
<tr><td>3DA1C</td><td>—</td><td>≥60</td><td>≤200</td><td rowspan="3">≤0.2</td><td rowspan="2">≥100</td><td>—</td></tr>
<tr><td>3DA2A</td><td>—</td><td>≥30</td><td rowspan="2">0.75</td><td rowspan="2">5</td><td>—</td><td rowspan="2">≤1.5</td><td>—</td></tr>
<tr><td>3DA2B</td><td>—</td><td>≥60</td><td>—</td><td>≥25</td><td>≥150</td><td>—</td></tr>
<tr><td>3DA3A</td><td>—</td><td>≥50</td><td rowspan="4">2.5</td><td rowspan="4">20</td><td>—</td><td>≤1</td><td>≥10</td><td>≤2.5</td><td>≥70</td><td>—</td></tr>
<tr><td>3DA3B</td><td>—</td><td>≥70</td><td>≤500</td><td>≤0.5</td><td>≥15</td><td>≤1.5</td><td>≥80</td><td>—</td></tr>
<tr><td>3DA4A</td><td>—</td><td>≥30</td><td>—</td><td>≤1.5</td><td>≥10</td><td rowspan="4">≤2</td><td>≥30</td><td>—</td></tr>
<tr><td>3DA4B</td><td>—</td><td>≥50</td><td>≤500</td><td>≤1</td><td>≥15</td><td>≥50</td><td>—</td></tr>
<tr><td>3DA5A</td><td>—</td><td>≥50</td><td rowspan="2">5</td><td rowspan="2">40</td><td>—</td><td>≤2</td><td>≥10</td><td>≥60</td><td>—</td></tr>
<tr><td>3DA5B</td><td>—</td><td>≥70</td><td>≤1000</td><td>≤1</td><td>≥15</td><td>≥80</td><td>—</td></tr>
<tr><td>3DA10A</td><td>—</td><td>≥40</td><td rowspan="2">1</td><td rowspan="2">7.5</td><td>—</td><td>≤1</td><td>≥8</td><td rowspan="2">≤1.5</td><td rowspan="2">≥200</td><td>—</td></tr>
<tr><td>3DA10B</td><td>—</td><td>≥60</td><td>—</td><td>≤0.5</td><td>≥15</td><td>—</td></tr>
</table>

参考文献

[1] 刘红兵，邓木生．电子产品的生产与检验[M]．北京：高等教育出版社，2012.
[2] 叶莎．电子产品生产工艺与管理项目教程[M]．北京：电子工业出版社，2011.
[3] 王成安．电子产品生产工艺与生产管理[M]．北京：人民邮电出版社，2010.
[4] 樊会灵．电子产品工艺．2 版．北京：机械工业出版社，2010.
[5] 张祖林．电子产品制造工艺[M]．武汉：华中科技大学出版社，2008.
[6] 王卫平，陈粟宋．电子产品制造工艺[M]．北京：高等教育出版社，2006.
[7] 廖芳，莫钊．电子产品生产工艺与管理[M]．北京：电子工业出版社，2007.
[8] 刘任庆．电子工艺[M]．北京：化学工业出版社，2008.